울릉도·독도 일본 사료집 Ⅲ

- 朝鮮国交際始末内探書·礒竹嶋覺書·公文錄·太政類典 -

동북아역사 자료총서 42

동북아역사재단
NORTHEAST ASIAN HISTORY FOUNDATION

일러두기

• 이 책은 2019년도 동북아역사재단 기획연구 수행 결과물임(NAHF-2019-기획연구-1).

간행사

최근 일본 정부는 장기적이고 치밀한 계획 아래 독도가 자국영토라고 하는 교육·홍보 활동을 강화해 나가고 있습니다. 2020년 1월 일본 정부는 '영토·주권전시관'의 관람객 증대를 위해 확장·이전했습니다. 3월 들어 일본 정부는 지리, 공민, 역사 과목의 일본 중학교 사회과 교과서들을 검정 통과 시켰는데 이들 모두가 '일본이 1905년 독도를 시마네현에 합법적으로 편입했다', '독도가 일본 고유의 영토인데 한국이 불법점거하고 있다'는 등의 내용을 기술하고 있습니다. 이러한 일본 정부의 왜곡된 주장은 수십 년째 이어져 오고 있으며, 그 선전과 교육·홍보의 인프라는 더욱 증가하고 있는 것이 작금의 실태입니다.

이에 우리 동북아역사재단은 독도주권의 수호 차원에서 그동안 학술적인 연구·조사와 교육·홍보 활동을 다양하게 전개해 왔습니다. 특히 학술 연구 분야에서는 울릉도·독도와 관련된 전문적인 연구 성과를 축적, 발간하여 독도 연구의 논리성과 객관성을 높이기 위해 노력해 왔습니다. 또 울릉도·독도 연구의 기초 자료가 되는 고사료를 모아 사료집을 발간하여 난해한 고사료에 대한 접근성을 높이는 데에도 기여해 왔습니다.

전근대시기 일본이 남긴 안용복과 '울릉도쟁계'에 관한 기록은 적지 않습니다. 그러나 현재 사용되지 않는 문어체로 기록된 탓에 일반 연구자들이 활용하기에는 어려움이 있었습니다. 그래서 재단은 관련 사료들을 번역하고 주를 첨부해 『울릉도·독도 일본 사료집 Ⅰ』, 『울릉도·독도 일본 사료집 Ⅱ』를 발간했습니다.

일본 고사료의 번역은 초서체로 쓰여진 문장의 탈초, 번역, 주기(註記) 작업을 동반하는 만큼 많은 시간과 노력을 필요로 합니다. 또한 원문의 난해함으로 인해 고사료 전체를 역주하는 것은 결코 용이한 일이 아니어서 번역상의 오류나 체제상의 미비점도 있을 것입니다. 그렇지만 이러한 역주 작업은 일본 사료에 대한 이해를 심화시켜 울릉도·독도 연구의 폭을 확장시킬 것입니다.

이번에는 일본 메이지 초기에 기록했거나 편찬된 자료 중에서 울릉도와 독도의 영속(領屬)과 관련된 사료 4편을 수록한 『울릉도·독도 일본 사료집 Ⅲ』을 발간하게 됐습니다. 이들은 내용면에 있어서 17세기 '울릉도쟁계'가 주를 이루고 있습니다. 그리고 이 사료들을 편찬하거나 작성한 메이지 정부의 울릉도·독도에 대한 인식이 잘 드러나 있습니다.

이외에도 재단에서는 울릉도·독도와 관련하여 위의 세 권의 사료집에서 다루지 못한 부분이 담겨 있는 『근세 한일관계 사료집Ⅱ』(윤유숙 편, 2020)와 『안용복 '진술'에 대한 새로운 검증』(정영미 저, 2020) 등도 발간했습니다.

또한 재단은, 일본 정부가 독도가 일본 영토라고 주장하기 위해 내각관방의 '죽도 자료 포털사이트'에 게재한 수백 건의 사료에 대해서도 정리하여 사료집으로 발간할 계획입니다. 이들 사료집은 재단의 독도아카이브를 통해서도 공개하여 자료열람의 편의를 향상시킴으로써 연구자들이 독도 관련 연구 자료를 쉽게 입수할 수 있도록 지원할 것이며, 독도에 대한 대중적 관심도 제고하겠습니다.

끝으로 많은 어려움에도 불구하고 작업 과정에 참여하여 애써주신 고 김강일 선생님, 송휘영 선생님 그리고 재단의 김관원 선생님께 감사의 말씀을 전합니다. 이 책이 향후 울릉도·독도 연구는 물론 전근대, 근대 조일 관계 연구에도 적극 활용될 수 있기를 기대합니다.

2020년 7월
동북아역사재단
이사장 김도형

역주문 일러두기

1. 역주문의 순서는 저본의 문단 단위로 탈초문(활자체)을 앞에 두고 이어서 본문 역주, 마지막에 원문을 배치하였다. 이러한 배치는 각 사료별로 동일하다.
2. 번역문의 문단은 기본적으로 저본에 따르지만 전체적인 문장의 가독성을 높이기 위해 전체 내용 이해에 곤란을 주지 않는 범위 내에서 임의로 나누었다.
3. 이 책에 수록된 사료는 에도시대에 기록된 일본의 사료이므로 인명, 지명, 관직명 등 고유명사와 연호(年號) 등은 일본발음으로 기재하되 정확한 의미 전달을 위해 한자표기를 괄호( )로 附記하였다.
4. 일본발음의 표기는 국립국어원의 외래어 표기법을 기준으로 하였다.
5. 번역은 직역을 원칙으로 하되, 문투를 어색하게 하지 않기 위해 가급적 현대적인 표현으로 바꾸었다. 번역문에서 내용의 이해와 문맥의 순조로운 연결을 위해 원문표기가 필요한 곳은 괄호( )로 부기하였다. 대괄호[ ] 안의 문장은 원문에는 없는 표현이지만 문장의 의미를 명확하게 하기 위해 역자가 임의로 추가한 것인 경우와 번역문과 음이 다른 원문의 한자표기인 경우도 있다.
6. 역주 작업에서 다른 문헌을 인용하거나 참고문헌이 필요한 경우 참고문헌의 약칭(略稱)을 기재하고, 각 사료의 말미에 제시한 〈참고문헌〉에서 그 문헌의 자세한 서지사항을 밝혔다.
7. 타인의 발언을 전하는 전언(傳言)이나 또는 다른 문건의 내용을 인용하는 부분은 그 전체를 쌍따옴표(“ ”)로 묶었다.
8. 사료에 나오는 고유명사는 일본발음으로 표기하는 것이 이 책의 원칙이다. 그러나 과거 일본 측이 울릉도를 지칭하던 ‘다케시마(竹嶋)’는 현재 독도를 의미한다. 따라서 독자의 혼란을 막기 위해 울릉도를 가리키는 ‘竹嶋’ 등은 한자의 한글발음 ‘죽도’로 표기하였다.

탈초문 일러두기

1. 한자는 상용한자의 사용을 원칙으로 하였으며, 이체자(異體字)도 상용한자로 바꾸었다.
   예) 国 → 國, 体 → 體, 訳 → 譯, 処 → 處
2. 書契는 형식이 중요하므로 원문 그대로 입력했고, (闕字), (改行) 등으로 표시하였다.
3. 合字 'より'는 단순히 'より'로 표시하였다.
4. 자주 나오는 變體仮名는 본문보다 작은 글자로 표시하였다.
   예) 候而, 然者 등등
   · 기타 變體仮名는 다음과 같이 표기하였다.
   예) 加多き → カタキ, 以多し → イタシ, 多累, 堂累 → タル, 志カト → シカト,
   具登き → クドき
5. 반복을 나타내는 부호(ヽ, ゝ, 々)도 원본을 따랐다. 가타가나는 ヽ, 히라가나는 ゝ, 한자는 々을 사용하였다.

차 례

해 제

1905년 일본 메이지 정부는 독도를 무주지라 하며 편입했다. 그러나 1690년대 일본의 정부(에도 막부)가 '울릉도쟁계'(鬱陵島爭界, 일본에서는 '竹島一件'이라 한다)를 통해 울릉도와 그 부속 섬인 독도를 조선의 영토로 인정했으므로 독도는 무주지일 수가 없다. 편입을 기도한 메이지 정부도 독도가 조선의 영토라는 사실을 알고 있었으며 조선 영토로도 인정했다.

울릉도·독도에 대한 메이지 정부의 인식은 이 자료집에 수록된 사료를 보면 알 수 있다. 『조선국교제시말내탐서(朝鮮國交際始末內探書)』, 『이소타케시마 각서[礒竹嶋覚書]』 그리고 '죽도(竹島, 울릉도) 외 일도(一島, 독도)' 관련 태정관 지령 등의 내용이 담겨 있는 『공문록(公文錄)』과 『태정류전(太政類典)』이다.

이들 사료는 메이지 시기에 작성되었거나 편찬된 것이긴 하지만 각각의 사료 대부분은 울릉도쟁계와 관련된 사료와 내용상으로 연관되어 있다. 따라서 이 책의 내용을 쉽게 이해하기 위해서는 동북아역사 자료총서 『울릉도·독도 일본 사료집』 Ⅰ과 Ⅱ를 참고하기 바란다.

일본은 서구 열강이 몰려오던 시기 동아시아제국 중에서 발 빠르게 개국하고 근대국가의 길을 걷기 시작했다. 막 탄생한 메이지 정부는 조선과의 관계에도 근대국제법적인 가치관을 적용하려고 1868년 12월 조선에 국교 교섭을 위한 외교문서를 보냈다. 그러나 조선 정부는 격식에 맞지 않는 표현이 있다며 거부했다. 일본은 조선과 근대적인 국제관계를 수립하는 모양새를 취해 정한론(征韓論)을 실천하려 했으나 이 문제로 계획을 수정해야 했다.

외무성은 일단 과거의 조일외교 실정을 조사하고 아울러 조선을 내탐하기 위해 1869년

12월 당시 일본 최고의 국가기관인 태정관의 지시를 받고 비밀리에 사다 하쿠보[佐田白茅], 모리야마 시게루[森山茂], 사이토 사카에[齋藤榮] 등 세 명으로 구성된 조사단을 쓰시마 및 부산의 왜관에 파견했다. 이들은 나가사키와 쓰시마를 거쳐 1870년 2월 22일 부산에 도착해서 초량의 왜관에 머물며 정탐을 하고 3월에 귀국했다.

이들 3인은 쓰시마와 부산에 체류하며 여러 분야에 달하는 조선에 관한 광범위한 탐색을 실시하고, 1870년 4월에 조사서 『다이슈조선교제취조서[對州朝鮮交際取調書]』 및 이를 요약한 보고서 『조선국교제시말내탐서』를 외무성에 제출했다. 정한(征韓) 즉 조선 침략을 위한 사전 조사 보고서였다.

이 보고서는 일본 국립공문서관에 소장되어 있는 『조선사건(朝鮮事件)』에 수록되어 있으며 모두 13개 항으로 구성되어 있다. 비교적 정확한 내용으로 '조선 조선통신사를 파견하고 예를 갖춘 이유', '조선과 쓰시마 사신이 왕래할 때의 예법', '조선에 입국할 때 허가를 받게 된 경위' 등 외교 예법에 관한 사항, '무역 시 물품의 교환 및 물가의 고저' 등이 기록되어 있다. 특히 대청 종주권 문제, '조선 해·육군의 군사 시설과 장비 실태 그리고 정비 상태', '군함의 서울 근해 순회 관련 접근의 어려움과 쓰시마 내 군항의 적격지 유무', '조선이 러시아에 보호를 의뢰하는 소문' 등도 조사되었는데, 후일 강화도 침공을 위해 활용되었으리라 여겨진다.

독도에 관해서는 마지막 항목인 '죽도(울릉도)·송도(독도)가 조선의 부속이 된 시말[竹島松島朝鮮附屬ニ相成候始末]'에서 언급하고 있다. 즉 울릉도와 더불어 독도가 조선의 영토라는 것을 기정사실화하고 두 섬의 위치와 울릉도에 관한 상황을 설명하고 있다.

이 항목은 조사예정 외의 항목으로 내용은 겨우 6행밖에 안 되며 죽도(울릉도) 및 송도(독도)가 조선 부속이 된 시말(경위)은 언급되어 있지 않다. 즉 독도에 대해서는 조선 영토가 된 경위에 대한 언급 없이 "송도는 죽도의 이웃 섬이지만 자료가 없다"고 했으며, 울릉도에 관해서는 "겐로쿠 시기 주고받은 서한과 절차서류의 사본이 있다"고만 기술되어 있다.

사다 등은 조일외교의 역사를 조사하면서 쓰시마번의 사료를 통해 겐로쿠 시기인 1690년대의 조일교섭을 꼼꼼히 조사해 작성했을 것이며, 또 일본의 국경이 어떻게 정해졌는지를 파악하고 기술했을 것으로 추정된다. 즉 그들은 면밀한 조사를 하고 울릉도가 조선 부속이 되었다고 판단해, 그 '이웃 섬'인 송도(독도)도 이것에 관한 기록이 거의 없음에도 불구하고, 조선의 부속이 되었다는 결론을 내린 것이다.

사다 등이 겐로쿠 시기 울릉도쟁계를 세밀히 조사했다는 것은 『조선국교제시말내탐서』의 부록『다이슈조선교제취조서』에 수록된 '죽도일건(竹島一件)'을 보면 알 수 있다. 당시 조선 정부와 쓰시마 번이 주고받은 6개의 외교문서가 여기에 기록되어 있는데, 울릉도가 조선의 영토가 된 내역이 잘 설명되어 있다. 독도는 울릉도 근처의 섬이자 겐로쿠 시기에 울릉도와 함께 도해가 금지되었다고 이해되고 있다.

그러한 쓰시마 도주의 인식이 사다 등에게 전달된 결과 이들 조사단 전원이 독도에 관한 서류의 유무보다 '울릉도 옆에 있는 섬'에 관한 쓰시마 도주의 인식 또는 간단한 기록을 중시하고 독도를 조선 영토라고 판단했다. 독도에 관한 서류가 없어도 아무 문제도 없이 독도는 울릉도의 부속 섬, 울릉도와 한 쌍을 이룬다고 하는 인식이 강했던 것이다.

이처럼『다이슈조선교제취조서』는 울릉도가 울릉도쟁계를 통한 외교 교섭으로 조선 영토로 확정된 것임을 확인한 것이다. 또 독도에 관해서 사다 등은 내탐서에서 '기록이 없다'는 것과 독도가 '울릉도의 이웃 섬'이라는 이유로 이 섬을 조선 영토로 판단했다. 이를 환언하면 '일본 막부가 독도에 대해 영유 의사를 가진 흔적이 없다', '독도가 지리적으로 조선에 가깝다'는 것을 이유로 조선 영토로 판단했다고 할 수 있다.

『조선국교제시말내탐서』와『다이슈조선교제취조서』는 태정관에 제출된 것이므로 태정관도 독도를 조선 땅으로 인식하고 있었음에 틀림없다. 결국 메이지 정부도 울릉도·독도 인식은 1690년대 울릉도쟁계 전후의 인식에 기초하고 있다는 것을 알 수 있다. 요약하면『조선국교제시말내탐서』는 일본의 외무성과 태정관이 울릉도와 독도에 대해 일본 영토가 아닌 조선의 영토로 인식했음을 보여주고 있다.

『이소타케시마 각서』는 막부 관계 사료와 쓰시마번정[対馬藩政] 사료, 돗토리번정[鳥取藩政] 사료 등의 고문서를 모아 울릉도와 독도를 포기한 경위를 정리한 것으로 1875년에 나카무라 모토오키[中邨(中村)元起]가 교정했다.

이 사료는 울릉도쟁계 때 교환된 쓰시마번과 조선 간의 초기 서한과 이와 관련된 쓰시마번 내의 구상서, 조선 측 주장의 근거가 된 '여지승람'과 '지봉유설' 그리고 쓰시마번이 막부와 함께 해결책을 모색했던 과정을 기술한 사료 등을 담고 있다. 이 책은 특히 에도시대의 울릉도쟁계에 중점을 두고 기술했으므로 이 책을 통해 울릉도쟁계의 전체상을 알 수 있다. 특히 막부가 도해금지령을 내는 데 결정적인 계기를 마련해준 마쓰다이라 돗토리 번주의 회답이 실려 있으며 울릉도와 독도, 두 섬을 한 쌍으로 다루고 있었다는 것을 알 수 있다. 실제로 죽도(울릉도)·송도(독도)를 한 쌍으로 하는 표현은 에도시대에는 일반적이었다.

『이소타케시마 각서』는 수록된 내용과 편찬 시기 등을 고려하면 『죽도기사』를 저본으로 하고 내무성 지리료가 편찬한 것이라 생각된다. 따라서 내무성은 울릉도와 독도에 대해 이미 알고 있었으며, 두 섬을 한 쌍으로 인식하고 있었다. 『이소타케시마 각서』에 수록된 많은 사료는 나중에 내무성이 독도 즉 송도를 판도 밖으로 판단할 때의 기본 자료가 된 중요한 사료다.

『이소타케시마 각서』는 세 가지 판본이 있다. 국립공문서관 소장본이 있다. 제목이 『礒竹島覺書 完』으로 되어 있는데, 가운데 표지는 없으며 맨 마지막에 "明治八年八月八日 中邨元起"라고 쓰고 주인(朱印) '元起'가 찍혀 있어 이것을 원본으로 보기도 한다. 나카무라 모토아키[中邨(村)元起]가 1875년 8월 당시는 내무성 지리료 지지과 소속으로 일본 지지를 편찬하는 과정에서 『礒竹島覺書 完』을 작성한 것이다. 한 달 후인 9월 나카무라를 포함한 지지과는 태정관 정원수사국(正院修史局)의 지지괘(地誌掛)가 되는데, 이때 『礒竹島覺書 完』도 옮겨져 내무성에는 남지 않게 된다.

이때 내무성은 시마네현으로부터 태정관 지령과 관련된 질의서 '일본해 내 죽도 외 일도 지적 편찬 방법에 관한 문의[日本海內竹島外一島地籍編纂方伺]'를 받는다. 내무성은 죽도(울릉도)·송도(독도)의 소속을 결정하기 위해, 또한 판단 자료의 보존을 위해 『이소타케시마 각서』가 필요하게 되었을 것으로 판단된다. 그래서 사본을 작성한 것으로 보인다. 겉표지가 『礒竹島覚書 地理局』으로 되어 있는 것을 보면 발행자는 내무성 지리국이다. 이 사료는 가운데 표지에 『礒竹島覚書 全』으로 되어 있는 것 외에 주인(朱印) '지리료인(地理寮印)'이 찍혀 있는 것을 보면 내무성 지리료가 지리국으로 개칭되는 1877년 1월 11일 이전에 작성되었음을 알 수 있다. 이 판본은 이 책에 수록된 것으로 내무성 지리국에 소장되어 있다.

또 하나는 쓰쿠바대학 소장본이다. 표지는 『磯竹島事略』으로 되어 있으며 '乾' '坤' 2책으로 되어 있다. 본문은 다시 초서체의 「礒竹嶋覺書」로 되어 있다.

『공문록』과 『태정류전』은 1877년의 "죽도(울릉도) 외 일도(독도)는 본방(일본)과 관계가 없다"는 태정관 지령과 관련된 부분만을 발췌한 것이다. 두 사료 모두 내용상 별 차이가 없지만 서로 어떻게 다른지 독자에게 제시하는 것이 궁금증을 해소하는 데 도움이 되리라고 판단해 자료집에 담아 두기로 했다.

『공문록』은 1873년(메이지6) 태정관의 화재로 소관 문서, 기록 등이 완전히 전소된 것을 계기로 국정 운영 및 기록 정비의 필요성 등이 감안되어 태정관 기록과에 공문과를 설치하여 편찬한 것이다. 태정관이 접수한 1868년(메이지 원년)부터 1885년(동 18년)까지의 공문서 대부분을 수록하고 이를 각 관청별로 나누어 연차별로 편집한 것이다. 이는 메이지 전기의 정부기록의 근간을 이루는 자료로, 일본 국립공문서관에 보관되어 있다.

이 책에 인용하는 것은『공문록』내무성지부 1에 수록되어 있는 '일본해 내 죽도 외 일도 지적 편찬 방법에 관한 문의'의 원본이다. 이 원본에는 마이크로필름에는 들어 있지 않았던 「기죽도 약도(磯竹島略圖)」가 부속되어 있어 태정관 결정 본문 및 부속문서의 내용을 지도에서 확증할 수 있는 중요한 자료다.

『태정류전』은 태정관 기록과에서 태정관 일기 및 일지, 공문록 등에서 전례조규를 채록·정서하여 제도, 관제, 관규, 의제 등 19부문으로 분류하여 이를 연대순으로 편집한 것으로 1867년 10월부터 1881년까지의 공문서가 수록되어 있으며 메이지 전기의 자료로서 일본 국립공문서관에 보관되어 있다.

이 자료집에 인용한 것은『태정류전』제2편에 수록되어 있는 '일본해 내 죽도(竹島, 울릉도) 외 일도(外一島, 독도)를 판도 외로 정한다' 부분이다. 원본은『공문록』에 수록되어 있으며, 이를 다시 발췌해『태정류전』에 수록한 것이다. 그렇기 때문에『공문록』과는 미세한 차이 등이 있으나, 내용상의 큰 차이는 없으며, 정서를 한 것이기 때문에 이용하기에 편리한 점이 있다. 전체적으로 제1편에서 제5편까지 약 830책으로 구성되어 있으며, '죽도 외 일도' 관련 문서는 제2편 제96권에 수록되어 있다.

일본 메이지 정부는 중앙 통일 권력의 확립을 위하여 일본 전 국토에 대한 토지 등록지도인 지적도(地籍圖)를 정밀하게 작성하고자 하였다. 이에 모든 현에 자기 현의 지도와 토지 등록을 조사·보고하라고 지시했다.

그런데 시마네현에서는 울릉도의 지적이 문제가 됐다. 1876년 10월 5일 내무성이 울릉도의 지적 편제에 대한 조사 의뢰 및 조회문을 보내왔던 것이다. 그래서 시마네현은 울릉도에 도해한 적인 있던 오야가[大谷家]의 기록 등을 조사한 후, 「기죽도 약도(磯竹島略圖)」와 조사 서류를 첨부하여 10월 16일 내무성에 '일본해' 가운데 있는 죽도와 다른 한 섬을 시마네현 토지대장에 기재할 것인지 제외할 것인지를 결정해 달라는 질문서 '일본해 내 죽도 외 일도 지적 편찬 방법에 관한 문의'를 제출했다.

이때 시마네현이 내무성의 질문서에는 없었던 '외 일도'를 굳이 질문서에 덧붙인 것은 오야가 자료에 '죽도 근방 송도', '죽도 내 송도' 등으로 기록되어 있고, 송도는 죽도와 한 쌍, 혹은 죽도의 속도라는 인식이 강했기 때문으로 보인다. 이 질문서의 첨부 자료 「기죽도 약도」와 「원유의 대략[原由の大略]」 등에도 나와 있듯이 시마네현은 '외 일도' 즉 독도를 울릉도의 부속 섬으로 보았다.

「원유의 대략」은 죽도와 송도에 대한 개괄적인 설명과 함께 일본인이 그 섬에 가게 된 유래를 밝힌 '유래의 개략', '도해허가서', '도해금지의 경위', '도해금지령', 그리고 시마네현이 울릉도와의 연고를 강조하면서 막부의 실정으로 울릉도에 대한 도해가 금지되었다는 아쉬움을 토로한 '후기' 등으로 구성되어 있다.

시마네현의 질의를 접수한 내무성은 울릉도와 독도에 대한 영유권이 명확하지 않은 점을 발견하고 자체적으로 5개월 이상 울릉도쟁계와 관련하여 조선과 서면으로 교환하면서 울릉도에 대해서 일본 영토가 아님을 쌍방에서 확인했다는 조사 결과 등의 자료를 세밀히 검토한 끝에 울릉도와 독도를 하나로 취급하며 일본과 관계없는 땅이라고 결론을 내렸다. 그러나 1877년 3월 17일자로 영토의 취사는 중요한 사안이므로 이를 어떻게 처리해야 좋을지 당시 최고 국가기관인 태정관에 최종 판단을 의뢰했다.

내무성이 울릉도·독도의 소속에 관하여 짧은 기간에 자신감을 갖고 결론을 내린 데에는 다음과 같은 이유가 있다. 내무성의 조사와 태정관에 상신하기 위해 작성한 문서는 내무성 지리국이 편찬한 『이소타케시마 각서』가 많이 이용된 것을 알 수 있다. 이 각서는 시마네현에 죽도(울릉도)에 관해 조회하고 시마네현이 제출한 문서를 검토하기 1년 전에 막부 관계 사료와 쓰시마번정[対馬藩政] 사료, 돗토리번정[鳥取藩政] 사료 등의 고문서를 모아 편찬된 것이다. 일본이 죽도와 송도를 한 쌍으로 인식하고 두 섬이 일본 영토가 아니라는 점을 명확히 하고 있다. 따라서 내무성은 이 시점에 이미 죽도와 송도가 일본 영토가 아니라는 사실을 인지하고 있었다고 보아야 한다.

내무성의 질의를 받은 태정관은 속히 결론을 내렸다. 울릉도와 독도를 가장 잘 아는 태정관은 내무성 질의서에 대해 "판도의 취사는 중대한 사건"임에도 불구하고 겨우 3일간 신속히 '죽도 외 일도'를 일본과 관계없다는 지령안을 작성할 수 있었던 것이다. 결국 내무성과 태정관은 주체적으로 독도의 소속을 판단해 일본과 관계없다고 결론을 내린 것이다. 이로 인해 울릉도·독도의 소속 문제는 완전히 해결됐다.

3월 29일 태정관은 “울릉도와 그 외 일도가 일본과는 관계없음을 명심하라”는 지령을 내무성을 통해 시마네현에 내려 보내어 이것을 관리들에게 주지시키라고 지시했다. 내무성은 이 지령문을 4월 9일자로 다시 시마네현에 전달해 울릉도와 독도를 시마네현에 포함시키지 말 것을 지시했다. 이로써 울릉도와 독도가 시마네현에 편입되는 일이 없어졌으며 시마네현은 조사할 필요성도 없어졌다.

그럼에도 일본의 일부 학자들은 이 지령에 나오는 ‘외 일도’는 독도가 아니라고 주장하지만, 이 ‘외 일도’가 송도(松島) 즉 독도라는 사실은 『공문록』에 보존된 ‘일본해 내 죽도 외 일도 지적 편찬 방법에 관한 문의’의 부속지도 「기죽도 약도」를 보면 일목요연하다. 이 지도는 시마네현이 오야가의 도면을 토대로 작성한 것인데, 이를 내무성이 태정관에 제출한 것이다. 따라서 독도에 대한 지리적 인식은 시마네현이나 내무성, 태정관 모두 같았을 것이라 생각된다.

2020년 6월

김관원

조선국교제시말내탐서
(朝鮮國交際始末内探書)

• 탈초 : 송휘영
• 역주 : 송휘영
• 교열 : 김관원

조선국교제시말내탐서

(朝鮮國交際始末内探書)

朝鮮國交際始末内探書

外務省出仕

佐田白茅

森山　茂

齋藤　榮

조선국교제시말내탐서

외무성 출사(出仕)

사다 하쿠보[佐田白茅]

모리야마 시게루[森山茂]

사이토 사카에[齋藤榮]

一、慶長・元和以來朝鮮國より信使差越、藩屬之禮を執來候之由

此儀、兩國同等之禮を執らす、彼のみ信使差越來候起原曖昧確證を得す、秀吉卒去之後、家康媾和之儀を宗義智に命す、義智、柳川調信·以酊庵長老等議して和事を取扱ふ事殆六七年、慶長丁未和好成て、文信之贈酬あり、其後義

智等信使來朝之義を促す、彼ハ勇武之我ニ不可敵を悟り、一著輸して、竟ニ寛永甲子信使差越事となれり、宗家舊記に和順之復書あれと、家康より贈りたる往翰なし、其復書を見るに、本朝に藩屬之禮を執らさる事明らか也、然らハ本朝之使節を乞ふへき筈なるを、壬辰亂後國内之形勢地理を大ニ秘する情體より却て答禮を不受を竊ニ綏安し、幕府代替之都度信使差渡來れるハ、畢竟敬して遠さくる意より出しと見え、去々辰嚴原藩建白中に今之通信使を召寄られ、外務省おいて條理を盡し厚く說諭あらハ、舊染之悪習變移之機會ニも可至と之趣相見、同藩之見込如何可有之哉、彼内外之政務是迄文官ニあり、近年佛國人戰争以來武臣権を專らにし、國政多くハ武官より出、旣去々辰冬御一新報知之書翰、從前之例ニ據り寫を以て相渡し、本書受取渡しを促すといへとも、書契中皇と稱し勅と稱し、禮曹参議に對し大人を公と改め、朝臣左近衛及ひ朝鮮國王より兼て渡し置たる図書を改めて新印を押したる件々を掲け、總而文中の不遜なるを咎め、舊例ニ據らさるを擧論し、竟ニ斷然不可受事ニ決答すれとも、曽而毫も絶交之意なく、陰ニ德川氏同等之大臣と適禮せん事を陳述す、顚末如此場合へ信使を促すとも可行届義ニ無之、右書翰持参之使臣樋口鐵四郎今ニ在韓、前書決答之始末を以此上之取計振相伺、猶御沙汰次第談判におよひ候心得之由申聞、是迄之手續等篤と承りしニ、昨春以來數回談論を重ね、終ニ右之結局ニ立到り、此後何様之御沙汰有之候とも、彼頑固之國風迚も大差使一分之力を以切破難行届義は勿論、此上宗氏自ら渡韓いたし候とも承諾可致義とも不相聞、詰り順延機會を失するより、寧彼之決答後日必證とすへき書面を取り、右を以て御廟議相伺候方ニ可有之旨、大差使其外へも申談、猶館守役より應接之上、別紙寫之通東萊府伯より之書翰幷訓導·別差より舊冬差出置たる難問書へ調印致させ、右本紙は無程此上之取扱振相伺候節、一同宗氏より差出候趣ニ有之、則右寫差上申候、速ニ御廟議之上、御措置有之度候事

一. 게이초[慶長]·겐나[元和](17세기 초: 역자) 이래 조선국이 통신사를 보내 번속(藩屬)의 예(禮)를 취해온 경위

이 건은 양국이 동등한 예를 취하지 않고 조선에서만 신사(信使 : 通信使)를 보내오게 된 것으로 그 기원이 애매하여 확증을 얻을 수 없다. 히데요시[1] 공의 사후 이에야스[家康][2] 공이 [조선과의] 강화 건을 소 요시토시[宗義智]에게 명하였다. 요시토시는 야나가와 시게노부[柳川調信], 이테이안[以酊庵][3]의 장로(長老 : 승려) 등과 의논하여 강화 교섭[和事]에 임하기를 어언 6~7년 만인 게이초 정미년(丁未年, 1607)[4] 우호[和好]가 이루어져 서신을 교환[贈酬]하게 되었다. 그 후 요시토시 등이 신사 초빙[來朝] 건을 추진하게 되었다. 조선은 용무(勇武)한 우리에게 당하지 못함을 깨우치고 문서를 보내 마침내 간에이[寬永][5] 갑자년(1624)에 신사를 파견하게 되었다. 소가[宗家] 옛 기록[舊記]에는 화순(和順)의 뜻을 담은 답신[復書]은 있으나 이에야스 공이 보내는 서신은 없다. 그 답신을 보면 본조(本朝=일본)에 번속의 예를 취하지 않았던 것은 명백하다. 그렇다면 본조에 사절을 청해야 함에도 임진왜란 후 국내의 형세와 지리를 크게 감추는 정황[情體]이었으므로, 오히려 답례를 받지 않은 채 조용히 편안히 지내며 막부(幕府)의 쇼군[將軍]이 교체될 때마다 신사를 보내 온 것은 필경 경원[敬而遠之]하는 뜻이 드러난 것으로 보인다.

재작년 진(辰, 1868)년 이즈하라번[嚴原藩]에서 올라온 건백서 중에 지금 통신사를 불러들여 외무성에서 조리(條理)를 세워서 정성들여 설득한다면 오래전부터의 악습을 변화시킬 기회가 될 것이라는 취지도 엿보이는데 동번(同藩)의 예측은 어떠한지? 저쪽(조선 측)의 내외

---

1) 도요토미 히데요시[豊臣秀吉]를 가리킴.

2) 도쿠가와 이에야스[德川家康]를 가리킴.

3) 1609년 쓰시마 후추[府中, 현 이즈하라]에 세운 사찰. 초대 주지 현소(玄蘇)가 출생한 1537년(정유년)을 기념하여 붙인 이름이라고 한다. 2대 주지인 현방(玄方) 때 '국서개작사건[柳川一件]'이 일어났다. 당시의 번주 소 요시나리[宗義成]와 중신 야나가와 시게오키가 대립하면서, 조선과 국교재개 후 공공연하게 행해졌던 국서개작이 발각되었다. 이 사건으로 현방은 무쓰국[陸奥国]으로 유배되었고, 이후 이테이안의 주지에는 남선사(南禪寺)를 제외한 교토 5산[京都五山]의 승려들이 교대로 파견되었다. 이들은 임기 중 조선과 주고받는 외교문서를 작성, 검사하는 등 쓰시마번의 조선 외교를 감시하는 역할을 맡았다.

4) 1607년(게이초 12) 선조 40년.

5) 1624~1643년.

정무(政務)는 지금까지 문관이 담당하고 있었으나 최근 프랑스인과의 전쟁[佛國人戰爭 : 병인양요] 이래 무신이 권력을 독차지하여 국정의 많은 부분을 무관이 담당하고 있다. 이미 재작년 진(辰)년 겨울 메이지유신을 [조선에] 알리는 서한을 종전의 예에 따라 사본을 먼저 보여준 후 본서(本書)를 받아 주도록 요청한 바 있다. 그러나 서계(書契)의 문언 가운데, 황제(皇)라고 칭하거나, 칙(勅)이라 칭하며, 예조참의에 대한 경칭을 대인(大人)에서 공(公)으로 개칭하고, [구 쓰시마번주의 칭호를] 조신좌근위(朝臣左近衛)라 하고, 조선국왕으로부터 이전부터 받아온 도서(圖書, 銅印)를 고쳐서 새로운 도장[新印]을 찍어온 건 등을 핑계로 문서의 불손함을 꾸짖으며, 구례(舊例)를 따르지 않았다는 것을 거론하며 마침내 결단코 받아들일 수 없다는 확답을 해 왔다. 그러면서도 아직 추호도 단교할 뜻은 없으며 한편으로는 도쿠가와[德川] 씨와 동등한 급의 대신과 대등한 예로 대할 의사가 있음을 피력하였다. 전말이 이와 같으므로 신사를 요청한다 해도 성사되지 않을 것이다.

위의 서한을 지참한 사신(使臣) 히구치 데쓰시로[樋口鐵四郎]가 지금도 한(韓)에 있으며 앞의 서간에 대한 답변의 경위를 바탕으로 다음 조처에 대해 문의를 했었다. 또한 명령[沙汰]에 따라 담판(談判)을 진행할 생각을 하라는 지시와 지금까지의 절차 등에 대해서도 꼼꼼하게 지시를 받았다. 그럼에도 불구하고 지난봄 이래 여러 번 담론(談論)을 거듭한 결과 위와 같은 국면에 이르렀으므로 이후 어떠한 조처[沙汰]가 있더라도 저쪽(조선)의 완고한 국풍은 도저히 대차사(大差使) 혼자만의 힘으로 해결하기 어려운 것은 물론이며 더더욱 소[宗] 씨 자신이 도한(渡韓)하더라도 승낙을 얻어 낼 수 있으리라고는 말할 수 없다. 즉 [서계 접수 교섭이] 지체되어 기회를 잃기보다는 오히려 조선의 확답을 후일에 반드시 증거로 삼을 수 있도록 서면(書面)으로 받아 그것을 조정에 품의해야 할 것이라고 대차사 및 그 외의 관계자들에게도 말했다. 또한 관수역(館守役)이 응접한 다음 별지 사본과 같이 동래부사[東萊府伯]의 서한(書翰) 및 훈도(訓導)[6]·별차(別差)[7]가 지난 겨울 제출해 둔 「난문서(難問書)」에 조인하게 하고 위의 본지(本紙)는 곧 바로 다음 조처에 대한 문의 시에 모두 소 씨가 제출한 취지와 같이 사본을 제출하니 신속하게 조정에서 논의한 다음 조치하여 주기 바란다.

---

6) 조선 때 전의감(典醫監), 관상감(觀象監), 사역원(司譯院) 따위에 두었던 정·종9품 벼슬.

7) 동래부(東萊府) 소속 일본어 통역(通譯).

一、對州より朝鮮へ差遣候使者之禮典、朝鮮より對州へ差渡候使者之禮典

此儀、幕府代替·宗家及ひ朝鮮國之吉凶とも、宗家より禮曹参判へ向書翰を添、土物を齎し、使者として執政及ひ重臣之内を差遣す、彼國よりハ幕府代替ニは信使、其餘之吉凶、宗家代替等ニは任官と唱候ものを對州へ差越、双方之禮典別冊之通りニ有之、尤任官渡來之諸入費は幕府より下ケ渡仕來ニ相聞候事

一. 쓰시마로부터 조선에 파견한 사자(使者)의 예전(禮典), 조선으로부터 쓰시마에 파견한 사자의 예전

이 건은 쇼군의 교체 시, 그리고 소가 및 조선국의 길흉(吉凶) 시에 소가가 예조참판 앞으로 서한과 함께 토산물[土物]을 보내며, 사자는 집정(執政) 및 중신(重臣) 중에서 파견하였다. 조선으로부터는 막부의 쇼군 교체 시 신사를, 그 밖의 길흉사 및 소가의 번주(藩主) 교체 등에는 임관(任官)이라고 부르는 자를 쓰시마에 보냈는데 양측의 예전은 별책과 같다. 우선 [조선 측] 임관이 오는 데 드는 제 경비[諸入費]는 막부가 지급하는 관행이라고 들었다.

一、朝鮮國より勘合印を受候由、右は同國制度ニ取入貢を受候取扱なる哉

此儀、彼國府郡縣へ國王より相與候圖書同様ニて、宗氏實名を彫たる銅印なり、歲遣船ニ添ゆる書翰を始、何事ニ依らす宗氏より彼國へ贈る處の文信ニは悉く此印を用い、若此印彰所持せさる船ハ賊論を以斷と往古之約定に載たり、此印を受るハ彼國制度上ニ取臣下ニ等し、加之、歲賜米と唱へ年々米五十石·大豆五十石を宗氏代々ニ給す、是彼國ニ臣禮を取る之最一とす、其餘

謬例枚擧するニ遑あらす、對州初より其謬例を知るといへとも、彼へ接近之孤島一藩之接待力足らす、其上領知之豊凶國計切迫之折ハ彼より金穀を借受、右を以生活を補ひ候義古今儘有之、近年も又勝手向不如意ニ随ひ、朝鮮より若干之借財し、右ハ追々仕法相立濟方可致との趣ニは候得共、従前之弊風如此なれハ、自今朝廷おいて交際筋御引受相成候上は、第一宗家之負債を始、累百年私交之謬例厳輝と御正し不相成候ては交際之條理難相立候事

一. 조선국으로부터 감합인(勘合印)[8]을 받게 된 경위, 이는 동국(同國)의 제도로 볼 때 조공을 받은 것으로 취급한 것인가?

이 건은 조선국의 부군현(府郡縣)에 국왕이 부여하는 도서(圖書)[9]와 마찬가지로 소 씨의 실명을 새긴 동인(銅印)이다. 세견선(歲遣船)[10] 파견 시 첨부하는 서한을 비롯하여 사안에 관계없이 소 씨로부터 조선에 보내는 서신에는 모두 이 도장을 사용한다. 만약 이 도장을 소지하지 않은 배는 도적으로 간주하여 거부하는 것이 예로부터의 약정(約定)에 실려 있다. 이 도장을 받는다는 것은 조선의 제도상으로 볼 때 신하와 같은 것이다. 뿐만 아니라 [조선은] 세사미(歲賜米)[11]라고 하여 매년 쌀 50석, 대두 50석을 소 씨에게 대대로 사급해 왔는데, 이것을 조선에 대해 신하의 예를 취하는 것으로는 가장 으뜸가는 것으로 친다. 그밖에 잘못된

---

8) 중국의 명나라가 해적이나 함부로 하는 밀무역을 방지하기 위해서 무로마치 막부에 내린 것으로, 정식 사자인 것을 증명하는 할부(割符)에 찍는 도장을 말한다. 즉 무역허가증과 같은 것이었다.

9) 인장이라는 뜻. 도서를 받은 자를 '수도서인(受圖書人)', 수도서인이 파견한 선박을 '수도서선(受圖書船)'이라고 불렀다. 도서의 증급(贈給)은 1418년에 시작되었다고 하며, 약조에도 있듯이 도장을 종이에 찍어서 예조(禮曺), 교서관(校書館), 포소(浦所)에 나누어 비치하고, 서계가 올 때마다 진위(眞僞)를 점검하도록 규정되어 있었다. 조선 후기 기유약조(己酉約條)가 성립한 후 도서는 쓰시마번주 이외에도 조일 통교 회복에 공적이 있다는 이유로 소 요시토시[宗義智], 야나가와씨[柳川氏], 승려 현소(玄蘇), 번주의 적자(嫡子) 등에게도 발급되었다.

10) 조선 세종 시기에, 쓰시마[對馬] 섬 도주(島主)의 청원을 들어주어 삼포(三浦)를 개항하고, 내왕을 허락한 무역선. 중종 5년 삼포왜란 뒤로는 그 수를 반으로 줄이고, 제포 한 곳만을 개항하였다.

11) 조선 세종 25년(1443), 계해조약(癸亥條約)을 맺고, 해마다 쓰시마도주[對馬島主] 소 씨에게 사급(賜給)하기로 약속한 쌀.

사례가 너무 많아 일일이 셀 수가 없다. 쓰시마[對州]는 애초부터 그러한 잘못된 사례를 알았다고는 하지만 조선에 근접한 고도로 일개 번[一藩]으로서 대응[接待]하기에는 역부족이었다. 게다가 영지(領知)의 풍흉(豊凶)에 따라 재정[國計]이 절박한 경우에는 조선으로부터 돈과 곡식[金穀]을 빌려와 생계를 보충하는 것이 예로부터의 관행이었다. 근년에도 또한 재정[勝手向]이 여의치 않아 조선으로부터 약간의 재물을 빌렸으며 이는 차츰차츰 방도를 강구하여 갚도록 해야 할 것이다. 그렇지만 종전의 폐습이 이와 같다면 지금부터 [일본의] 조정이 [조선과의] 교제 내용을 인수함에 있어서 우선 소가[宗家]의 부채를 비롯하여 수백 년간 지속된 사교(私交)의 잘못된 사례를 분명하게 바로잡지 않는다면 교제의 조리(條理)를 세우기 어려울 것이다.

一、朝鮮之國體臣禮を清國ニ取北京之正朔を仰くといへとも、國政ニ至ては自裁獨斷之權力ある哉

此儀、毎歳[冬至皇曆]兩度の使价北京ニ往來す、往古宰相・六曹之輩を正使とし、附屬とも人数三百人程陸地を北京ニ到る、書を捧、土物を賫し、臣禮を取、正朔を奉する之例とす、然るニ雜費許多なるか故、いつの頃より歟、兩使を相兼て譯官のみを遣し來れりと、國王の諡は北京より贈る、都て重大之事件ハ北京之特命を受るよし、然れとも明之昔と違ひ心伏するニあらす、其節彼之猛威ニ屈し、陽ニ正朔を仰き、貿易も支那境鴨綠江之傍義州府ニ開き、同所ニも府使・訓導・通事等數員を置き接待す、北京交際之入費は平安一道を以てし、日本交際之入費ハ慶尚半道を以てすと、内治ニ至ては明之舊恩を追慕し、清之正朔を不書載、國内一般支干のみを用ひ國王之何年と唱へ、明之服飾・周之禮樂を行ひ、内政百事獨斷之權あり、外國ニ關係する事件といへとも自裁する由、然れとも我勝手之よからさる事柄は北京ニ告知し特命を受る由ニ相聞けれと、是迄日本ニ關係せる事件等北京ニ奏聞する事なしと、彼か狡猾之甚しき、日本ニ向てハ北京を鳴らし、北京に對してハ日本を後口楯とする之意を示すよし相聞候事

但、朝鮮國譯官北京ニ使し、同所之禮典を例とし、對州より之使者を取扱候由相聞候事

一. 조선의 국체(國體)가 청국(淸國)에 대해 신하의 예를 취하고 북경의 역법(曆法)을 받든다고는 하지만, 국정(國政)에서는 스스로 판단하고 독단(獨斷)할 수 있는 권력이 있는가?

이 건에 대해서는, 매년[동지, 황력(皇曆)] 두 차례 사신[使价]이 북경으로 왕래한다. 예전에는 재상(宰相) 및 육조(六曹)의 인사를 정사(正使)로 하여 수행 인원수 300명 정도로 육로를 통해 북경에 갔다. 서신[書]과 토산물[土物]을 바쳐서 신하의 예를 취하며 역서(曆書)를 받드는 것을 항례로 한다. 그러나 잡비가 많이 들기 때문에 언제부턴가 양사(兩使)를 겸하여 역관만을 파견해 왔다고 하며 국왕의 시호[謚]는 북경에서 보내온다. 모든 중대한 사안은 북경의 특명을 받는다고 하나 예전 명(明)대와 달리 심복(心伏)하지는 않는다. 그 당시 중국[淸]의 맹위에 굴하여 겉으로는 책봉을 받아들이고 무역도 중국[支那]과의 경계인 압록강변 의주부(義州府)에서 실시하고 그곳에도 부사(府使), 훈도, 통역[通事] 등 수 명을 두어 담당하도록 하였다. 북경과의 교제비용[入費]은 평안도 일도로 담당케 하고 일본과의 교제비용은 경상도 절반이 담당케 하였다. 내치(內治)에서는 명에 대한 구은(舊恩)을 추모하여 청의 연호를 기재하지 않으며, 국내에서는 일반적으로 간지(干支)만을 사용하여 국왕 몇 년이라고 한다. 명의 복식, 주(周)의 예악을 행하고, 내정의 모든 일은 독단으로 처리하는 권한이 있으며, 외국에 관련되는 사안이라 하더라도 독자적으로 처리한다. 그렇기는 하나 우리(조선)에게 이익이 되지 않는 사안에 대해서는 북경에 고지(告知)하여 특명을 받아야 하는 것으로 말해 왔지만, 지금까지 일본과 관련된 사안 등을 북경에 보고하는[奏聞] 일은 없었다. 조선은 아주 교활하여 일본에 대해서는 북경을 들먹이고, 북경에 대해서는 일본을 방패[後楯]로 삼으려 한다고 들었다.

다만 조선국 역관을 북경에 파견할 때의 예전(禮典)을 예로 삼아 쓰시마로부터 온 사자를 취급한다고 들었다.

一、皇使被差遣候節、御軍艦首府近海へ被相廻候ニ付良港有無

此儀、御軍艦釜山浦へ被差向候ては頗ル迂遠にして咄嗟ニ辨せさるハ勿論なり、近年佛人戦争之砌、首府近海江華府ニ碇泊いたし候趣ニ相聞、同所之外近海ニ相應之港無之、右江華府より内手を漢江と唱へ南北両線有之、大艦難乗入、首府迄凡二十里、小舟を以て往來するよしニ相聞候事

但、御軍艦朝鮮へ被差向候節、對州嚴原は大艦碇泊之場所ニ無之、同國浅海と唱候場所一覧いたし候處、朝鮮地ニ向たる大江ニて、就中、芋ヶ崎と唱候場所、御軍艦屯碇石炭圍等之爲、屈竟之地と被存候間、則西洋測量地圖一葉差出候事

一. 천황 사절 파견 시, 군함의 수도 근해 순회와 관련하여 좋은 항구의 유무

이 건은 군함을 부산포에 파견한다면 너무 멀리 돌아가는 길이라 짧은 시간에 순발력 있게 대처할 수 없음은 물론이다. 최근 프랑스인과 전쟁했을 때 수도[首府] 근해 강화부에 정박했다고 들었다. 그곳 이외에는 근해에 걸맞는 항구가 없다. 이 강화부로부터 안쪽을 한강이라 하여 남북으로 두 갈래 길이 있는데, 큰 함선이 들어가기 어렵고 수도까지 약 20리를 작은 배로 왕래한다고 들었다.

다만, 군함을 조선에 파견할 때 쓰시마 이즈하라[嚴原]는 대함(大艦)을 정박시킬 만한 장소가 없다. 쓰시마 안의 아소[淺海]라 불리는 장소를 둘러본 바 조선 땅을 바라보는 큰 만[大江]으로 그중에서도 특히 이모가사키[芋ヶ崎]라고 하는 장소가 군함 둔정(屯碇), 석탄 저장[石炭圍] 등을 위해 굴경(屈竟)의 장소라 생각되므로 서양 측량 지도 1장을 제출하였다.

一、朝鮮國之義魯西亞之毒吻ニ心醉し、陰ニ保護依頼する風評且境界論

此儀、草梁之出入等をも聞探り、訓導面會之折も夫となく事情相尋候得共、

魯西亞ニ依頼する事情更ニ不相聞、尤黒龍江を隔北之方、方今魯西亜人土宇を開墾する風聞あれと、朝鮮境鴨緑江迄は懸隔之場所、境壌未接哉ニ有之、併永く境壌を安し候義には難相成との風聞ニ有之候事

一. 조선국의 건, 러시아의 꾀임[毒吻]에 빠져 몰래 보호를 의뢰한다는 소문[風評]과 경략론

이 건은 초량(草梁) 왜관에 출입하는 사람 등으로부터도 청취하였으며, 훈도와 면회를 할 때도 슬며시 사정을 물어보았으나, 러시아에 의뢰한 사정에 대해서 듣지 못했다. 우선 흑룡강에서 북쪽으로 떨어진 곳에 방금 러시아인이 땅[土宇]을 개간한다는 소문이 있으나 조선 국경 압록강까지는 현격하게 장소가 떨어져 있어 아직 국경에 접하지는 않은 것 같다. 그러나 국경에 접한 땅을 오랫동안 내버려 두지는 않을 것이라는 소문이 있다.

一、朝鮮國海陸軍武備之虚實、器械之精粗

此儀、佛人戦争以来ハ水營・兵營共頗ル兵を練り、府郡縣鎮令ニは農兵を蓄ふ、首府ニては寺僧迄兵隊ニ加え、同所近海は海陸防禦豫め備はれりとの風聞ニ有之、旣ニ釜山城下おいて折々火入調練有之、其體裁本朝之古流ニ類したるものニて、大旗を以進退指揮し、劍鋒隊・弓隊・銃隊等を研究し陸戦を主とす、物具ハ隊長以上身分あるものニ限り充分綿を入れ鐵板を縫ひ込たる着込を着し、桃實ニ類したる兜へ長サ貳尺程之錣を付ケ、本朝の火事頭巾ニ等しきものを冠り馬乗ニて指輝す、兵卒ニ至てハ、寺僧又は農夫等常服之儘出陣し、専ら毒箭射殺之術を施す、然るニ佛人戦争以来、小銃ニ利あるを知り、方今銃炮を製造す、其小銃を見るニ、火縄打之長筒ニて製作之拙なる事、實ニ見るニ足らす、弓ハ水牛角を以半弓ニ製し、矢ハ篦細く、鷲羽を以細羽ニ製し、矢尺弓丈ケより長く、只遠矢ニ利あるを主とす、戦船は水營ニ

備はれりといへとも、平常漁船ニ用ひ、日本船ニ比すれハ甚た拙く相見、釜山之大灣中一之砲臺も見えす、城壘も堅ならす、軍營といへとも斯の如し、餘ハ推て知るへし、只敵を切所ニ引受接戦之策と相聞候事

一. 조선국 육해군 무비(武備)의 허실, 기계(器械)의 정조(精粗)

이 건은 병인양요[佛人戰爭] 이후로 수영(水營), 병학(兵學)이 함께 열심히 병을 훈련시켜 부군현령(府郡縣令)에서는 농병(農兵)을 기르고 수도에서는 승려까지 군대에 가담하게 하며, 동소(同所) 근해는 육해 방어를 미리 준비하고 있다는 소문이 있다. 이미 부산성하(釜山城下)에서는 가끔 화약을 사용한 훈련을 하고 있는데, 그 모양새가 본조(本朝)의 옛날 방식과 비슷하다. 큰 깃발을 가지고 진퇴를 지휘하고 창검부대[劍鋅隊], 활부대, 총부대 등을 연구하여 육상전을 주로 한다. 도구[物具]는 대장 이상 신분인 사람에 한하여 면을 충분히 넣어 철판을 봉합한 옷을 착용하고 복숭아 열매와 같은 투구[兜]에 길이 2척 정도의 목가리개[錣]를 붙여 본조의 소방대 두건과 같은 것을 쓰고 말에 올라타 지휘한다. 병졸을 보면 승려 또는 농부 등이 평상복으로 출진하여 오직 독전(毒箭) 사살하는 기술을 구사한다. 그런데 병인양요 이래 소총의 이점을 알고 곧바로 총포를 제조하였다. 그 소총을 보면 화승(火繩)을 당기는 장통(長筒)으로 제작이 매우 조잡하기 그지없다. 활은 물소 뿔[水牛角]로써 반궁(半弓)으로 만들며 화살[矢]은 대[篦]가 가늘고 매의 깃털을 사용하여 가는 날개로 만들었다. 화살의 길이는 활의 길이보다 길고 먼 거리를 쏘기에 유리하다는 것이 특징이다. 전선(戰船)은 본영에 비치되어 있다고 하나 일반 어선을 이용하므로 일본 배에 비해 아주 졸렬해 보이며 부산의 큰 만(灣)에는 포대(砲臺) 하나도 보이지 않는다. 성루(城壘)도 견고하지 않고 군영이라고는 하지만 이와 같은 형국이니 나머지는 미루어 짐작할 일이다. 단지 적을 요충지[切所]로 끌어들여 접전을 하는 방책이라고 들었다.

一、内政之治否、草梁記聞之如くなるや

此儀、果して草梁記聞之如し、大般君驕奢婬蕩、漸次暴政を施し、方今文武

百官紛擾、國民頗ル怨嗟之情體相見、就中、卽今賄賂行はれ、土人殆と窮するか故、在上之人を誹謗する事記聞ニ載たるよりも甚し、慶尚道漆原之一揆ハ鎭撫し、卽今江原道之内ニ一揆起りしとの風聞あれと、いまた其鎭制せる說を聞かす、將佛人邪教を施すニ至ては、最前北京より耶蘇之教師國内ニ入、賤民を煽亂すと有之候得共、朝鮮國之情體、彼國ニ漂到せる日本漂民すら寸地も陸行を許さす、船を以釜山ニ送る旧例なり、外國人を國内ニ入れす、地圖を秘する國體を以、佛人之永く國内ニ潜居したるを知らさる理なし、宗門を信仰せし土民之内、佛戰之折柄、脫走せしものありといふ、此戦争以前ハ洋物盛ニ行はれ、今日更ニ洋物をミす、是可疑之一なり、何之頃より歟、國民佛と私交し、追て邪宗ニ害あるを知て、斷然攘夷之說を開き、信仰之徒を嚴罰せし由なれと、今ニ其餘黨残り居候趣ニ相聞、是を以て考れハ國情紛亂たるを知るへき事

一. 내정(內政)의 치부(治否)가 초량에서의 기문(記聞)과 같은가?

이 건은 역시 초량에서의 기문과 같다. 대원군[大殷君]이 사치[驕奢]와 방탕[搖蕩]으로 점차 폭정(暴政)을 시행하게 되자, 바로 문무백관(文武百官)이 혼란스러워하고 국민이 원망하며 한탄스러워하는 것이 보인다. 그중에서도 바로 뇌물[賄賂] 행위로 인해 지역민[土人]이 대부분 궁핍해졌기 때문에 윗사람을 비방하는 일이 기문에 실린 것보다도 아주 심하다. 경상도 칠원(漆原)[12]에서 일어난 농민봉기는 진정시켰고 지금 강원도 내에 농민반란이 일어났다는 소문이 있으나 아직 그것을 진정시켰다는 말은 듣지 못하였다. 무릇 프랑스인이 사교(邪交)를 포교함에 있어서 얼마 전 북경에서 예수교 선교사가 국내로 들어와 천민을 선동하여 소란을 일으킨 일이 벌어지기도 하였다. 그러나 조선국의 사정은 조선에 표류한 일본 표류민조차 한 발짝도 육지로 들어가는 것을 허락하지 않으며 배를 태워 부산으로 보내는 것이 구례(舊例)로서 외국인을 국내에 들이지 않는다. 지도를 국가기밀로 하는 나라[國體]로서 프랑스인이

12) 함안 지역의 옛 이름.

오랫동안 국내에 잠거(潛居)하는 것을 모를 리가 없다. 종문(宗門)을 신앙하는 지역민[土民] 가운데 병인양요 때에 탈주한 사람도 있었다고 한다. 이 전쟁 이전에는 서양 물품[洋物]이 성행하였으나 요즈음은 서양 물품을 보지 못하니 의심스러운 것 중의 하나이다. 언제부터인가 국민과 프랑스가 정부 몰래 교제[私交]를 해왔는데, 추후 사교[邪宗]로 인한 폐해가 생길 것을 알고 단연코 서양을 배척[攘夷]한다는 말을 내세워 신앙하는 교도를 엄벌에 처했다고 한다. 그러나 지금도 그 잔당이 남아있다고 들었다. 이로써 생각한다면 나라의 정황[國情]이 분란하다는 것을 알 수 있을 것이다.

一、貿易取開ニ付ては物品之交換・物價之低昂及ひ貨幣之善悪

此儀、金銀を以貨幣ニ鑄造いたし候義無之、砂金又は多少之銀塊を以施行之辨用とし、平常之商法は錢を以普通の取引といたし、錢之大小を不論、都て壹文ニ通用いたし來、惣て貿易上ハ錢のみ之算勘ニて、然るニ日本之物品近年益騰貴、彼之物價我往古之相場ニ等し故ニ、方今百斤ニ付價三拾兩之丁銅を以彼之錢拾貳貫文ニ賣渡し、百斤ニ付拾貳貫文之煎海鼠を買取、是を三港之内へ運輸し、金四拾兩位ニ賣拂、往返ニて金拾兩之益ありといへとも、船賃等差引、强て之利潤も不相見、餘准之從前之公貿易ニ至ては、錫百斤を以木綿貳百疋ニ換候類、其益莫大、右木綿之內貳萬疋米ニ換候分、壹疋ニ付米三斗八升餘ニ當る、是格外之利潤といふへし、此等の益及ひ馳走米等を以宗家之經濟といたし居候義ニて、方今交際之謬例を正し、歳遺公貿廢止いたし候上は、貿易上ニ强て之利潤も不相見、併し向來大ニ貿易を聞き候ニは、日本ニ於ル各國貿易の如く洋銀を以諸物品之媒し、漸々彼之貨幣ニ被壓、今日之相場ニ至ると、同日之論ニて、彌朝鮮國內ニ兩三港を開き、彼我勝手貿易執行ふニは、第一我錢を彼ニ流融する之策に不出候半ては利潤充分とは難申、今本朝より錢を輸出するハ各國御條約面ニ差響き可申と之論も可有之歟、彼國を我部內のものと見、元來錢のみ通用之國ニ付、彼我互ニ流融いたし候上は、西洋各國へ輸入と違ひ、不都合之筋も有之間敷、然ル上は、彼國

ニ在留するもの之辨利申迄も無之、貿易も盛大ニ至り可申、方今開港之地を尋るに、首府近海ニ江華府あり、南漢江より王城ニ通し、北漢江を經て開城府ニ到る、王城開城之都府は追て商賣之為ニ開市し、江華島ハ直ニ開港し、其餘濟州ハ都府を離るヽ事、凡百里孤島にして、肥前五島ニ近ク、物品多く産し、頗ル繁華之地といふ、平安道之義州府は清國と旧來之互市場なれハ、釜山とも都合四ケ所を開き置、商賣之都合ニ依て在留之法を設、義州は西隅之地ニて清國と鴨緑江一線を隔のみ、日本より手を入其利益如何、然れ共、北京と取引之相場を聞探るに便宜之地ニて、商賣掛引之助と成へし、加之、朝鮮北部他邦ニ接する故、動静を探るニ此地を第一とす、右様一時ニ多港を開くニ不及との論可有之候得共、彼固陋舊守之國風なれハ、最初約條ニ掲載せされハ、後日開く事難し故に、旧來之釜山とも四港ニ都の開市を約し、便宜之地ニ貿易し、且北京・天津之貿易を開き、朝鮮國産煎海鼠・干鮑・鱶鰭等之類支那ニ運輸し、支那之胡淑・蘇木・金巾・木綿等之類朝鮮に渡し、兩國之際に立て利益を計る、是大なる本邦之益と可相成、則朝鮮金銀錢見本幷釜山之物價、彼我ニ適し候物品、別冊之通ニ有之候事

一. 무역 개시에 관해서는 물품의 교환, 물가의 고저 및 화폐의 선악

이 건은 금은(金銀)으로 화폐를 주조하는 것이 아니라 사금(砂金) 또는 다소의 은괴(銀塊)를 가지고 시행에 변통[辨用]을 하는 식이다. 평상시 상행위[商法]는 전(錢)으로 보통 거래를 하는데 전의 대소를 불문하고 모두 한 푼[一文]으로 통용(通用)해 왔으며, 모든 무역상거래는 전만으로 계산한다. 그런데도 일본의 물품이 최근에 늘어나 저쪽 물가가 등귀하여 우리의 옛 시세와 같기 때문에 지금은 100근(斤)에 대해 가격 30냥(兩)의 정동(丁銅)을 가지고 저쪽 전 12관문(貫文)으로 매도하여 100근에 대해 12관문의 말린 해삼[煎海鼠]을 매입한다. 이것을 3개의 항구로 운송하여 금 40냥 정도로 판매하여 거래를 통해 금 10냥의 이익이 있다고는 한다. 그러나 선박 운임 등을 차감하면 이윤도 별로 남지 않는다.

종전의 공무역에서는 주석[錫] 100근을 목면 200필(疋)로 바꿀 경우 그 이익이 막대하였다.

이 목면 2만 필을 쌀로 바꾸면 1필에 대해 쌀 3말 8되 남짓에 해당하는데 이는 파격[格外]적인 이윤이라 해야 할 것이다. 이 같은 이익 및 [조선 측에서 받는] 접대용 쌀[馳走米]을 소가[宗家]의 경제로 삼아 왔는데, 지금 교제의 오류를 고쳐서 세견·공무역을 폐지한 이후로는 무역상 엄청난 이윤도 보이지 않는다.

그러나 향후 크게 무역을 열기 위해서는 일본에서의 각국 무역과 같이 서양 은[洋銀]으로 제 물품을 교환하여 점점 저쪽 화폐를 압박하면 지금의 시세가 된다고 하는 것이 내부적인 논의이다. 차츰차츰 조선국 내에 2~3개의 항구를 열고 양측이 자유 무역을 집행하기 위해서는 우선 우리의 동전을 조선에 유통시키는 방법으로 나가지 않는다면 충분한 이윤을 기대하기는 어렵다. 지금 본조로부터 동전을 수출하면 각국 조약 면에 영향을 미친다는 논의도 있을 수 있다. 조선을 우리 부내로 간주하되 원래 동전만 통용되던 나라였지만 피차가 서로 유통[流融]하게 된다면 서양 각국에 수출하는 것과 달리 불편할 것도 없다. 그렇게 되면 조선에 재류하는 자(일본인)의 융통성[辨理]은 말할 필요도 없이 무역도 성대해질 것이다. 지금 개항할 곳을 찾아보니 수도 근해에 강화부가 있는데, 남한강으로부터 왕성(王城)을 통과하여 북한강을 거쳐 개성부에 이른다. 왕성이었던 개성[都府]은 훗날 장사를 위해 개시(開市)하고 강화도는 바로 개항한다. 그 나머지 제주는 수도에서 약 100리나[13] 떨어진 고도(孤島)로서 히젠[肥前]의 고토[五島]에 가깝고 물품(物品)도 많이 생산되어 매우 번화한 지역이라 한다. 평안도의 의주부는 청국과 예로부터의 교역장[互市場]이므로 부산과 함께 도합 4개소를 열고 무역[商賣]의 형편에 따라 재류(在留)에 관한 법을 만든다. 의주는 서쪽 구석의 땅으로 청국과는 압록강 하나로 경계를 이룰 뿐이다. 일본이 손을 써서 그 이익의 여하가 그렇기는 하지만 북경과의 거래 시세[上場]를 파악[聞探]하기에 편리한 지역으로 상업거래에 도움이 될 것이다. 게다가 조선 북부는 타국과 접해 있기에 동정(動靜)을 살피기에는 이곳이 제일이라고 한다. 이와 같이 일시에 여러 항구를 개항하지는 못할 것이라는 설이 있기도 하지만 저쪽이 고루구수(固陋舊守)하는 국풍이므로 최초에 조약에 게재하지 못한다면 후일 개항하는 일은 어렵다. 그러므로 구래(舊來)의 부산과도 4항 2도(四港二都)의 무역[開市]을 약속하여 편리한 땅에서 무역하고 또한 북경, 천진과도 무역을 열어 조선산 말린 해삼, 말린 전복[干鮑], 상어지느러미[鱶鰭] 등의 품목을 중국에 수송하고 중국의 후추[胡椒], 소목(蘇木), 옥양목[金巾], 무명[木棉]

13) 1리(里)는 3.927km로 우리나라의 약 10리에 해당함.

등의 품목을 조선에 건네주어 양국의 사이에서 이익을 도모한다. 이것은 크게 본방(本邦)의 이익이 될 것이다. 이에 조선의 금은전(金銀錢) 견본 및 부산의 물가, 양측에 적합한 물품을 별책과 같이 제출한다.

一、歲遣船向來存止

此儀、彼國より圖書を受、累年歲遣船を送り、公貿報進物之利潤を以經濟を補ひ來候得共、彼國ニ對し藩臣之禮を取るニ近く、自今朝廷御交際貿易御條約御取結相成候節は、廢止之方至當之筋と存候事

一. 향후 세견선의 존속 및 폐지

이 건은 조선으로부터 인장[圖書]을 받아 해마다 세견선을 파견하여 공무역과 진상[進物]의 이윤을 가지고 [쓰시마번의] 경제를 충당해 왔다. 그러나 이는 조선[彼國]에 대해 번신(藩臣)의 예를 취하고 있음에 가까우며 이제부터 [일본의] 조정이 외교[交際]와 무역에 관한 조약을 체결할 경우에는 폐지하는 것이 마땅할 것이라 생각된다.

一、對州は兩國之間ニ价在する孤島ニて交際之入費幷漂民彼我引渡方等一藩尋常政費外之入費

此儀、年租三萬石無謂被召放候旨、宗家歎訴中ニ相見へ候得共、右は舊臘藩知事御暇之節、下野之支配地四千貳百貳石餘之場所被召上、前書三萬石を束ね、九州おいて三萬五千八百五十石餘之場所支配地ニ被仰付、舊臘御高帳御渡相成、郷村諸書物未請取、物成高聢と難相分候得共、右にて追々仕法も可相立、此上朝廷おいて兩國交際貿易之道被為開、歲遣船を廢止いたし候上は、是迄之所得を失ひ候義ニ付、別紙取調書之通增支配地被仰付候方公平と

存候、尤同家之義、先年内藩紛亂之砌より一藩之會計曖昧にして、追年向々借財相嵩、終ニ朝鮮國よりも米錢借受候時宜ニ至り、一藩之生計必至困苦罷在候、折柄從來生計を補ひ候公貿之利益ニ突然放し候ては、端的飢渴ニ迫候は必然ニて、方今皇使被差渡、私交之謬例御正し可相成、亦品ニ寄如何様之擧動ニ至り、交隣之道を絶し候も難計、一藩之痛意此事ニて貿易之利潤は申迄も無之、夫か為ニ生活相立候士族も不少、是迄私交之貿易ハ今日ニ至り斷然可相廢は勿論ニ付、一藩覺悟之體に相見候得共、是非皇使被差渡候以前、是等之御處分不相立候ては、忽ち藩政紛亂可致、いつれニも九州地において御見換被下候ハヽ、一藩擧て奮發努力可致は無論と相察申候、詰り外邦ニ食を仰かす、一藩之生活相立候義、素より宗家之渴望する所ニ有之、將交際上入費中、彼我漂民取扱之義は嚴原藩申立通ニ候得共、和漂民は貮三ヶ年ニ一度、彼國之漂民ハ年ニ寄十四五度も有之、凡平均壹ヶ年八九度より拾度ニ到ル、送り返し候節々相應之謝報有之、長崎・大坂送迎、對州逗留中之諸費を右謝報と差引候得者、强て之入費ニも有之間敷、彼我漂民入費之義、各國御交際上ニ據る時ハ、彼我共入費を問はす、今朝鮮の漂民を如斯取扱ふ時ハ、我寡く、彼多く、我ニ取り格別之失費なれハ、爾後書翰ニ添候進物相廢し、互の扶助は旧例をもつて取扱候方歟、委細は別冊之通ニ有之候事

一. 쓰시마는 양국 사이에 있는 고도로, 외교에 들어가는 비용 및 표류민에 대한 피차의 인수인계 등 하나의 번(藩)으로서 일반 정무비용 이외에 필요한 비용

이 건은 연조(年租) 3만 석이 무리하게 몰수됐다는 취지가 소가의 탄원서[歎訴] 중에 보인다. 그러나 지난해 섣달[舊臘] 번 지사(藩知事)가 귀향할 때 시모쓰케[下野][14]의 지배지 4,202석 남짓을 몰수한 것과 앞의 3만 석을 묶어 규슈[九州]에 3만 5,850석 남짓 되는 장소를 지배지로 불하하여 지난해 섣달에 토지대장[高帳]을 건네주셨다. 향촌의 여러 서류[書物]를 아직 인수

14) 도치기현[栃木縣]의 옛 이름.

받지 못하여 생산량을 확실히 알지는 못하지만, 이로써 차차 세금 징수방법도 정립될 것이다. 앞으로 [일본의] 조정에서 양국 외교·무역의 길을 열어 세견선을 폐지한다면 지금까지의 소득을 잃게 되는 것이므로 별지 조사서와 같이 지배지 증가분을 인정해주는 것이 공평하다고 생각된다.

우선 동가(同家 : 宗家)의 건은 작년 동번(同藩)에서 분란이 일어났을 때부터 번의 회계를 애매하게 하여 매년 빌린 재화가 점점 늘어나 조선국으로부터도 쌀과 금전을 빌렸다. 상황에 따라서는 번의 재정[生計]이 반드시 곤궁[困苦]에 이를 것이다. 공교롭게도 종래의 생계를 보충해오던 공무역[公貿] 이익을 갑자기 놓치게 된다면 단적으로 굶주림과 목마름[飢渴]에 부딪치게 되는 것은 필연적인 일이다. 지금 황국의 사신[皇使]을 파견[差渡]하여 사교(私交)의 잘못된 사례[誤例]를 정정하여야 하고 또한 사정에 따라 어떠한 거동에 이르러 교린을 끊게 될지도 몰라 번의 아픈 뜻[痛意]을 헤아리기 어렵다. 이 일로 무역의 이윤은 말할 것도 없이 이를 바탕으로 생계를 유지하고 있는 사족(士族)도 적지 않다. 지금까지 [조선과의] 사교에 의한 무역은 오늘날 단연코 폐지해야 함은 물론이다. 이에 한 번으로서 각오를 단단히 해야 할 일이지만, 반드시 황국의 사신을 파견하기 이전에 이와 같은 사안들에 대한 처분 방침을 세우지 않는다면 곧바로 번정(藩政)의 분란(紛亂)을 일으킬 수 있다. 어쨌든 [舊 쓰시마번의 영지를] 규슈 지역으로 바꾸어 주신다면 번이 모두 분발하여 노력하는 것은 말할 것도 없다고 생각된다. 그렇게 되면 외국[外邦]으로부터 식(食)에 대한 도움을 받지 않고도 번의 생계를 세울 수 있으며 원래부터 소가가 갈망하는 바이다.

무릇 외교상의 비용 중 양국의 표류민 취급 건은 이즈하라번이 주장한 것과 같지만, 일본의 표류민이 2~3년에 한번이라면, 조선의 표류민은 해에 따라 14~15번이나 발생한다. 대략 평균적으로 1년에 8~9번에서 10번까지 송환을 하고 그때마다 그에 상응하는 감사하다는 답례물[謝報]이 있다. 나가사키[長崎], 오사카[大坂]에서의 송영(送迎) 및 쓰시마 체류 중의 모든 비용을 이 사보(謝報)에서 차감한다면 굳이 비용도 들지 않는다. 양국 표류민 송환 비용 건을 각국이 교제하는 것에 비추어 볼 경우 상호간에 비용을 들이지 않는다. 지금 조선 표류민을 이와 같이 취급할 경우에는 우리가 적게 들어가며 저쪽(조선)이 많이 들어간다. 우리에게 있어 각별히 비용손실[失費]이 된다면 이후 서한에 첨부하는 진상 예물[進物]을 폐지하고 상호부조는 구례(舊例)로 취급하면 되지 않을까요? 자세한 것은 별책과 같다.

一、朝鮮は草梁項之外其内地は日本人之旅行難相成哉

此儀、草梁と稱ふる地、海岸のみ壹里餘も可有之、其中央之海岸ニ倭館を設け、別紙繪圖面之通凡七萬坪餘も有之、往古より地租を不出、對州ニ屬し、一廓之所置都て館守役管轄す、當時在館人數凡三百人ニ近く、門之開閉は東莱府より番兵を置て司らしむ、夜中出入を禁す、倭館外四方へ凡三百步之野邊遊步出來候迄ニて、右も必らす日本通事護送す、釜山寄之方には際門を設通行を許さす、此際門内ニ豆毛といふ一村あり、倭人之を古館と号く、元祿度倭館を今之草梁之地ニ移す、右古館之地に古墳あるゆへ、毎度雨度彼岸中倭人之墳参を許す、倭館周圍ニ五ヶ所之見張小屋を取建、日本通事兩三人ツヽ詰合、和人館を出るを見張り居、必らす附添を為すを彼の勤とす、萬一日本人此境界を犯越するものある時ハ、土民擧て礫を抛ち葛藤を生し候義偲有之、右は倭館規則ニ明文有之、是迄重大之事柄といへとも、訓導等先導して到る之外、東莱ハ勿論際門通行を許さす故ニ、各所へ遊步せん事を館守ニ談すといへとも、右等之周旋迚も難行届段申聞、現地事情探索いたし候處、無相違相聞候事

一. 조선은 초량 이외에 내지(內地)에 대한 일본인 여행이 어려운가?

이곳 초량이라고 하는 곳은 해안만 1리(里) 정도이다. 그 중앙의 해안에 왜관을 마련하였는데 별지 그림도면과 같이 약 7만 평 정도이다. 예로부터 지조(地租)를 내지 않고 쓰시마에 속해 있으며 왜관 구역에 대한 관할은 모두 관수(館守)가 맡았다. 당시의 재관 인원수는 약 300명에 가까웠으며 문의 개폐(開閉)는 동래부로부터 당번병[番兵]을 두어 담당하게 하였다. 야간에는 출입을 금지하였다. 왜관 바깥 사방으로 약 300보의 야변(野邊)까지만이 산책[遊步] 가능한 곳이며 이것도 반드시 일본인 통역[通辭]을 동반한다. 부산 쪽에는 제문(際門)을 설치하였으나 통행은 허락하지 않았다. 이 제문 내에 두모(豆毛)라고 하는 한 마을이 있었는데 왜인은 이것을 고관(古館)이라 불렀다. 겐로쿠(1678년 : 역자) 시기에 왜관을 지금의 초량으로

옮겼다. 이 고관 땅에 고분이 있어 매년 2번 '피안(彼岸)' 때 왜인들의 성묘를 허락하였다. 왜관 주위에 5개소의 감시 초소를 세워 일본어 통역[通事] 2~3명 씩 근무하도록 하고 있으며, 일본인이 왜관에서 나오는지 망을 보고 반드시 함께 따라다니는 것을 그들의 임무로 하였다. 만일 일본인 가운데 이 경계를 월경[犯越]하는 자가 있으면 지역 주민들이 돌을 던져 갈등을 빚기도 한다. 이는 왜관 규칙으로 명문화 하였다. 지금까지 중대한 사안이라 하더라도 훈도 등이 선도하여 오는 것 말고는 동래는 물론 제문 통행을 허락하지 않았다. 그러므로 각지에 나가고자 하는 것을 관수에게 상담한다고는 하나 이들의 주선도 매우 어렵다고 한다. 현지 사정을 탐색하여 틀림없음을 확인하였다.

一、竹島 · 松島朝鮮附屬ニ相成候始末

此儀、松島は竹島之隣島ニて、松島之義ニ付是迄掲載せし書留も無之、竹島之義ニ付ては元祿度之往復書翰 · 手續書,　写之通ニ有之、元禄度後は暫く之間、朝鮮より居留之もの差遣置候処、當時ハ以前之如く無人と相成、竹木又は竹より太き葭を産し、人参等自然ニ生し、其餘漁產相應ニ有之趣相聞候事

一. 죽도(竹島)와 마쓰시마[松島]가 조선의 부속이 된 경위[始末]

이 건은 송도는 죽도의 이웃 섬으로 송도에 관해서는 지금까지 게재된 서류도 없다. 죽도에 대해서는 겐로쿠[15] 년간 주고받은 왕복서한 및 경위가 필사한 그대로이다. 겐로쿠 시기 이후 얼마 동안 조선에서 거류(居留)를 위해 사람을 보냈던 바 있다. 하지만 현재는 이전과 같이 사람이 없으며, 대나무 또는 대나무보다 굵은 갈대가 자라고, 인삼(人蔘) 등이 자연적으로 자란다. 그 밖에 물고기[漁產]도 상당히 있다고 들었다.

15) 1688~1703년.

右は朝鮮國事情實地偵索いたし候處、大略書面之通御座候間、一ト先歸府仕候、依之件々取調書類・繪圖面とも相添、此段申上候、以上

午四月

外務省出仕

佐田白茅

森山　茂

齋藤　榮

이상은 조선국 사정을 현지[實地] 정탐(偵探)한 바로 대략 서면 내용과 같으므로 먼저 귀부(歸府)하였습니다. 이에 따라 건(件)마다 조사서류(取調書類), 그림도면[繪圖面]을 함께 첨부하여 이번에 보고하는 바입니다.

午(1870년) 4월

외무성 출사

사다 하쿠보

모리야마 시게루

사이토 사카에

| 참고문헌 |

송휘영, 「『조선국교제시말내탐서(朝鮮國交際始末內探書)』」, 『독도연구』 제23호, 영남대학교 독도연구소, 2017.12.

정태만, 「『조선국교제시말내탐서』 및 『태정관지령』과 독도」, 『독도연구』 제17호, 영남대학교 독도연구소, 2014.12.

日本外務省, 「朝鮮外交事務書」, 明治2年(1869).

日本外務省, 「朝鮮へ被差遣候もの心得方御達之案」, 明治2年(1869.11).

日本外務省, 「對州朝鮮交際取調書」, 『大日本外交文書』, 明治3年(1870).

日本外務省, 「外務省出仕佐田白茅ノ建白書寫」, 明治3年(1870.3).

日本外務省, 「外務省出仕森山茂ノ建白書寫」, 明治3年(1870.4).

日本外務省, 「外務省出仕齋藤榮ノ建白書寫」, 明治3年(1870.4).

日本外務省, 「朝鮮国交際始末内探書」, 『大日本外交文書』, 明治3年(1870.4).

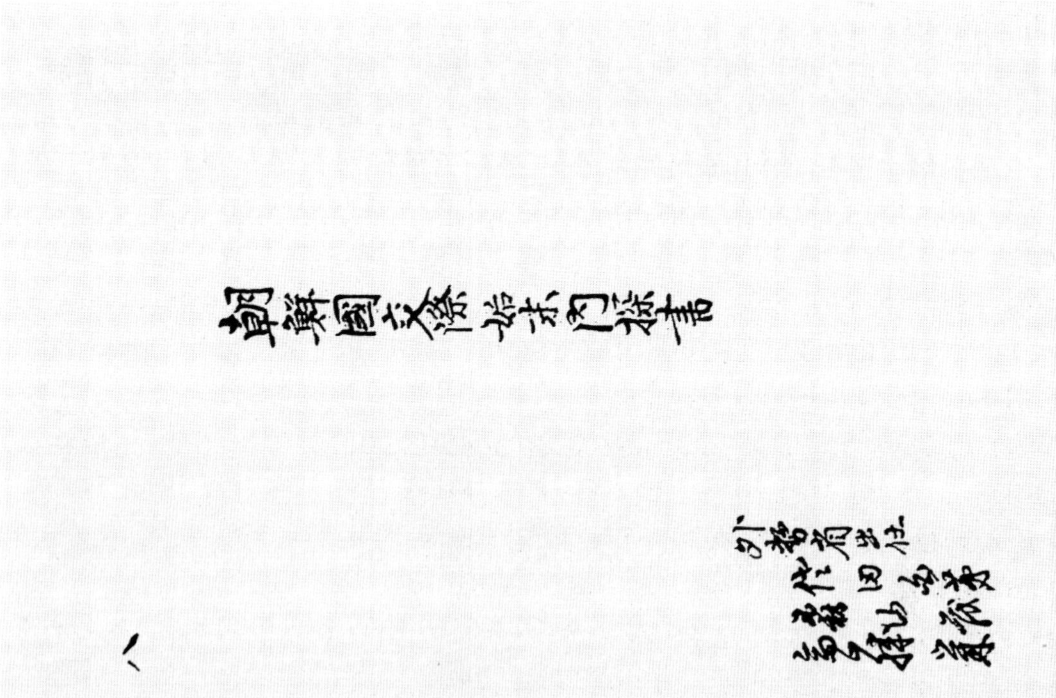

朝鮮國交際始末内探書

外務省出仕 佐田白茅 森山茂 斎藤栄

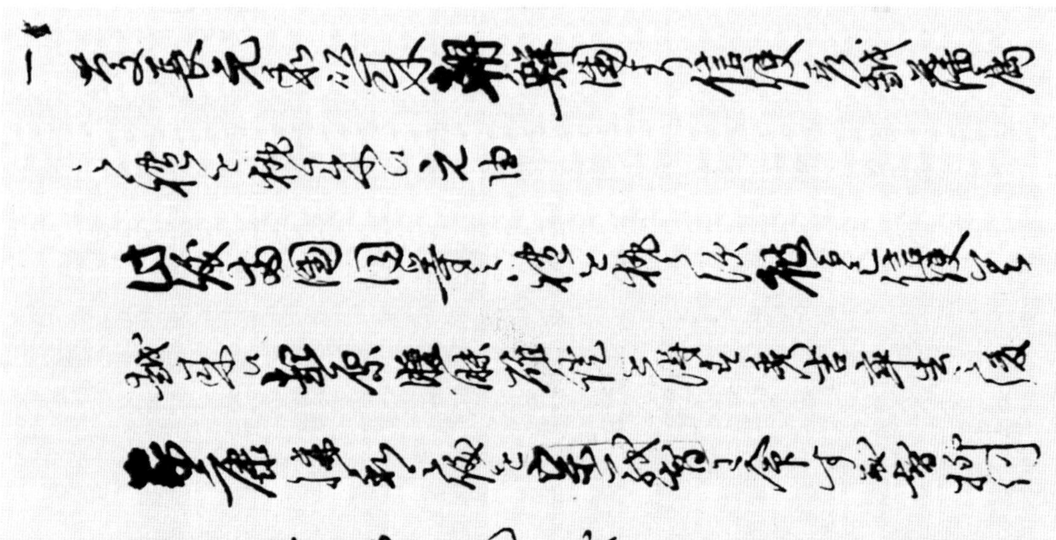

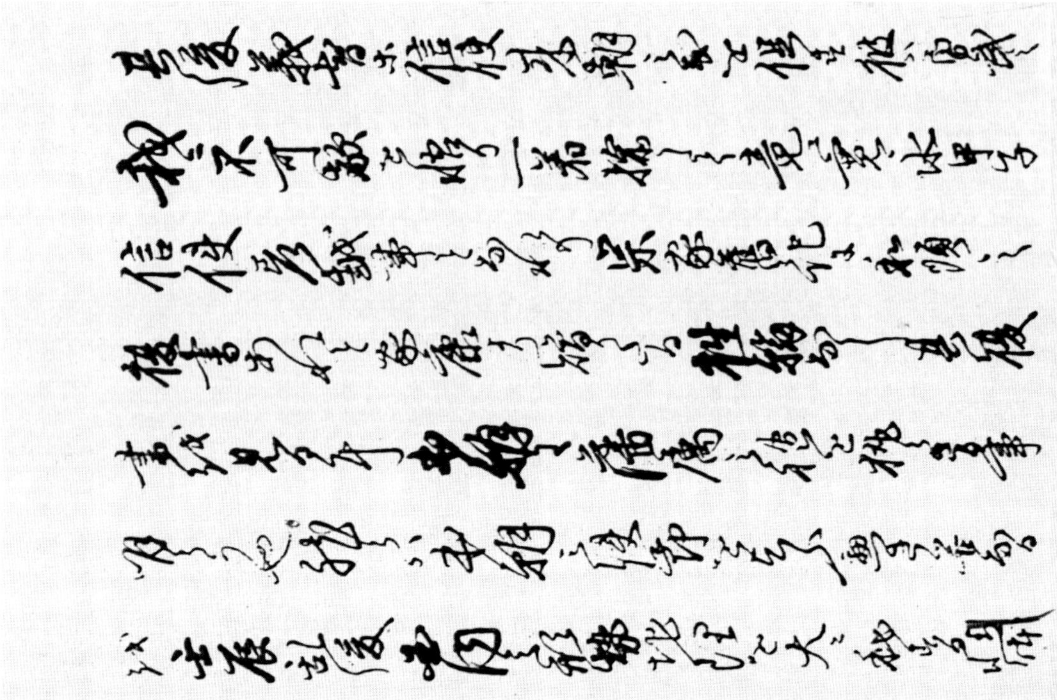

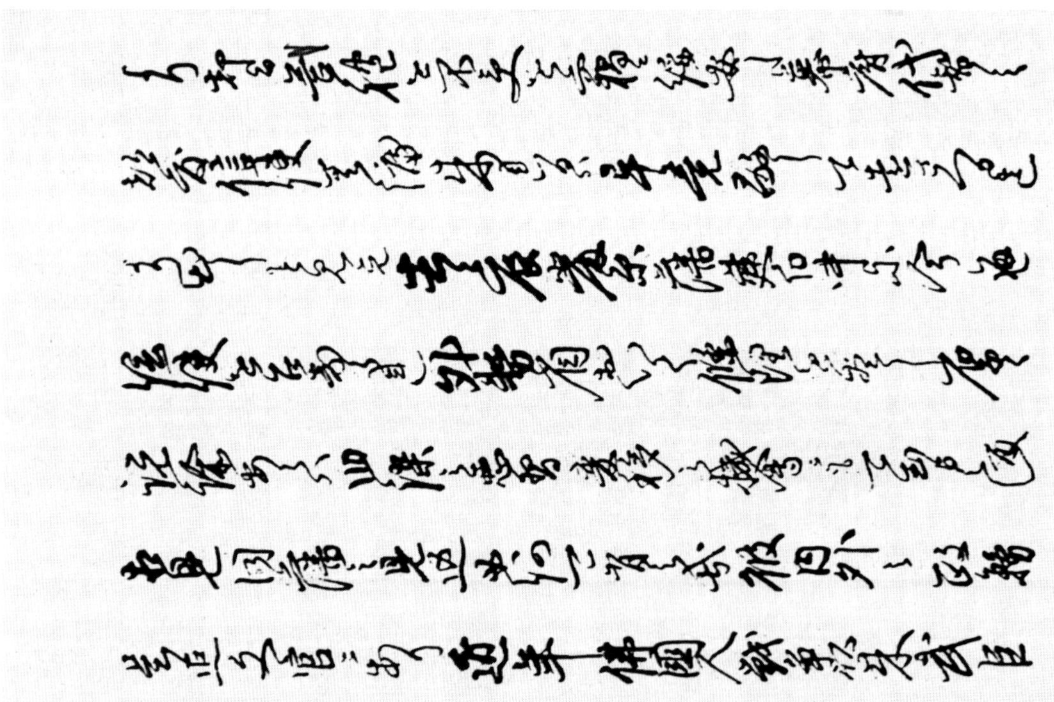

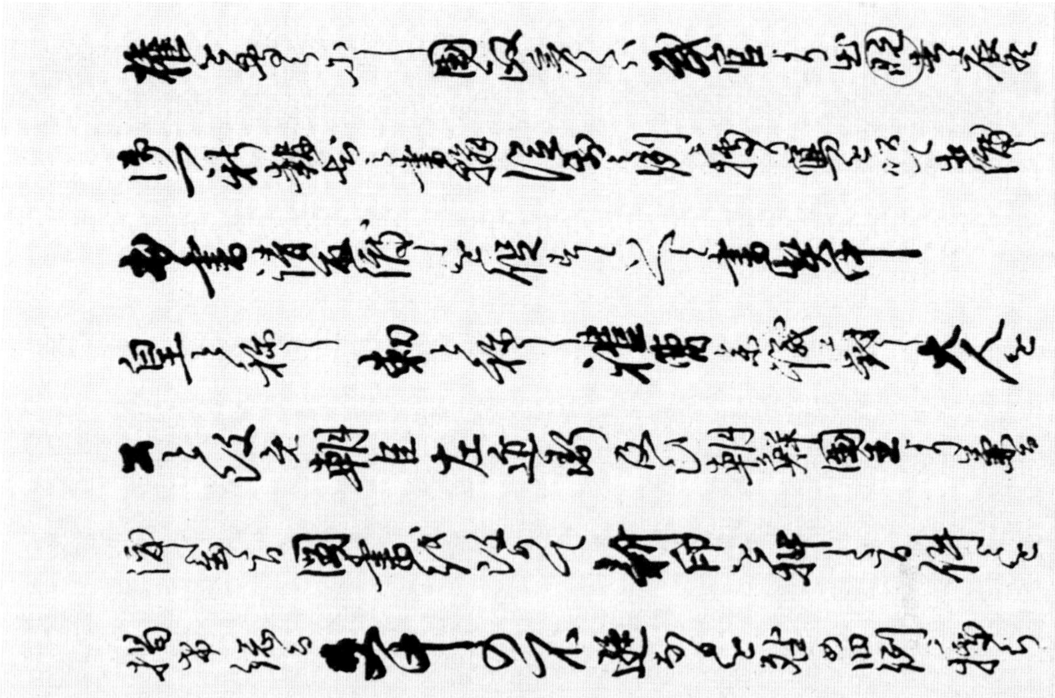

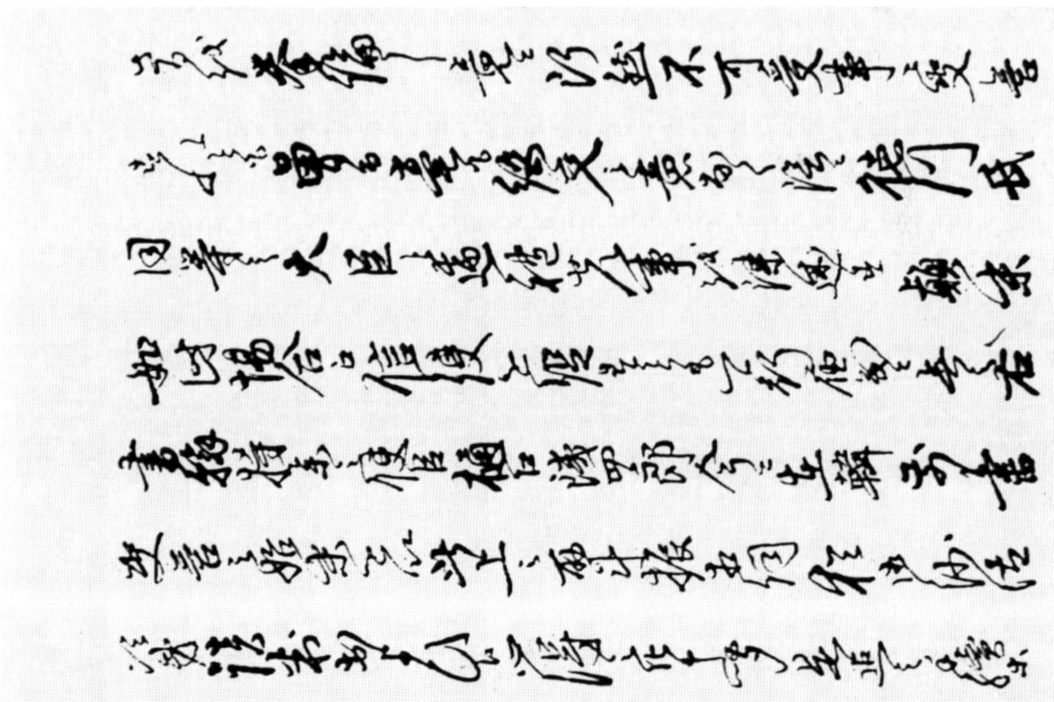

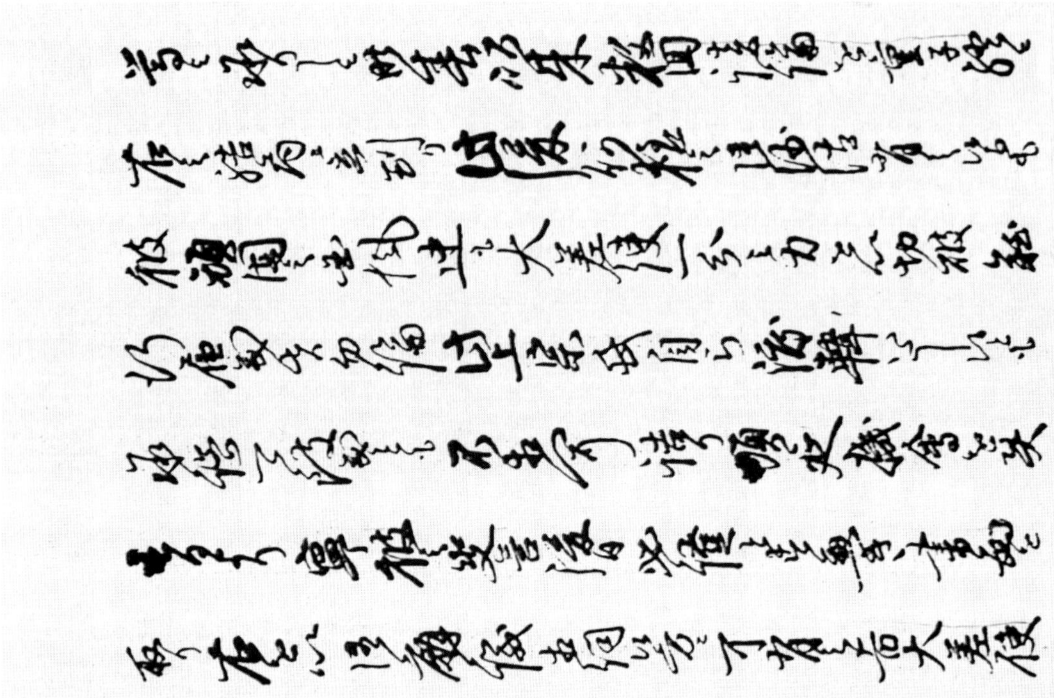

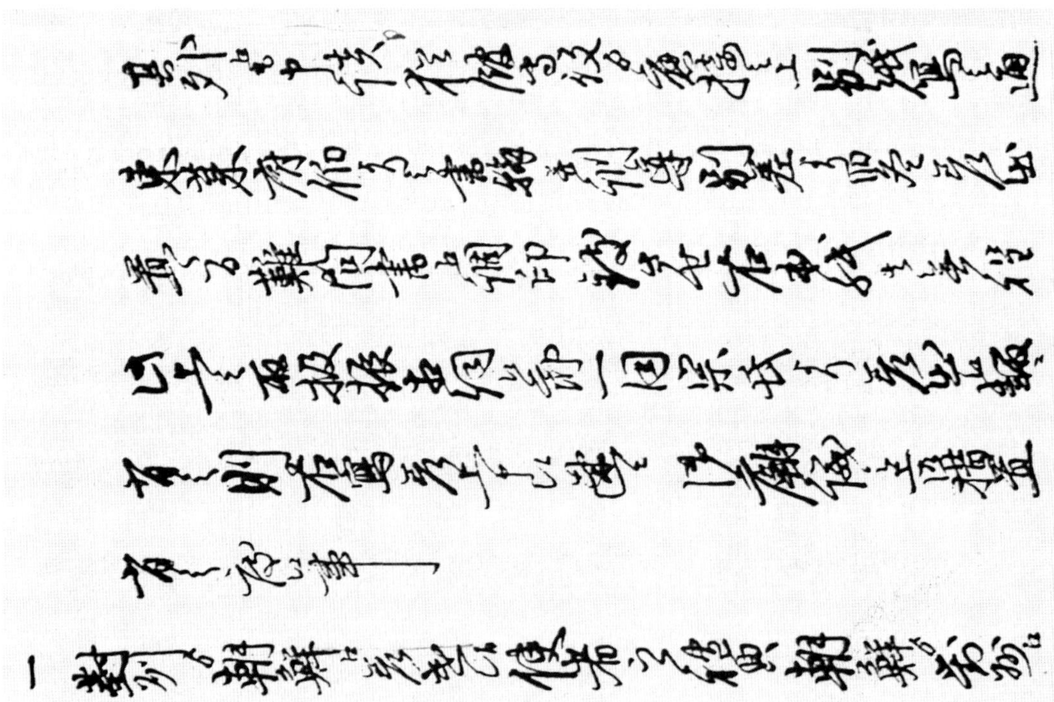

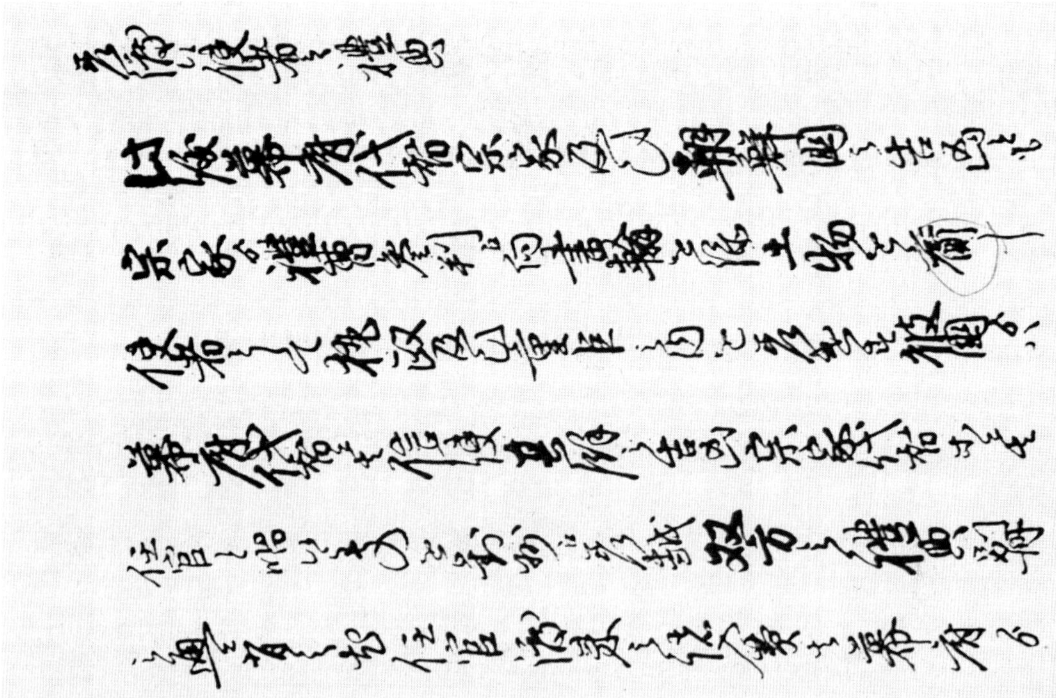

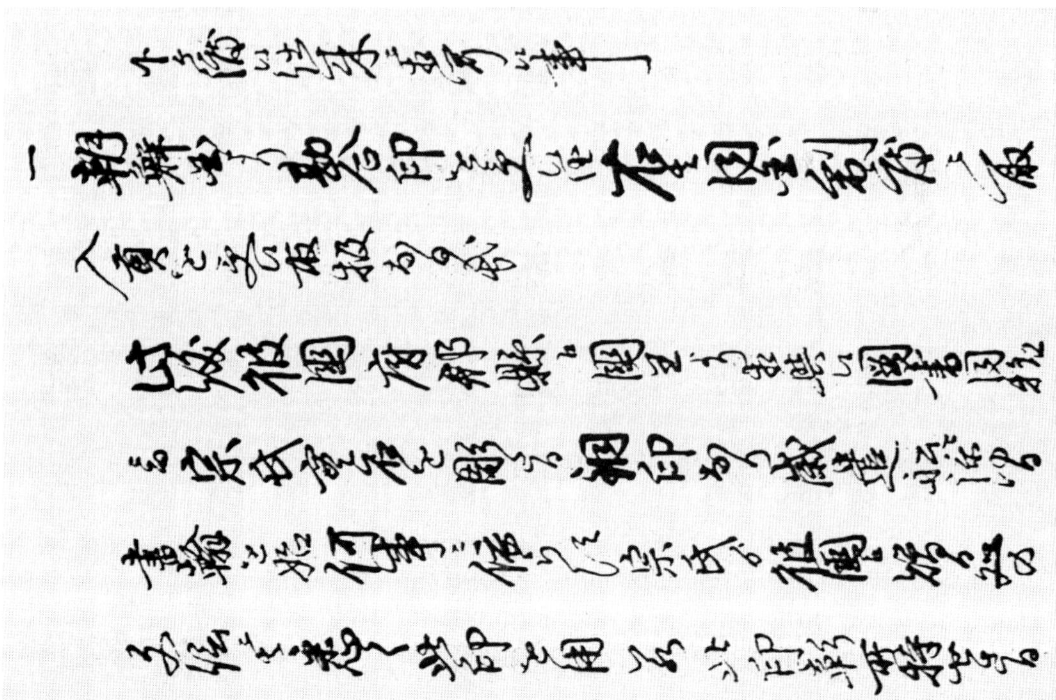

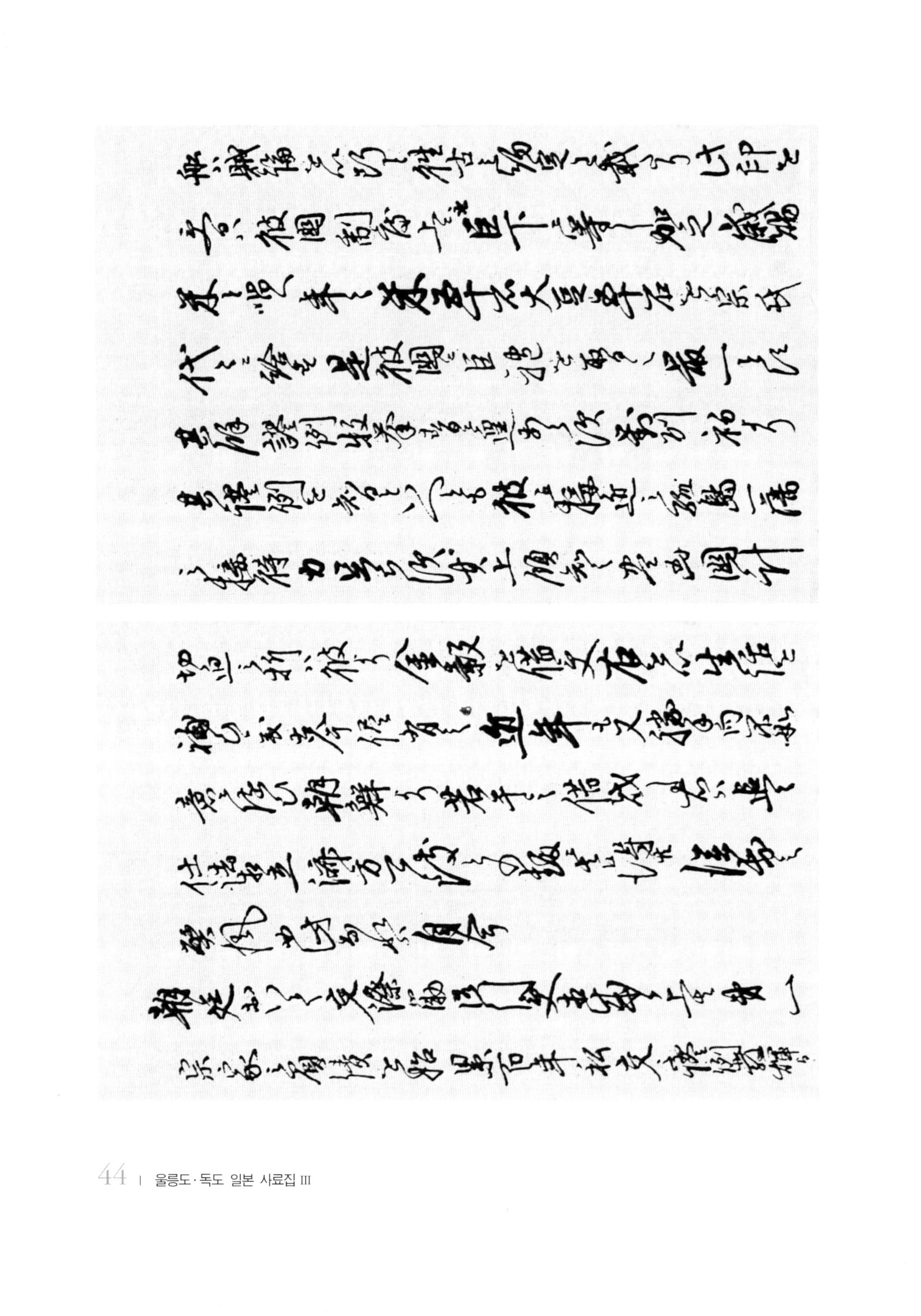

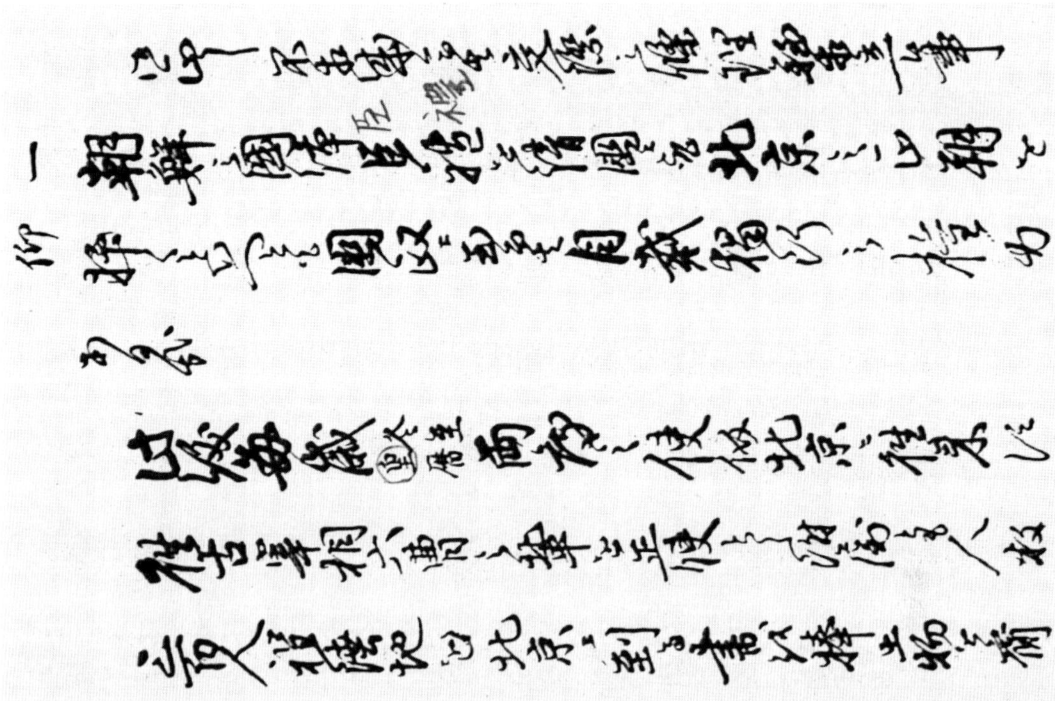

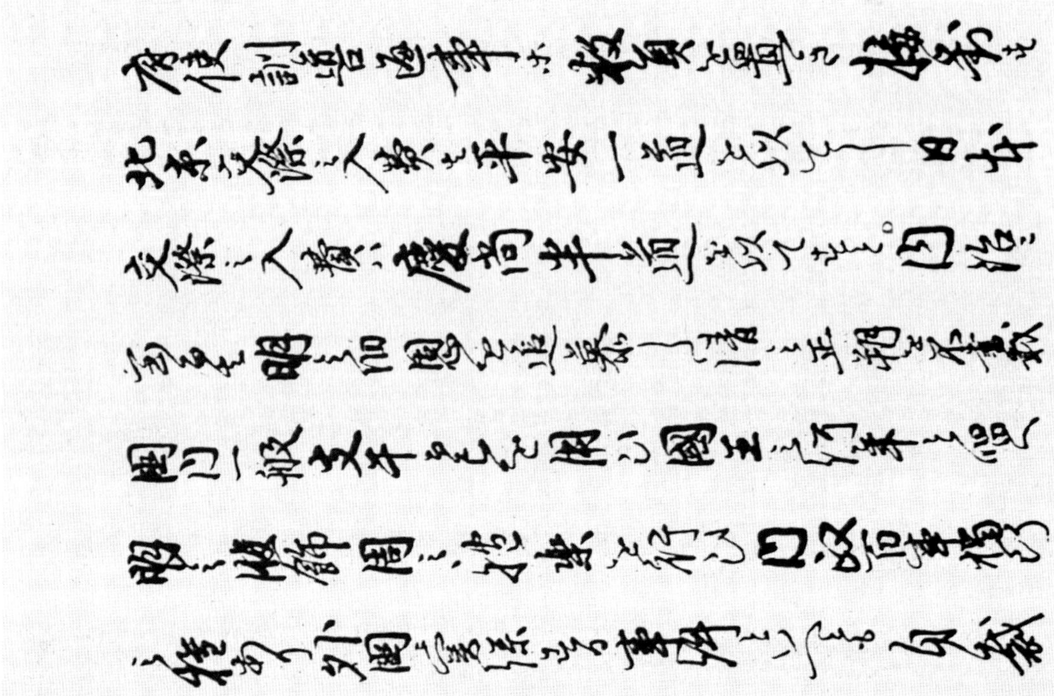

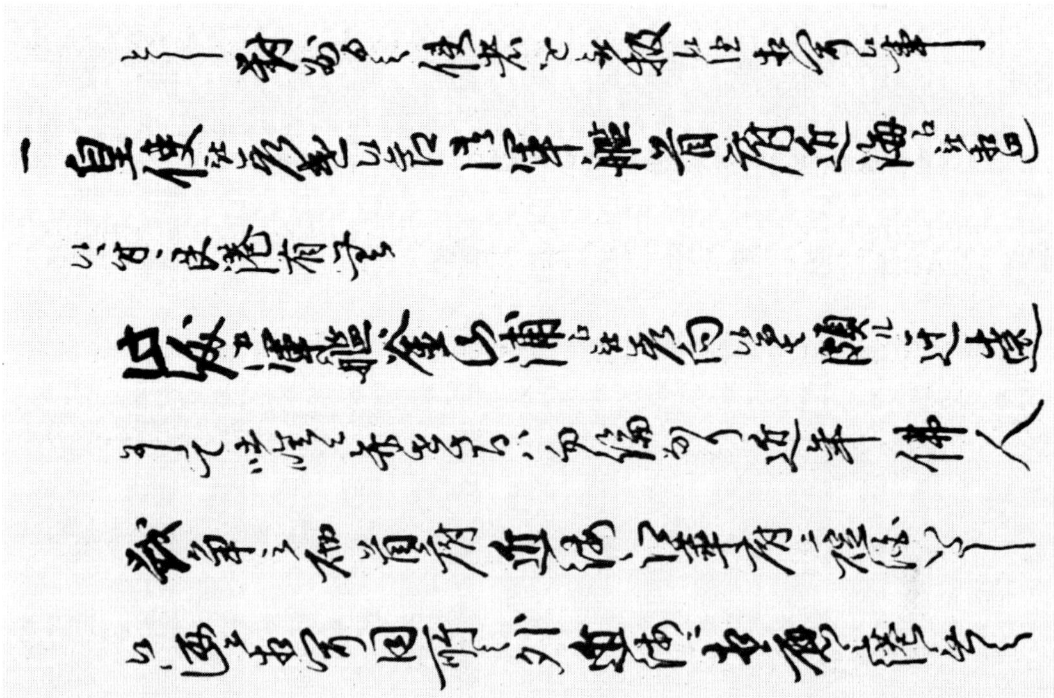

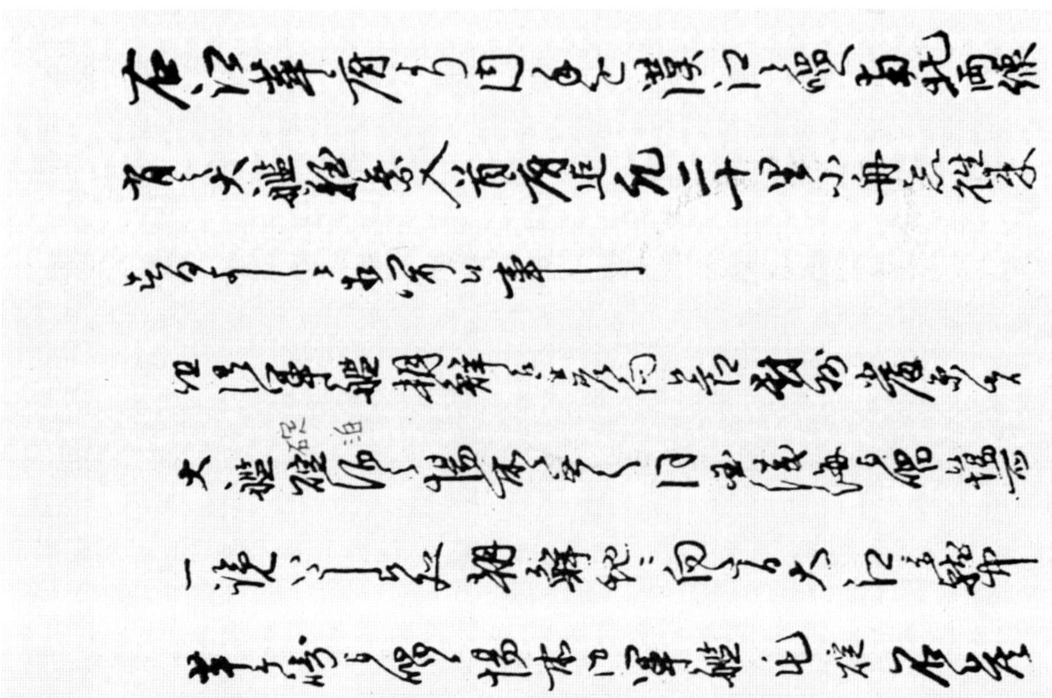

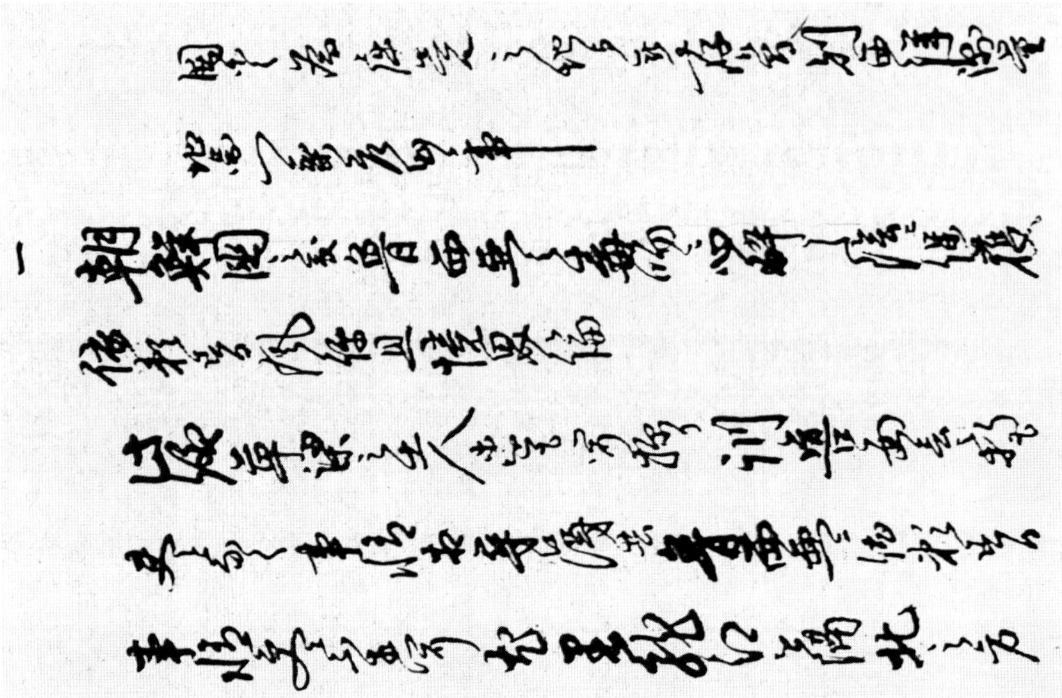

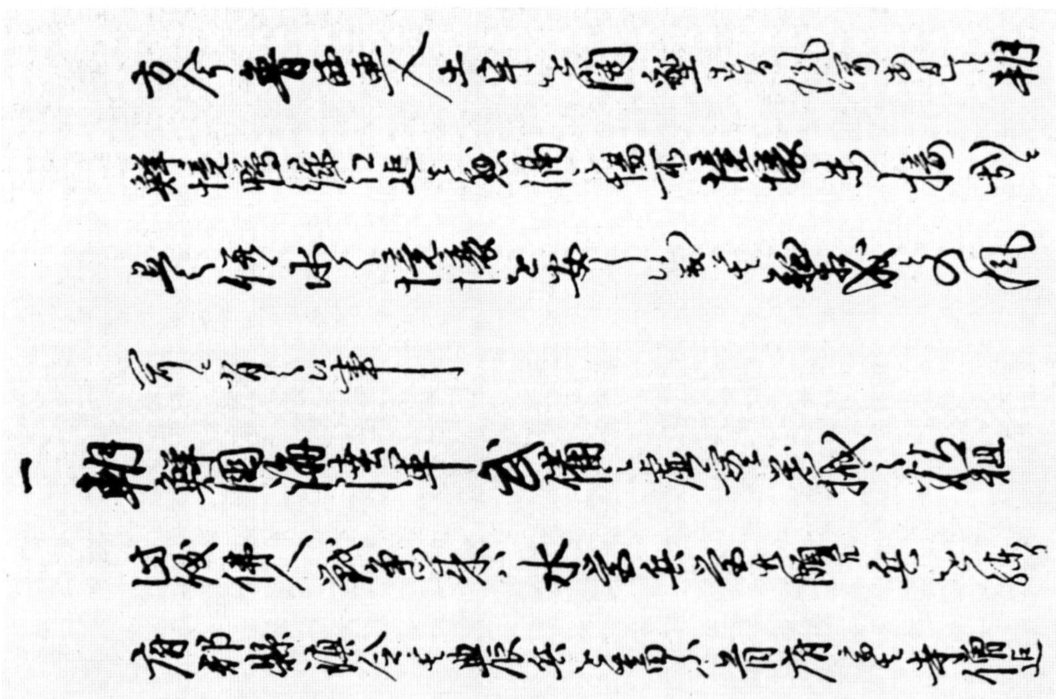

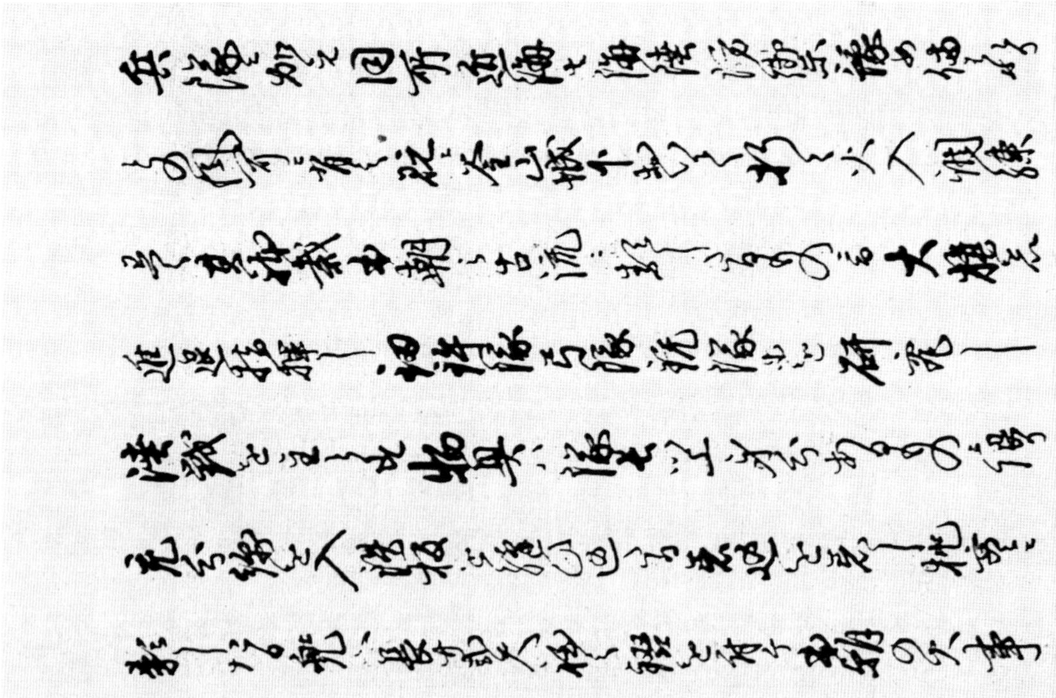

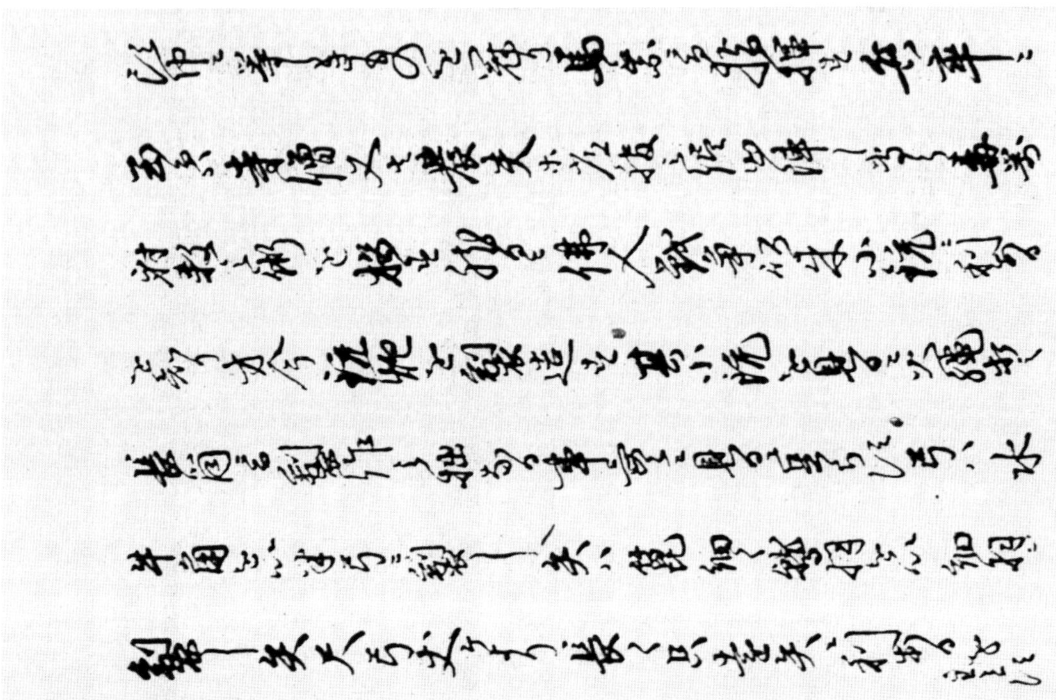

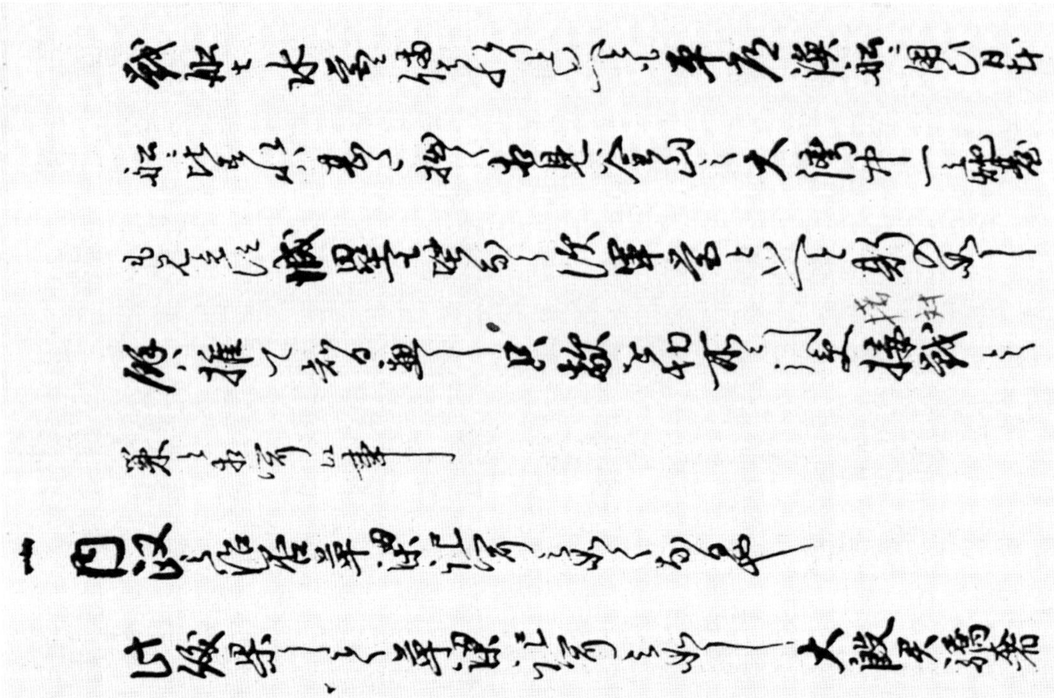

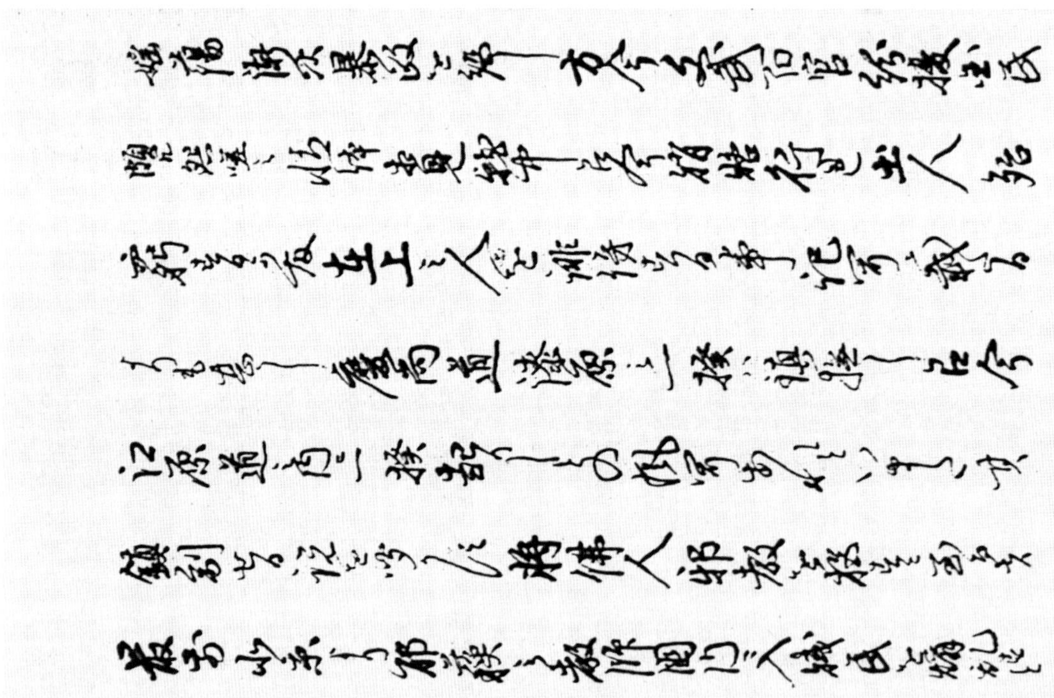

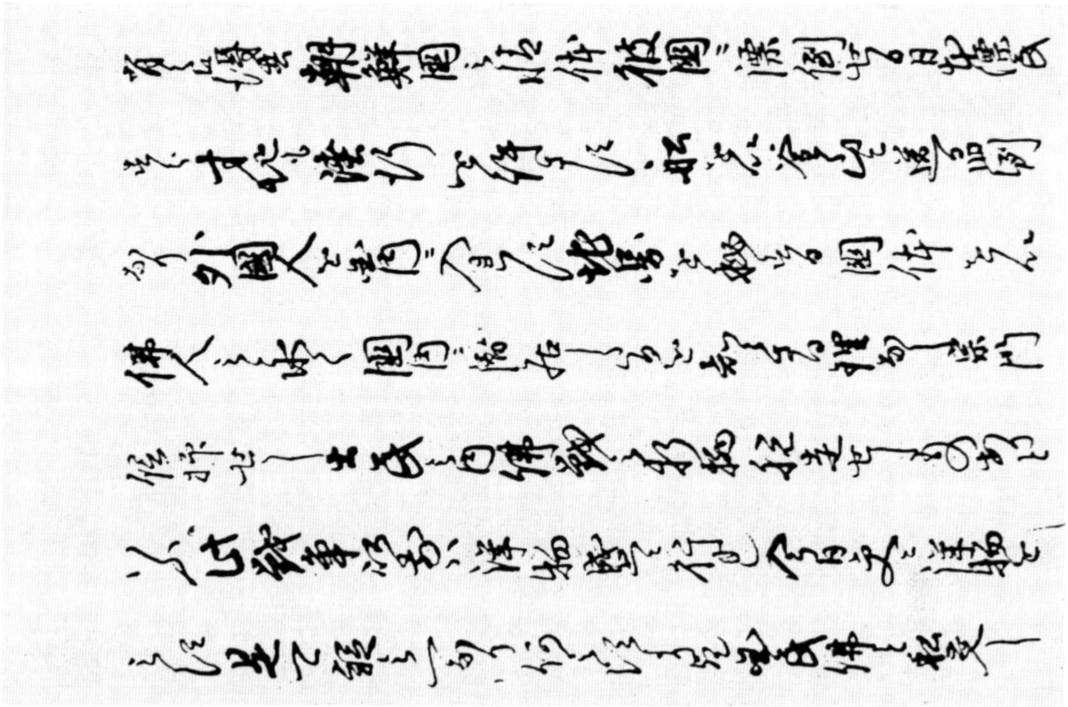

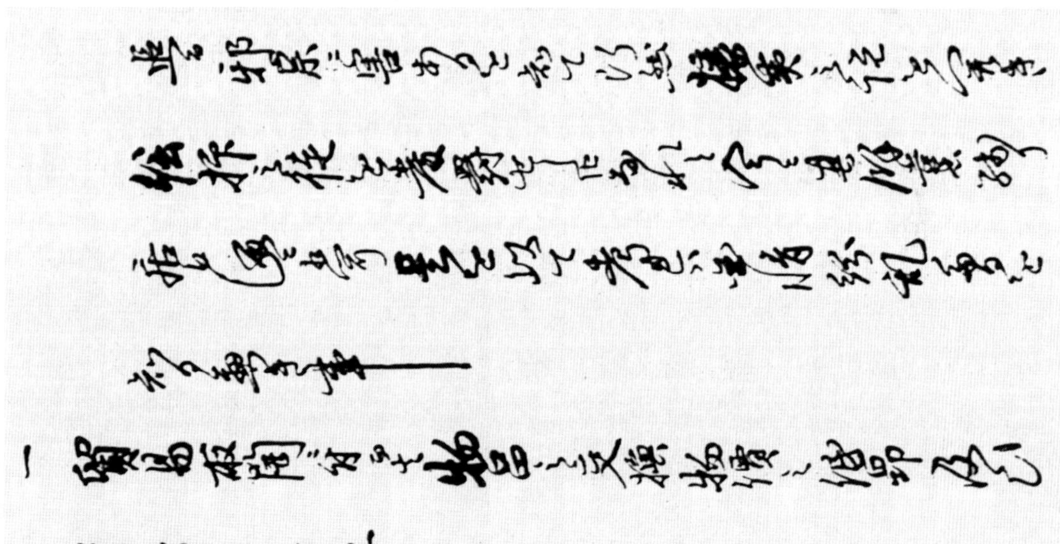

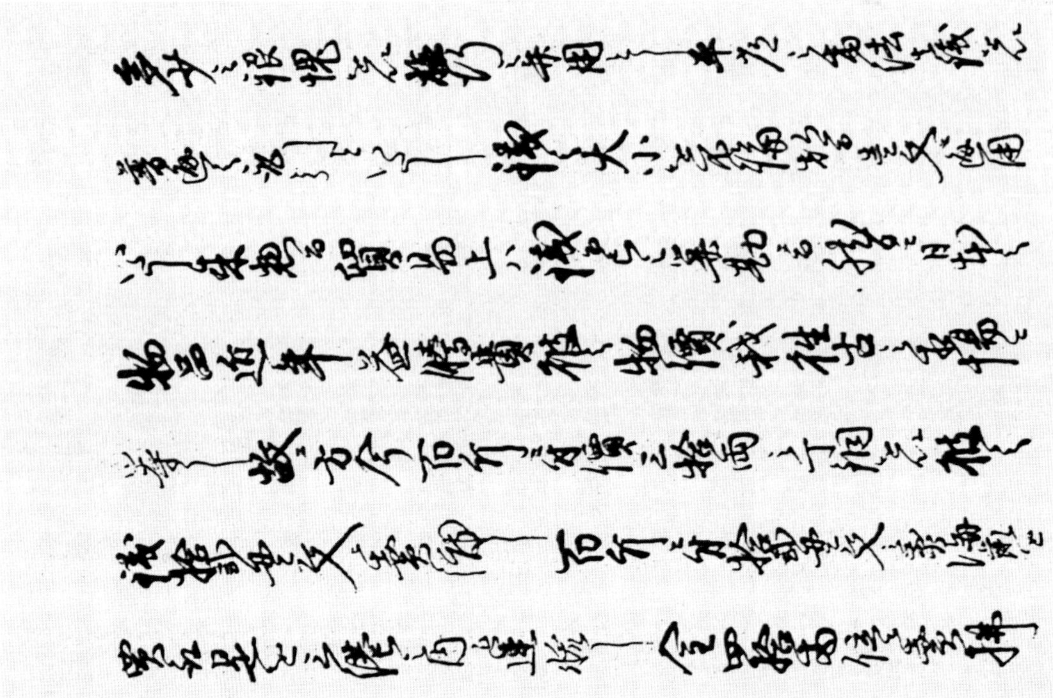

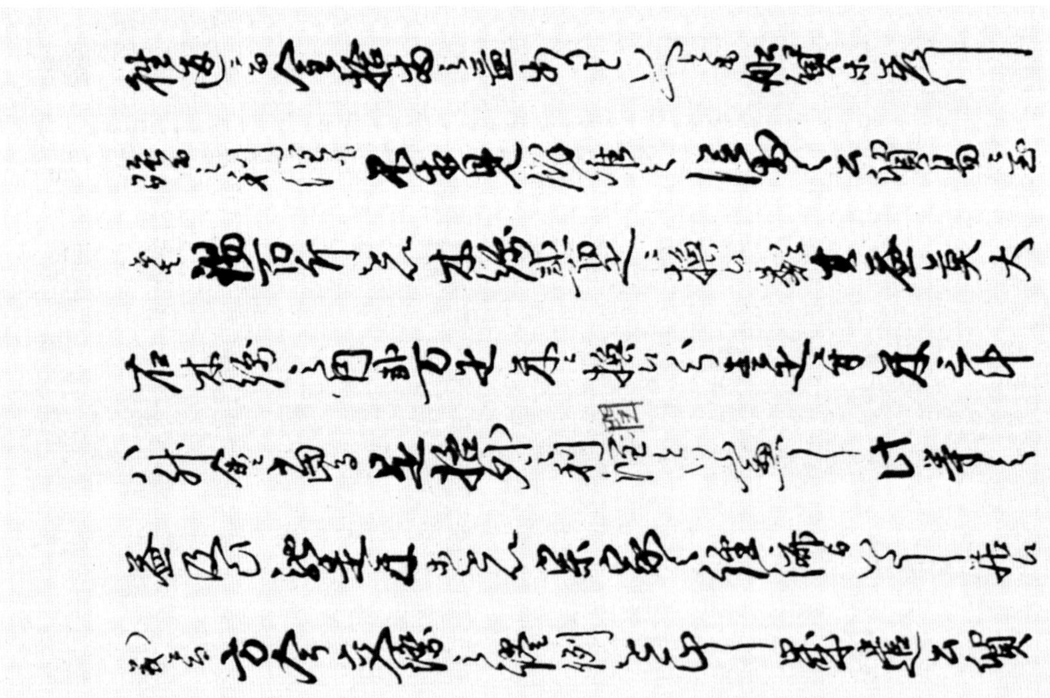

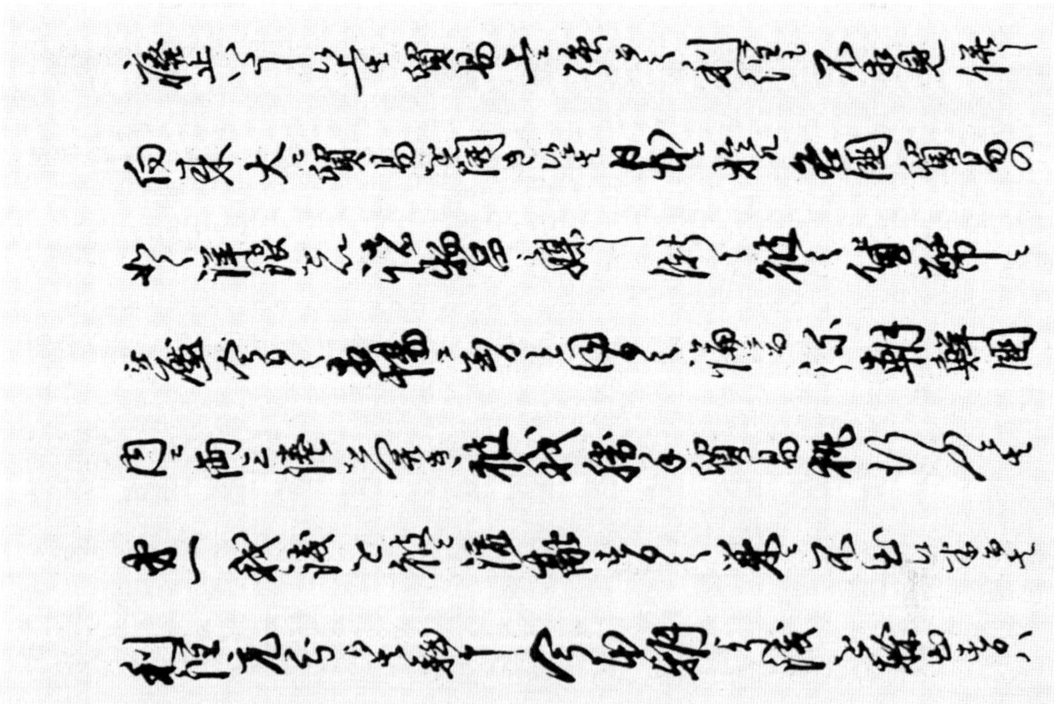

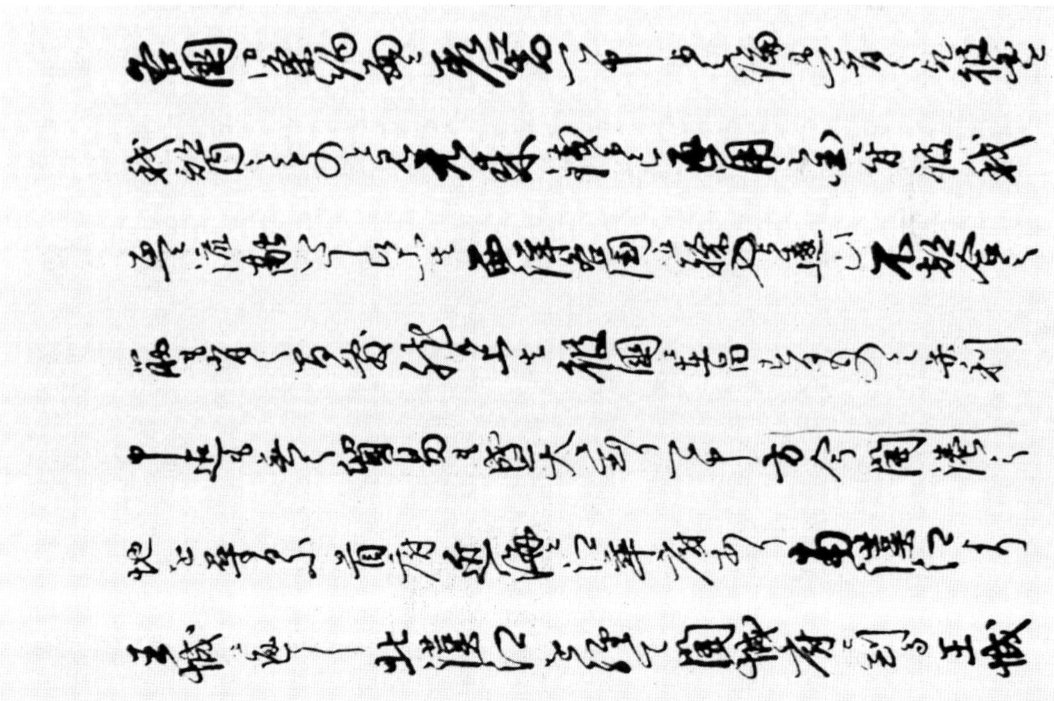

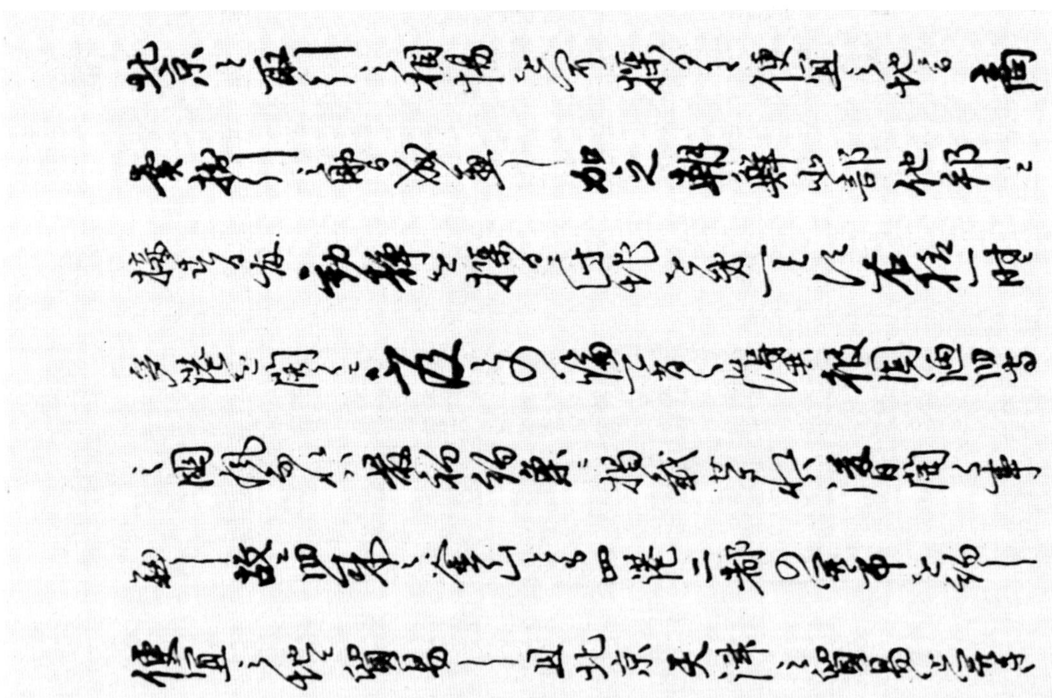

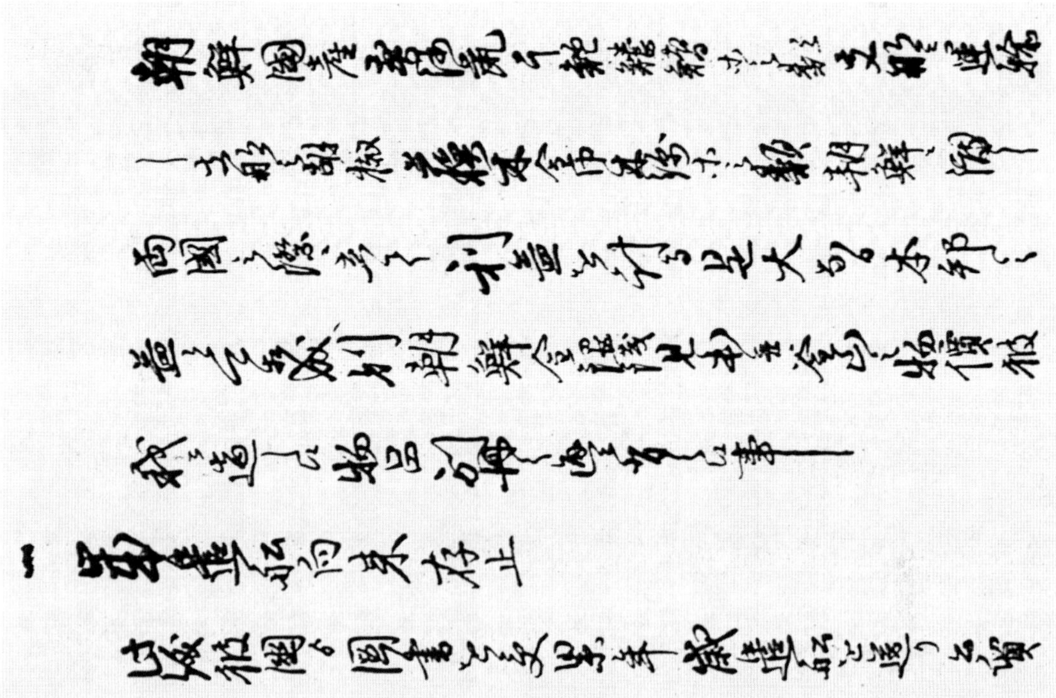

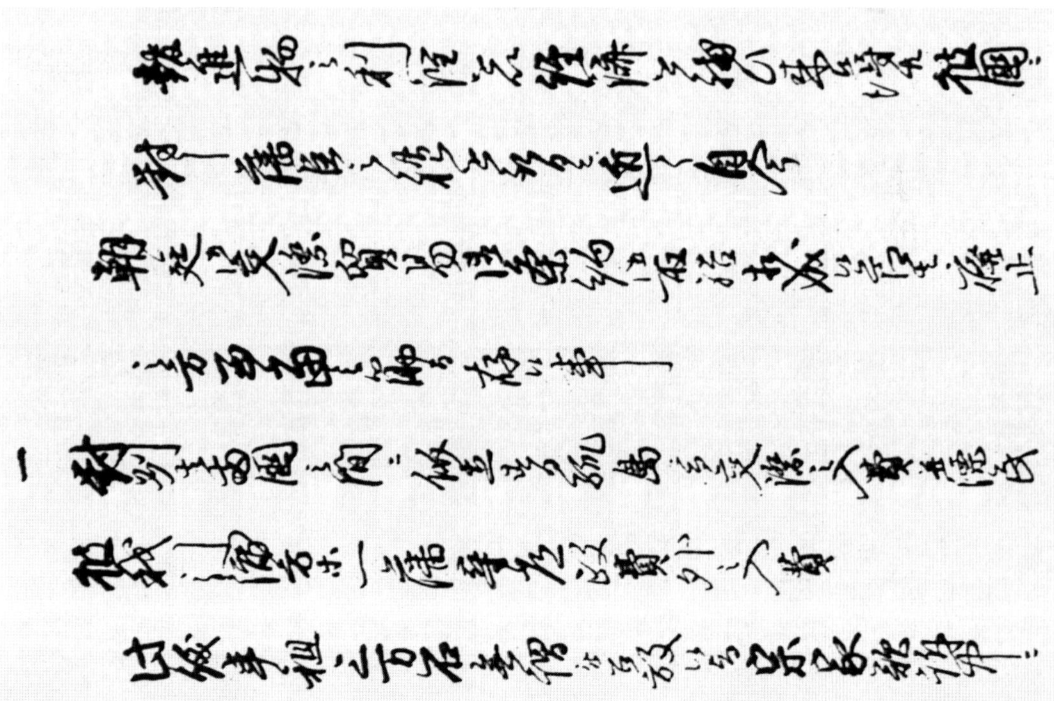

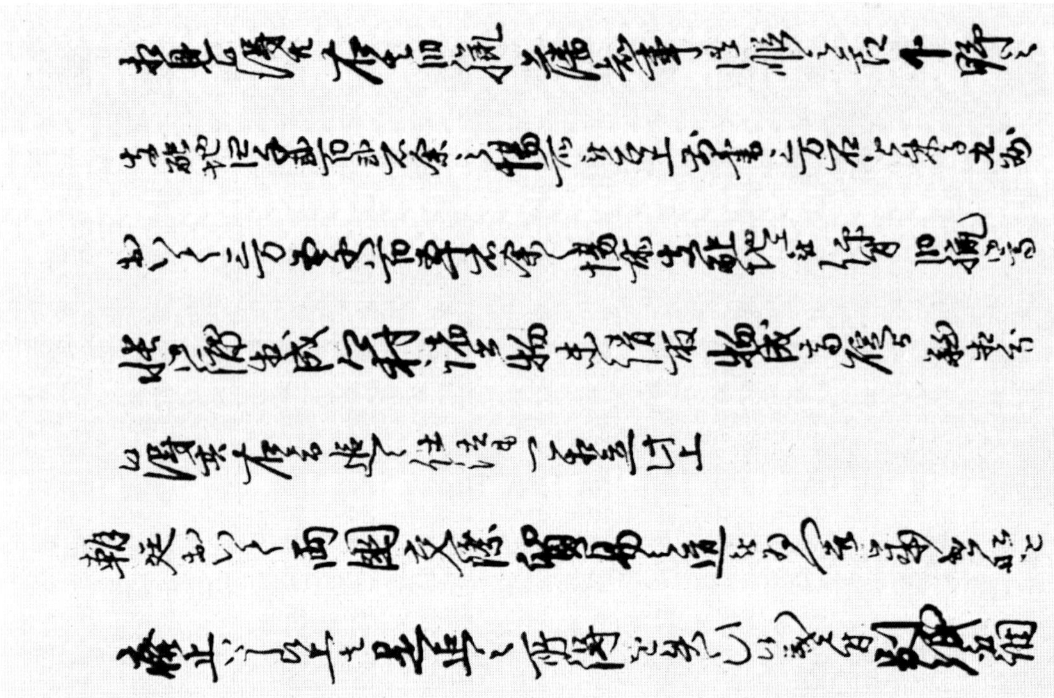

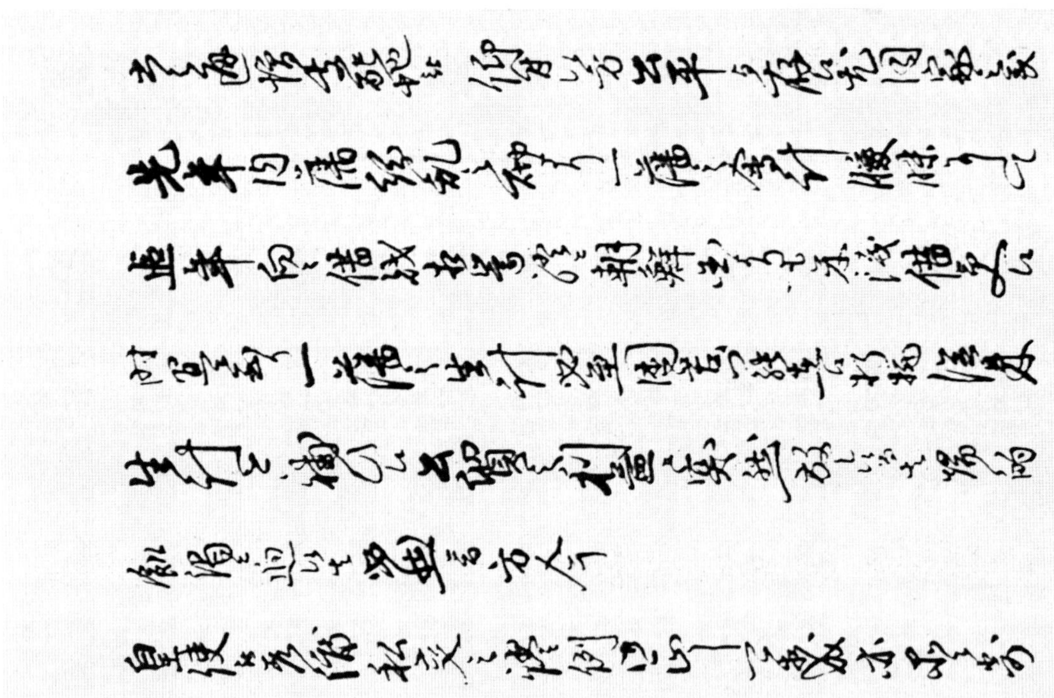

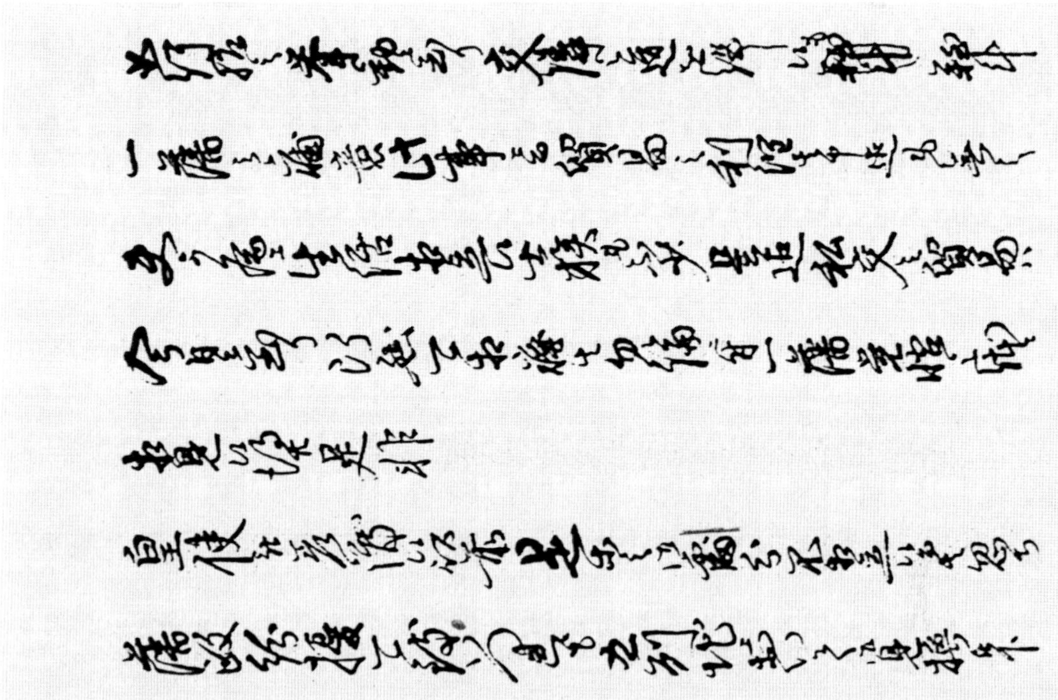

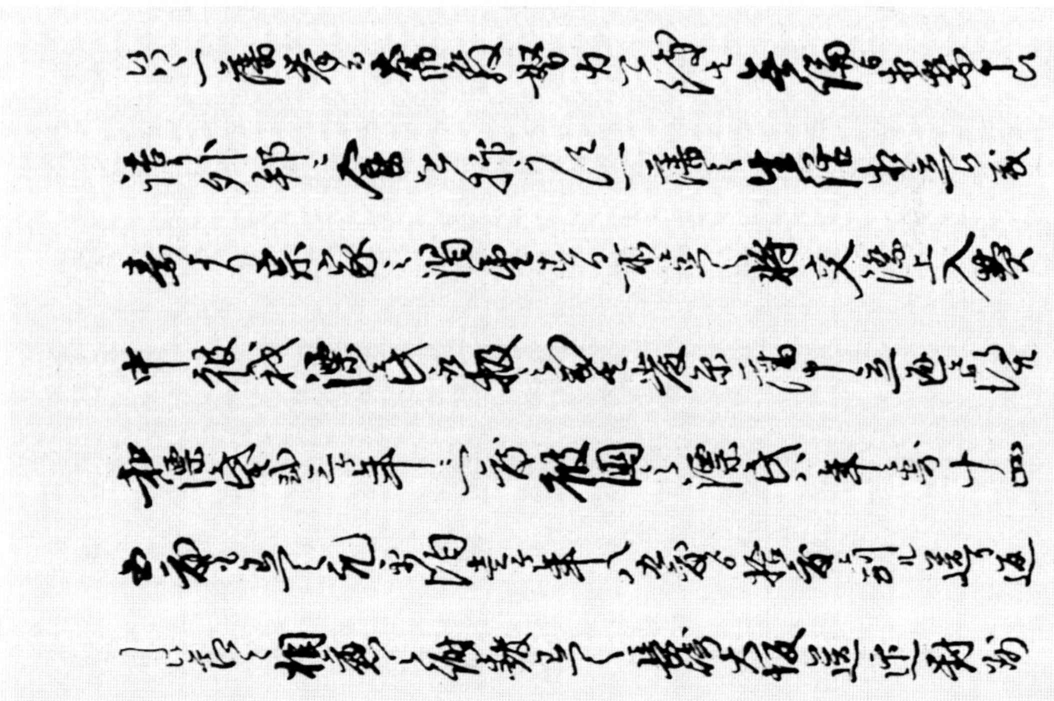

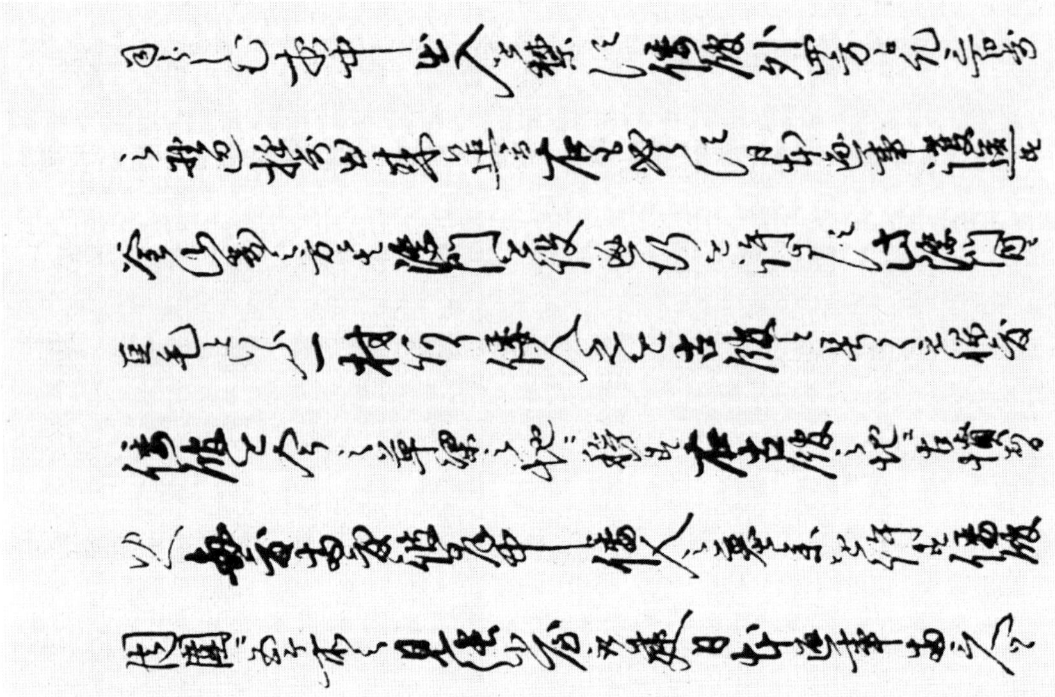

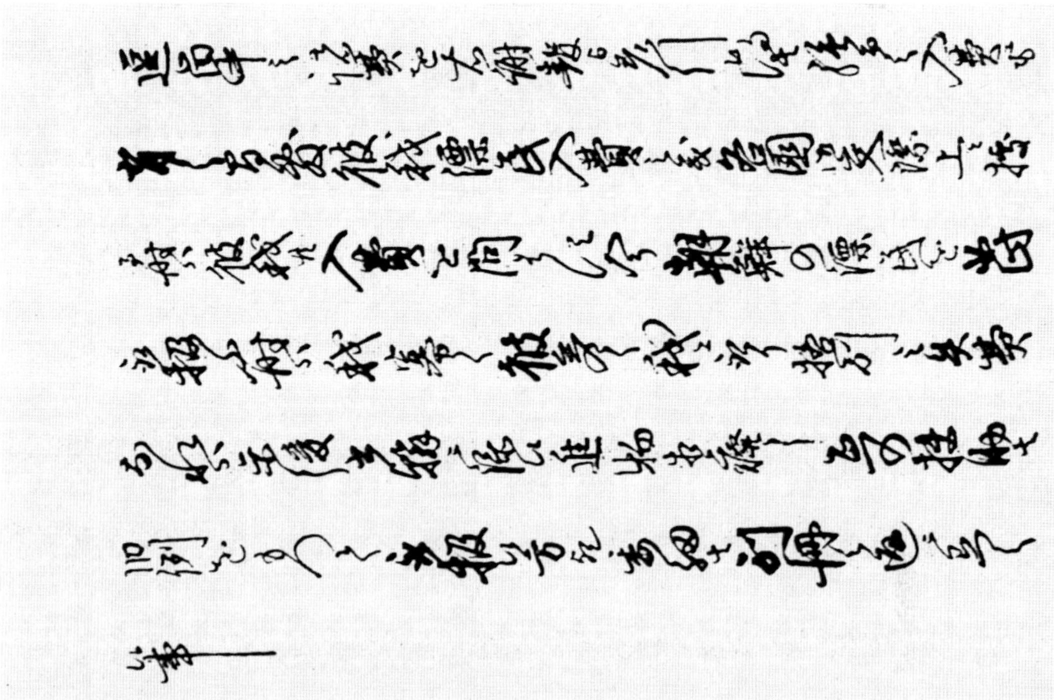

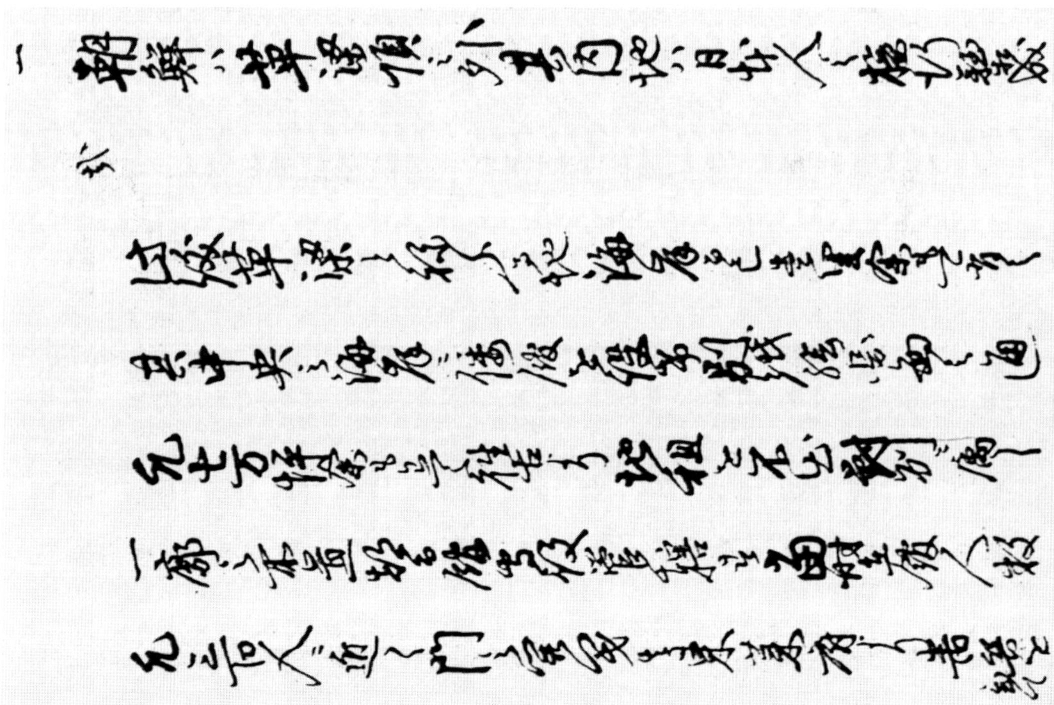

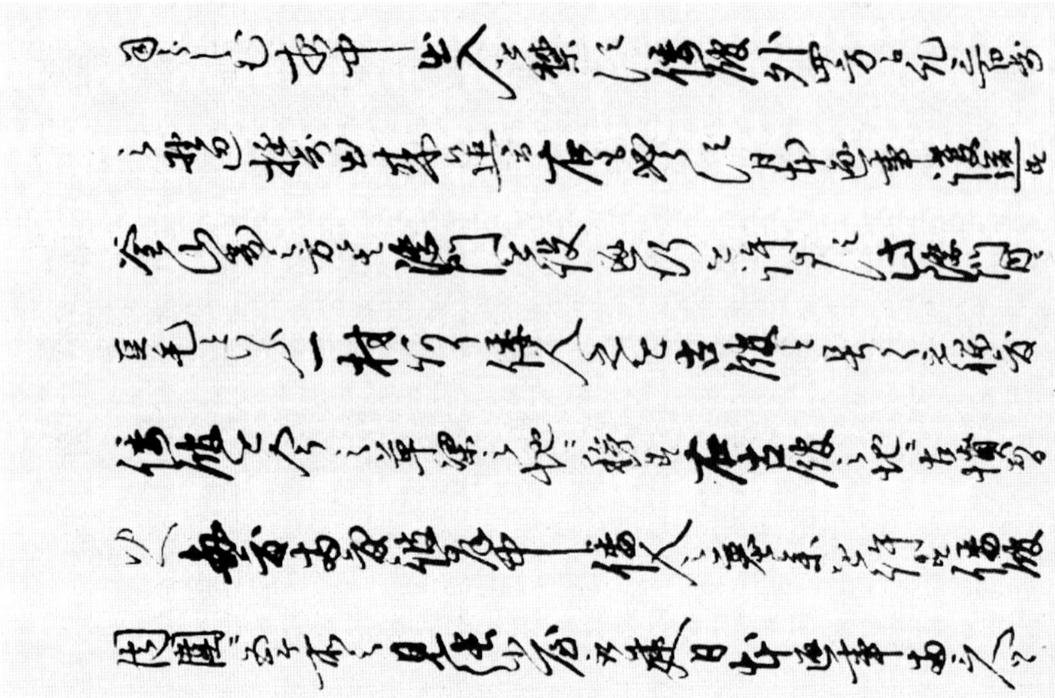

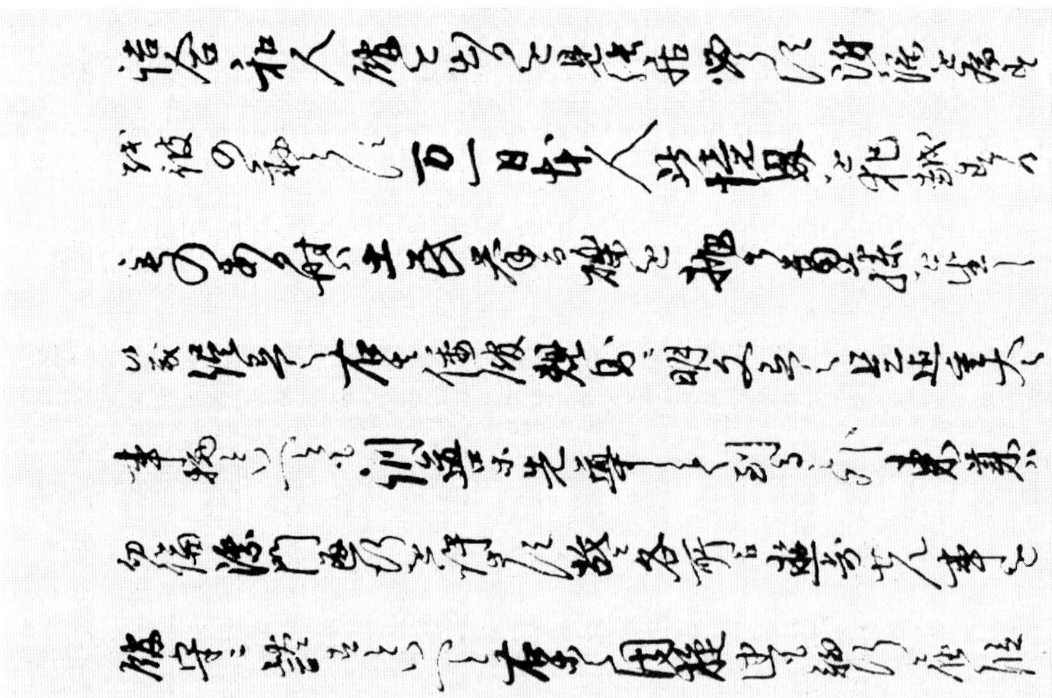

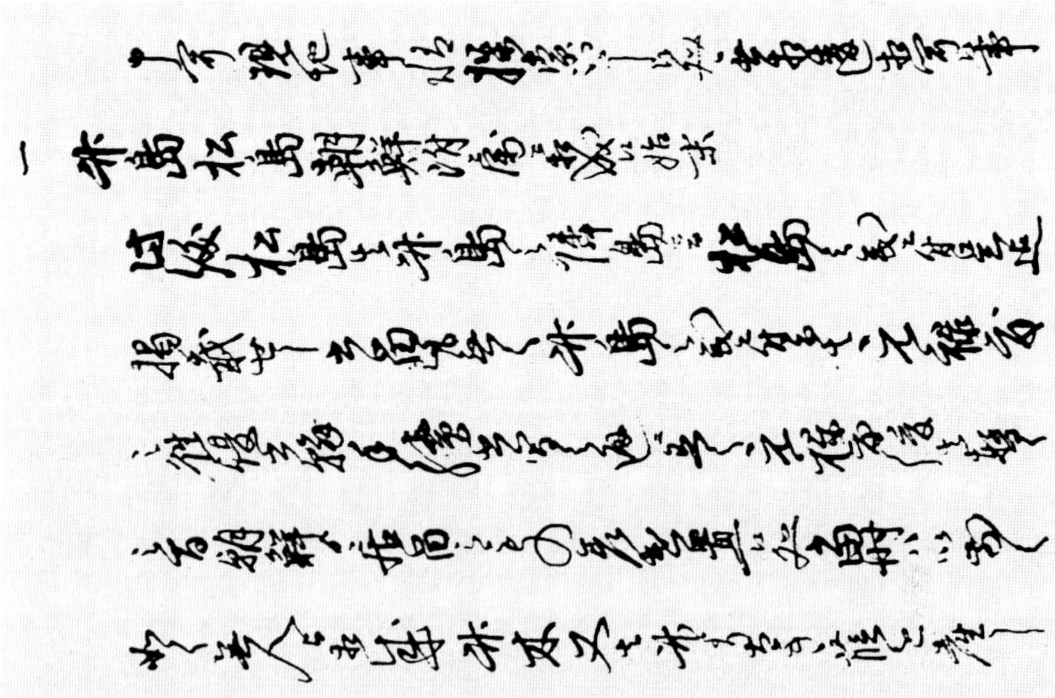

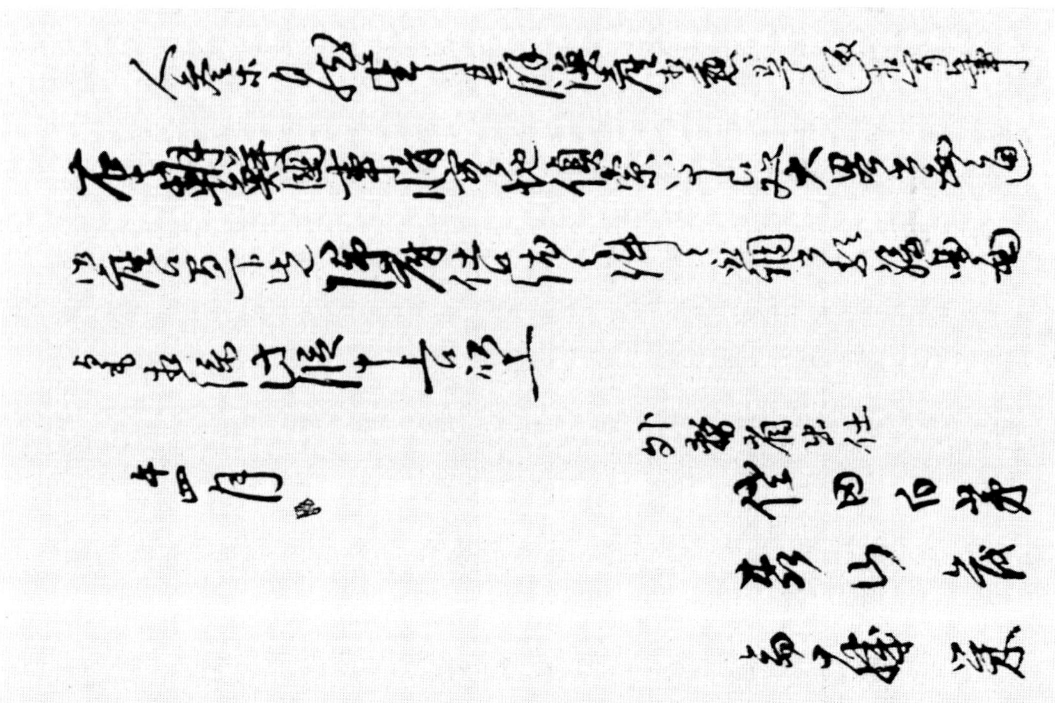

이소타케시마 각서

[礒竹嶋覺書]

• 탈초 : 김강일

• 역주 : 김강일

• 교열 : 김관원

이소타케시마 각서

[礒竹嶋覺書]

礒竹嶋覺書

一 竹嶋江近年朝鮮之漁民渡海候ニ付、宗刑部大輔より口上書を以元祿八年十二月七日申來事
一 先年宗對馬守より相達候譯之事
一 初度差渡候書翰幷和解之事
一 同返翰幷和解之事
一 再度差渡候書翰幷和解之事
一 奉書朝鮮差置寫斗使者取歸候返翰同和解之事
一 輿地勝覽幷芝峰類說拔書之事
一 元祿八乙亥年十二月十一日宗刑部大輔家老平田直右衛門召寄申置候事
一 同月十五日右之返答宗刑部大輔より書付貳通到來同挨拶之事
一 同月廿日宗刑部大輔存寄口上書を以申來事
一 和文按詞之事
一 朝鮮和館差置候人數之事
一 同月廿四日松平伯耆守家來召寄書付を以相尋候事
　附右之返答書付來事

一 去八月松平伯耆守方より其節之月番土屋相模守江書付差出候寫之事

一 松平伯耆守江重而相尋候付書付到來之事

一 先年松平新太郎江相渡候奉書寫之事

一 竹嶋之儀付柳澤出羽守被申聞候事

一 元祿九年丙子正月九日宗刑部大輔家老平田直右衛門召寄書付を以申渡候事

一 同月十二日宗刑部大輔より右返答申來事

一 譯官江申渡候口上書之事

一 譯官江申渡候口上書之內文言不審之所相尋再刑部大輔返答之事

一 同月廿三日松平伯耆守留守居召寄幷相尋候趣伯耆守より書付を以申來事

一 同月廿六日松平出羽守家來召寄相尋候趣書付を以返答申來事

一 同月廿八日宗刑部大輔國元江御暇ニ付口上書を以申越趣幷今日於御城相渡候書付寫之事

一 同日松平伯耆守江遣候奉書留之事

一 同月廿九日松平伯耆守江口上書を以相達譯之事

一 同日宗刑部大輔家老平田直右衛門召寄譯官江之口上書按文相渡候事

一 同晦日宗刑部大輔より平田直右衛門を以申越候口上書之事

一 同年二月九日先年松平新太郎江相渡候奉書松平伯耆守方江差出候事

一 同十日右之奉書留置候由口上書を以伯耆守江相達候事

一 竹嶋江日本人不相越様被仰付候旨刑部大輔より朝鮮國江申遣候處書翰到來候付刑部大輔存寄被申越候譯之事幷返答申遣候事

一 竹嶋之儀ニ付朝鮮國江刑部大輔より返翰差越事濟候事

元祿八乙亥年十二月七日宗刑部大輔より爲使者家老平田直右衛門を以被申聞候

一 先年松平新太郎江相渡候奉書寫之事

一 竹嶋之儀付柳澤出羽守被申聞候事

一 元祿九年丙子正月九日宗刑部大輔家老平田直右衛門召寄書付を以申渡候事

一 同月十二日宗刑部大輔より右返答申來事

一 譯官江申渡候口上書之事

一 譯官江申渡候口上書之內文言不審之所相尋再刑部大輔返答之事

一 同月廿三日松平伯耆守留守居召寄幷相尋候趣伯耆守より書付を以申來事

一 同月廿六日松平出羽守家來召寄相尋候趣書付を以返答申來事

一 同月廿八日宗刑部大輔國元江御暇ニ付口上書を以申越趣幷今日於御城相渡候書付寫之事

一 同日松平伯耆守江遣候奉書留之事

一 同月廿九日松平伯耆守江口上書を以相達譯之事

一 同日宗刑部大輔家老平田直右衛門召寄譯官江之口上書按文相渡候事

一 同晦日宗刑部大輔より平田直右衛門を以申越候口上書之事

一 同年二月九日先年松平新太郎江相渡候奉書松平伯耆守方江差出候事

一 同十日右之奉書留置候由口上書を以伯耆守江相達候事

一 竹嶋江日本人不相越樣被仰付候旨刑部大輔より朝鮮國江申遣候處書翰到來候付刑部大輔存寄被申越候譯之事幷返答申遣候事

一 竹嶋之儀ニ付朝鮮國江刑部大輔より返翰差越事濟候事

이소타게시마 각서

一. 죽도에 최근 조선 어민이 건너왔는데, 겐로쿠 8년(1695년) 12월 7일 소 형부대보[宗刑部大輔][1]가 구상서(口上書)로 알려옴

一. 지난해에 소 쓰시마노카미[宗對馬守]가 전한 내력

一. 처음 보낸 서한과 일본어역[和解]

一. 동 답서와 일본어역

一. 두 번째 보낸 서한과 일본어역

一. 봉서(奉書)를 조선에 두고 사자가 가져온 온 답서와 동 일본어역

1) 소 형부대보[刑部大輔]란 쓰시마번의 제3대 번주인 소 요시자네[宗義眞]의 관위를 칭하며, '刑部'로 약칭하기도 함.

一. 『여지승람(輿地勝覽)』과 『지봉유설(芝峰類說)』 발췌
一. 겐로쿠 8년(1695년) 을해 12월 11일 소 형부대보의 가로(家老) 히라타 나오에몬[平田直右衛門]을 불러 전한 일
一. 같은 달 15일 답서로 소 형부대보의 서한 2통이 도래했고, 이에 대한 인사
一. 같은 달 20일 소 형부대보가 생각한 바를 구상서로 전함
一. 일본어문[和文] 초안
一. 조선 화관(和館)에 둔 인원수
一. 같은 달 24일 마쓰다이라[松平] 호키노카미[伯耆守]의 가신을 불러 서신으로 문의한 일 첨부, 위의 답서가 옴
一. 지난 8월 마쓰다이라 호키노카미가 당시의 쓰키반[月番] 쓰치야[土屋] 사가미노카미[相模守]에게 보낸 서신의 사본
一. 마쓰다이라 호키노카미에게 거듭 질의하여 서신이 도래한 일
一. 지난해 마쓰다이라 신타로[松平新太郎]에게 보낸 봉서 사본
一. 죽도 건에 대하여 야나기사와[柳澤] 데와노카미[出羽守]가 문의한 일
一. 겐로쿠 9년 병자 정월 9일 소 형부대보의 가로 히라타 나오에몬을 불러 서신을 전한 일
一. 같은 달 12일 소 형부대보로부터 답서가 옴
一. 역관에게 전달한 구상서
一. 역관에게 전달한 구상서의 내용 중 문언이 좋지 않은 곳을 묻고 다시 형부대보가 답서를 보냄
一. 같은 달 23일 마쓰다이라 호키노카미가 루스이[留守居][2]를 부르고, 아울러서 질의한 취지를 호키노카미가 서한으로 전한 일
一. 같은 달 26일 마쓰다이라 데와노카미의 가신을 불러 질문한 취지를 서한으로 답신을 전함
一. 같은 달 28일 소 형부대보가 쓰시마[國元]로 귀국하는데, 구상서로 전한 취지 및 금일 에도성에서 전달한 서한의 사본

2) 에도 막부 및 번에 두었던 직명 중 하나. 쇼군 또는 번주가 출행할 때 성에 머물면서 성의 경비 및 제반 업무를 관리했다.

一. 같은 날 마쓰다이라 호키노카미에게 보낸 봉서를 정지하는 일
一. 같은 달 29일 마쓰다이라 호키노카미에게 구상서로 전달한 내용
一. 같은 날 소 형부대보의 가로 히라타 나오에몬을 불러 역관에게 보내는 초안(草案)을 전함
一. 같은 달 그믐날 소 형부대보가 히라타 나오에몬을 통해서 보낸 구상서
一. 같은 해 2월 9일 지난해 마쓰다이라 신타로에게 전한 봉서를 마쓰다이라 호키[3] 태수에게 제출함
一. 동 10일 위의 봉서를 보류했다고 하는데, 구상서로 호키노카미에게 전달함
一. 죽도에 일본인이 도해하지 못하도록 지시했다는 취지를 형부대보가 조선국에 전했는데, 서한이 도착하여 형부대보의 의향을 전한 내용 및 답서를 보냄
一. 죽도 건으로 조선국에 형부대보가 답서를 보내는 일을 마침

元祿八乙亥年十二月七日宗刑部大輔より爲使者家老平田直右衛門を以被申聞候

겐로쿠 8년(1695년) 을해 12월 7일 소 형부대보가 사자 가로 히라타 나오에몬을 통하여 말씀하신 것

口上之覺

一 去秋、同氏對馬守方より申上候通、竹嶋江重而朝鮮人不罷渡様可被申付候旨、以書翰申渡候、返翰之內欝陵島与申文句御座候故、此方より不申遣事候間、欝陵島と申義相除被差越候様ニと申達候處、欝陵島と申儀彼國ニ茂心入有之而、書載仕置候得共、兎角紛鋪認候分にてハ此方ニ受取不申候段、推察仕候哉、此度者初之返翰之趣と引替竹嶋者朝鮮國之欝陵島ニ而御座候間、日本人彼嶋江不罷渡候様ニ被仰付候様ニと相認候、依之使者方より存寄之趣、彼方江申談、未落着不仕候內對馬守相果申候、然所私江當分役義被仰付候故、右之段重而私方より可申渡候之

3) 호키[伯耆] : 현재 돗토리현[鳥取県]의 서부 지역.

間、其節返翰被仕候様ニと使者方より申達、右之返翰者彼國江差遣歸國仕候、爲念返翰之寫懸御目候事

一 去々年竹嶋ニて被留置候朝鮮人貳人彼國江送居候處、漁民共因幡府之江戸与存、東武より長崎迄被遣候、於途中者結構ニ御馳走被仰付候得共、對馬守方江御渡被成候以後、警固等嚴鋪申付送還候段、(闕字) 上之思召者左様ニ無之候得共、對馬守私之了簡を以如此仕候と申たる由ニ御座候、依之竹嶋江重而朝鮮人不被差渡候様ニ申遣候儀茂、弥以對馬守私之存寄にて申渡し候哉と彼國にも邪推仕候由承及候、夫故右之通之返簡をも仕候哉と奉存候事

一 竹嶋者鬱陵島之事ニ候由、朝鮮國之書籍にも有之、能存候様竹嶋之返簡之寫ニ相見へ申候、竹嶋江伯耆より致渡海漁仕來候段、何年以前之事候哉委不存候得共、寛永十四年 當亥年迄五十九年 寛文六年 當亥年迄三十年 日本人竹嶋江罷越漁仕、被放風彼國江漂着仕、右之趣具ニ申候所ニ書翰相添送還、朝鮮國之儀候ハヽ、此度之漂民送還候刻、申分可有之事候得共、曾而居無之候、然上者、古者朝鮮國之內にても只今ニ到てハ申渡ニ候得共、彼國之儀者北京之幕下ニ候故、彼方江之聞へをも存、申募候哉と奉存候事

一 朝鮮國輿地勝覽 貳百年前之書と申書之內鬱陵島之儀、武陵共羽陵共申候、于山、蔚陵者一嶋之由見へ申候、竹嶋と申名者見へ不申候事

一 同芝峰類説 八十年前之書と申書之內蔚陵嶋之儀、武陵共羽陵共又者于山國とも礒竹嶋共申談、壬辰變後ニ和人ニ被焚掠、人住不申候、近頃者日本人住居仕由申候との事見へ申候、左候得者、壬辰以來者日本之屬嶋ニ罷成申候段、朝鮮國中能存罷在候事

一 去年對馬守方より申渡候書面之趣、私方より又々可申遣と奉存候、就夫書翰之認様なと相談仕候爲ニ御座候間、輪番之僧之內今一人被仰付被差下、只今對馬江在勤之僧と相談仕らせ、書翰相認差渡申度奉存候、左候ハヽ朝鮮國之存入も宜有御座と奉存候故申上候、若私方江之返翰茂右之趣同前ニ御座候ハヽ、如何返答可仕候哉之事

一 輪番之僧臨時ニ壹人被仰付候儀と日本之商人密ニ朝鮮國ニ罷渡、御法度之商賣仕候段相知、其趣彼國ニ申遣候様ニ被仰付候節、私方より願申候處、對馬江在勤之僧之外別而壹人可差下之旨、寛文七年金地院江被仰付候故、金地院より私江相談有之、建仁寺憲長老指下被申候、對馬江往來在留中之雜用私方より申付候事

一 竹嶋之儀ニ付朝鮮國之不念成儀度々有之故、其段急度申達候ハヽ、若事濟申儀も可由御座哉と奉存候、乍然朝鮮之國風不依何事、一應にて埒明不申候、今度之儀と猶以彼國にも大切ニ可存候間、大体ニ申達候分にては中々承引仕間鋪く稠敷申達候様ニ可仕と奉存候、今度差渡候使者石州より人數も先例より相增差渡可申候、彼方取次之役人江申談候儀不埒ニ候ハヽ、其節之様子ニより常ニ日本人不罷通候様ニ古來より申合置候所迄も罷越、役人江對談仕、急度申達候様ニ可申付哉と奉存候事

一 竹嶋江數年日本より渡海仕來候間、彼方より如何様ニ申候とも此方より急度申募可然候哉、又者彼國之內ニ候段申分一通り相聞へ申候ハヽ、取次案內可申上候哉、又者此方より稠敷申懸、其外にても埒明不申、彼方より强而申募事に候ハヽ、其節に至て御了簡も可有之との思召ニ候哉、此三様之內御內意被仰聞候者其趣ニ隨ひ申かけ様も可有御座と奉存候事

右私存寄一通可申上之旨被仰聞候故、書付懸御目候、宜御差圖奉願候、已上

十二月六日　　宗刑部大輔

구상각서

一. 지난 가을, 쓰시마노카미님이 말씀하신 대로 죽도에 향후 조선인이 건너오지 못하도록 지시해야 한다는 취지로 서한을 보냈습니다. (조선의) 답서 중에 울릉도라고 쓴 문구가 있기에, 이쪽에서 언급하지 않았으므로 울릉도라고 쓴 것을 삭제하고 보내주도록 했었습니다. 그런데 울릉도라고 한 것은 그 나라에서도 생각이 있어서 기재한 것이겠지만, 어쨌든 혼란스럽게 써서는 우리가 받지 않을 것이라고 추측했는지, 이번에는 처음 답서의 취지와 달리 죽도는 조선국의 울릉도이므로 일본인은 그 섬에 건너오지 않도록 지시해

달라고 썼습니다. 그래서 사자 쪽에서 생각하는 바를 저쪽에 이야기하고, 결론이 나지 않은 상태에서 쓰시마노카미님이 돌아가셨습니다. 그리하여 저에게 이 임무를 지시하셨기에 이 상황을 거듭 제 쪽에서 말하던 중, 그때 답서를 쓰도록 사자가 말하여 위의 답서는 조선에 두고 귀국했습니다. 만일을 위하여 답서의 사본을 보여드립니다.

一. 재작년 죽도에서 붙잡아 둔 조선인 2명을 조선으로 송환했는데, 어민들이 이나바성[因幡府][4]을 에도라고 생각했습니다. 그래서 에도에서 나가사키까지 가는 도중에는 극진한 대접을 받았지만, 쓰시마노카미님 쪽에 넘겨진 이후에는 경호 등을 엄하게 지시해서 송환한 것은 윗분의 생각이 아니라 쓰시마노카미님의 개인적인 생각으로 이와 같이 한 것이라고 이야기했다고 합니다. 따라서 죽도에 거듭 조선인이 건너가지 않도록 해 달라는 것도 결국 쓰시마노카미님이 개인적인 생각으로 말한 것이라고 저 나라에서 생각하고 있는 것으로 알고 있습니다. 그래서 위와 같은 답장을 쓴 것으로 생각됩니다.

一. 죽도는 울릉도라고 조선국의 서적에도 있고, 잘 알고 있듯이 죽도 답서의 사본에 보입니다. 호키에서 죽도로 건너와 고기를 잡은 것이 몇 년 전부터인지 자세히 알지는 못하지만, 간에이[寛永] 14년(1637)(올 을해년까지 59년), 간분[寛文] 6년(1666)(올 을해년까지 30년) 일본인이 죽도에 건너가서 고기를 잡았는데, 바람에 쓸려 그 나라에 표착했고, 위의 취지를 자세히 말했더니 서한을 첨부하여 송환했습니다. 조선국 문제는 이 두 번의 표류민 송환 때 주장을 했어야 하는데 일찍이 알리지 않았습니다. 그래서 옛날에는 조선국의 땅이었어도 지금에 이르러서 말하기는 늦었지만, 조선은 북경(北京)의 막하(幕下)이므로 말하는 것도 북경 쪽을 생각해서 말하는 것이라고 생각됩니다.

一. 조선국 『여지승람』(200년 전의 책)이라는 책 안에 "울릉도는 무릉(武陵) 또는 우릉(羽陵)이라고 한다. 우산(于山)과 울릉(蔚陵)은 하나의 섬이다."라고 적혀 있습니다. 죽도라는 이름은 보이지 않습니다.

一. 『지봉유설』(80년 전의 책)이라는 책 안에 "울릉도는 무릉 또는 우릉, 우산국(于山國)이라고 하며, 의죽도(礒竹嶋)라고도 한다. 임진변 이후 일본인[和人]이 집을 불태우고 재물을 노략질하여 사람이 살지 않게 되었다. 근래에는 일본인이 살고 있다."라는 기록이 보입니다. 그렇다면 임진 이후에는 일본의 속도(屬嶋)가 되었다는 것을 조선국에서 잘 알고 있다

4) 이나바[因幡] : 현재 돗토리현[鳥取県]의 동부 지역.

는 것입니다.

一. 재작년 쓰시마노카미님께서 말씀하신 서면의 취지는 제가 다시 말을 해야 한다고 생각했습니다. 그래서 서한 작성 등을 상의할 필요가 있으므로 윤번승(輪番僧) 중에 지금 한 사람을 지시해 주셔서 지금 쓰시마에서 근무 중인 승려와 상의하게 하여 서한을 보내고 싶다고 생각합니다. 그러면 조선국의 생각도 잘 알 수 있기 때문에 말씀드립니다. 만일 제가 보낸 답서도 위와 같은 취지라면 어떻게 답장을 써야 할지 의중을 여쭙니다.

一. 윤번승 1명을 임시로 지시하는 일과 일본 상인이 몰래 조선국으로 건너가 금지된 거래를 한 것을 알고, 그 내용을 조선에 전하도록 지시하셨을 때 우리 쪽에서 원했던 것인데, 쓰시마에서 근무 중인 승려 외에 별도로 한 사람을 보내달라는 뜻을 간분 7년(1667) 곤치인[金地院]에 지시하셨으므로, 곤치인에서 저에게 상담을 했고, 겐닌지[建仁寺] 겐초로[憲長老]를 보낸다고 하셨습니다. 쓰시마에 왕래하고 머무는 중의 잡비는 저희 쪽에서 지시할 것입니다.

一. 죽도 건은 조선국이 부주의한 때가 자주 있기 때문에 그것을 단호하게 이야기하면 혹시 일이 끝날 수도 있다고 생각합니다. 그러나 조선의 국풍(國風)은 어떤 일이든 한 번에 해결되지 않습니다. 이번의 경우는 특히 조선에서도 중요하게 생각할 것이므로, 대강 이야기하는 정도로는 좀처럼 받아들이지 않을 것입니다. 치밀하게 이야기해야 한다고 생각합니다. 이번에 조선으로 건너가는 사자는 세키슈[石州][5]에서 인원수도 선례보다 늘려서 파견해야 합니다. 저쪽의 중개하는 관리들과 논의가 잘 되지 않으면 그때의 상황에 따라 보통 일본인이 가지 못하도록 예전부터 합의해 둔 곳까지라도 가서 관리들과 논의하여 확실하게 말하도록 해야 한다고 생각합니다.

一. 죽도에 오랜 세월 동안 일본에서 도해해 왔으니까, 저쪽에서 뭐라고 하든 우리 쪽에서 확실하게 주장해야 하는지요? 아니면 그쪽의 영토라는 주장이 일관되게 들리면 중개해서 연락을 드려야 하는지요? 아니면 이쪽에서 치밀하게 교섭해서 그 영토 밖이라고 타결을 짓지 못하고, 그쪽에서 강하게 주장하면 그때에 이르러 생각할 수도 있다는 의향이신지요? 이 세 가지 중에 생각하시는 바를 말씀하시면 그 뜻에 따라 교섭할 수도 있다고 생각합니다.

---

5) 이와미노쿠니[石見國]의 별칭.

이상은 제 생각을 말씀드리라는 지시가 있었으므로 문서를 보여드립니다. 적절한 지시를 부탁드립니다. 이상.

12월 6일　　　　　　　　　　　　　　소 형부대보

去戌七月宗對馬守より爲使者家老平田直右衛門を以被申越候、酉年竹嶋江渡り候朝鮮人之內貳人留置候を長崎奉行所より請取、彼國江送還、重而不罷渡候樣可申達間、酉五月十三日土屋相模守被申渡候付、則對馬守家老多田与左衛門使者ニ申付、書翰相添同年十月彼國江差渡候處、返翰當戌二月相達候、依之對馬守存寄有之付、重而右之使者多田与左衛門彼國江差遣候、返答之趣ニより重而可得內意由、書付被相越之

右之書付受取之、追而從是可申入由申遣之、其以後無程對馬守被致死去候

지난 갑술(1694) 7월 소 쓰시마노카미님이 가로 히라타 나오에몬을 사자로 보내 말씀을 전했습니다. 계유년(1693)에 죽도로 건너온 조선인 중 두 명을 붙잡아 두었는데, 나가사키 부교쇼[長崎奉行所]에서 인수하여 그 나라로 송환하고, 다시는 건너오지 말도록 전했습니다. 계유년 5월 13일 쓰치야[土屋] 사가미노카미[相模守]님의 지시로 쓰시마노카미님의 가로 다다 요자에몬[多田与左衛門][6]을 사신으로 명하고, 서한을 첨부해서 같은 해 11월 조선으로 파견했습니다. 답서는 금년 2월에 왔습니다. 그런데 쓰시마노카미님이 생각하시는 바가 있어서 다시 위의 사자 다다 요자에몬을 그 나라로 보냈습니다. 답서의 취지에 따라

---

6) 쓰시마번의 도시요리[年寄, 家老]로 숙종실록에는 다치바나 마사시게[橘眞重]로 나온다. 1693년(숙종 19) 9월, 안용복 납치사건 때문에 제1차 사신으로 조선에 왔고, 이듬해 여름에도 제2차 사신으로 건너왔다. 그러나 9월에 번주 소 요시쓰구[宗義倫]의 사망으로 교섭이 중단된 채 왜관에 장기 체류하게 되었다. 1695년(숙종 21) 봄, 스야마 쇼에몬[陶山庄右衛門] 등 새로운 사신 일행이 조선으로 건너와 교섭 타결의 길을 모색했고, 다다는 이들과 협력하면서 쓰시마번의 입장에서 안용복 사건을 해결하려고 노력했다. 그러나 교섭을 타결짓지 못했고, 6월에 번의 소환으로 스야마 일행과 함께 귀국하면서 일이 쓰시마번의 요구대로 해결되지 않으면 임진왜란과 같은 변란이 일어날지도 모른다고 조선을 협박하기까지 했다. 이후 안용복 문제는 전 번주인 소 요시자네[宗義眞]가 에도로 가서 막부를 상대로 교섭을 벌였으나, 다다는 교섭의 전면에서 물러난 채 해결을 보지 못하고 있다가 1697년(숙종 23)에 병사했다.

거듭 의향을 알 수 있겠지요. 문서를 보냅니다.

위 문서를 받고, 이에 따라 이야기해야 한다고 말을 전했습니다. 그 후 얼마 지나지 않아 쓰시마노카미님이 사망했습니다.

初度ニ差渡候書翰

日本國對馬州大守拾遺平　義倫，奉書

朝鮮國禮曹參判大人　閤下.

　金颷秋暮，恭惟

貴國安寧.

本邦一揆，玆告

貴域瀕海漁氓，此年行舟於

本國竹島，竊爲漁採，極是不可到之地也．以

故土官

　詳諭國禁，固告不可再．而乃使渠輩尽退

　還矣．然今春亦復不顧國禁，漁氓四拾餘

　口，徃入竹嶋，雜然漁採．由是土官拘留其

　漁氓貳人，而爲質於州司，以爲一特之證．

　故我

國因幡州牧，速以前後事狀，馳

　啓

東都，蒙令被漁氓附與獘邑，以還本土，自今

而後，決莫容漁船於彼島，彌可存制禁．不佞

　今奉

東都之命，以報知

貴國．想夫我

殿下, 汎愛黎庶, 無間遠近, 旣往不咎, 唯緣
  鴻庇, 而貳人漁氓, 今還故土也. 此事雖出
  于小民之私, 而其實所係非小,
兩國交誼, 不坐舋郄, 豈可不思無妄之禍耶.
速加政令於邊浦, 堅制禁條於漁民, 則
  隣睦悠久之一好事也. 仍差遣正官橘眞
  重, 都船主平友貞, 今爰回還漁氓貳人, 悉
  附使价口申. 菲儀別錄, 聊表遐悃,
  莞納幸甚. 統希
炳亮. 肅此不宣.
元祿六年癸酉九月　日
  對馬州太守拾遺平　義倫

처음 보낸 서한

일본국 쓰시마 태수(太守) 습유(拾遺) 다이라노 요시쓰구[平義倫][7]는 조선국 예조참판 대인 합하(閤下)께 받들어 글을 올립니다. 가을바람도 저물어가는 이때 삼가 생각하오니 귀국(貴國)은 안녕하신지요?

우리나라는 한결같습니다. 여기에서 고할 것은, 귀국 강역의 바닷가에서 고기 잡는 백성들이 근년에 배를 타고 우리나라 죽도에 와서 몰래 고기잡이를 했는데, 이곳은 절대 와서는 안 되는 곳입니다. 이런 까닭으로 지방관이 국가의 금법(禁法)을 상세히 일러주며 다시는 오면 안 된다고 단단히 일러서 그들을 모두 돌려보냈습니다. 그런데 올해 봄에 또 다시 국가의

7) 쓰시마번 4대 번주 소 요시쓰구. 관위는 우경대부(右京大夫), 레이코인[靈光院]은 요시쓰구의 계명(戒名). 간분 11년(1671) 3월 26일 3대 번주 소 요시자네의 차남으로 태어났다. 조쿄[貞享] 원년(1684) 12월 종4위하(従四位下), 우경대부에 서임되었다. 요시자네의 장남이 일찍 사망하여 세자로 지명되었고, 겐로쿠[元禄] 5년(1692) 6월 27일, 요시자네의 은거(隱居)로 가독(家督)을 상속하고 번주가 되었다. 겐로쿠 7년(1694) 9월 27일, 번주 재위 2년 만에 부친 요시자네보다 먼저 에도에서 향년 24세로 사망하였다.

금법을 아랑곳하지 않고 어민 40여 명이 죽도에 들어와서 멋대로 고기잡이를 하였습니다. 이런 연유로 지방관이 그 고기잡이 하던 백성 두 사람을 붙잡아 주사(州司)에게 볼모로 맡겨 놓고 그 당시의 증거로 삼으려고 했습니다. 그러므로 우리나라 이나바[因幡] 주목(州牧)[8]은 곧바로 일의 전후 상황을 에도[東都][9]에 치계(馳啓)하였고, 그 어민들을 저희 읍[10]에 맡겨서 본래 살던 땅으로 돌려보내라는 명령을 받았습니다. 이제부터 앞으로는 결코 저 섬에 어선을 용납하지 않도록 하고, 더욱 금지하는 제도를 보존하도록 하십시오.

저는 지금 에도의 명령을 받들어 귀국에 알리는 것입니다. 생각하면 우리 전하께서는 널리 백성을 사랑하심이 멀고 가까움에 차이가 없기에, 지난 일을 탓하지 않고 오직 크게 보호하시어 두 사람의 어민을 지금 고향 땅으로 돌려보내시는 것입니다. 이 일이 비록 아랫사람들의 사사로운 일에서 발생했지만, 그 실상은 관계되는 바가 적지 않습니다. 두 나라의 교의(交誼)에 틈이 생기지 않으려면 어찌 불의의 재앙에 대해 생각하지 않을 수 있겠습니까? 속히 변방 바닷가에 명령을 내려 어민들에 대한 금지조항을 단단히 제정한다면 이웃 나라와의 화목을 길이 보존하는 좋은 일이 될 것입니다. 이에 정관(正官)[11] 다치바나 마사시게[橘眞重][12]와 도선주(都船主) 다이라노 도모사다[平友貞]를 파견하여 이제 표류민 두 사람을 돌려보내니, 모든 일은 사신이 직접 말하도록 부쳐 보내겠습니다. 변변찮은 예물을 별지에 기록하며 그저 멀리서 정성을 표시하오니 웃으며 받아주시면 무척 다행스럽겠습니다. 삼가 이만 줄이겠습니다.

겐로쿠 6년(1693) 계유(癸酉) 9월 일

쓰시마 태수 습유 다이라노 요시쓰구

---

8) 돗토리번주 이케다 쓰나키요[池田綱清, 1648~1711]. 이케다 쓰나키요는 돗토리번주 이케다 미쓰나카[池田光仲]의 장남으로 태어났다. 당초 돗토리번은 막부에 '종래와 같이 요나고[米子] 상인이 울릉도산 전복을 배타적으로 확보하여 막부에 계속 헌상하기 위해서는 앞으로 조선인이 竹嶋(울릉도)에 오지 못하게 해야 한다'고 주장했다.(『御用人日記』, 元祿 6년 5월 15일)

9) 막부(幕府).

10) 쓰시마번[對馬藩].

11) 조선 후기 왜관에 도항하는 쓰시마번의 정례 사선(使船)에는 정사(正使) 이하 승선하는 사절의 구성원이 규정되어 있었다. 『通文館志』 권5, 交隣, 「年例送使」에는 각 사선의 규정 사절과 승조원(乘組員)의 인원수가 정리되어 있다. 정관(正官)은 정사(正使), 부관(副官)은 첨사(添使), 도선주(都船主)는 사자(使者)의 용무를 담당하는 사람을 의미한다.

12) 다다 요자에몬[多田與左衛門]. 이때의 도선주는 우치야마 교자에몬[內山鄕左衛門], 봉진(封進)은 데라자키 요시에몬[寺崎與四右衛門]이다.

初度ニ差渡候書翰之和解

日本國對馬太守平義倫、書ヲ朝鮮國
禮曹參判大人閤下ニ寄セ奉ル、
西風秋漸ク暮レ申候ツヽシンデヲモンミレバ、
朝鮮國安寧日本國モ同前ニ候、仍申
候、朝鮮國ノ漁民每年舟ヲ本國ノ
竹島ニ寄セ、隱密ニ魚ヲトル、誠ニ
至ルヘカラザルノ所ナリ、其所ノ
奉行委細ニ國ノ法度ヲサトシ、重
而此所ニ至ルベカラザルコトヲ
ツゲ、其輩ヲカヘス、シカルニ今春
又國ノ法度ヲカヘリミス、漁民四
十人アマリ竹島ヘユキ、魚ヲトル、
是ニヨリテ所ノ奉行其漁民二人
ヲカラメ留メ國ニ人質トシテヲ
キ、重而ノ證據トス、シカルユヘ日
本國因幡守、早速前後ノ事ヲ江戶
ヘ言上ス、彼漁民ヲシテ對馬國ヘ
送ラレ、本國ヘ皈サシム、自今以後
決シテ竹嶋ヘ漁船ヲ容ルヽコトナ
ク、イヨヽヽ法度ヲ申ツクベキヨシ
我等江戶ヨリ(闕字)御意ヲ奉リ、此段
ヲ朝鮮國ヘ申候、想ニツレ我君ヒ
ロク万民ヲ愛シ、遠近ヲヘダツル
コトナシ、過ギ去ル事ヲハ咎メズ、タ

ヾ御高恩ニ依テ、トラヘヲキ候ニ
人ノ漁民、只今本國ヘ還ヘサル間、
朝鮮國イヨイヨ日本國ト釁ヲ生セズ、
早速右之段ヲ浦々嶋々ヘ申フレ、
法度條目ヲ漁民ニ申付ラルヽト
キハ隣國ノ交リイヨイヨ久シカラン、仍
テ、使者橘眞重、船主平友貞ヲ遣シ、
漁民二人ヲ還ス、委細ハ使者ノ口上
ニ申含候、輕少ノ贈リ物目錄ノ
通リ進シ候、受納イタサレ候者幸
ナラン

처음 보낸 서한의 일본어역

일본국 쓰시마 태수 다이라노 요시쓰구는 조선국 예조참판 대인 합하께 받들어 글을 올립니다. 가을바람도 저물어가는 이때 삼가 생각하오니 조선국은 안녕하신지요? 일본국도 마찬가지입니다. 이에 말씀드립니다. 조선국의 어민들이 매년 배를 타고 우리나라의 죽도에 와서 몰래 고기를 잡았습니다. 참으로 와서는 안 되는 곳입니다. 그곳의 봉행(奉行)이 자세히 국가의 법도를 일러주고, 다시는 이곳에 오면 안 된다는 것을 알리고 그 무리를 돌려보냈습니다. 그런데 올 봄에 또 국가의 법도를 생각하지 않고 어민 40여 명이 죽도에 와서 고기를 잡았습니다. 이에 따라 그곳의 지방관이 그 어민 2명을 인질로 붙잡아 두고 증거로 삼았습니다. 그리하여 우리나라의 이나바노카미[因幡守]가 신속히 전후 사정을 에도[江戶]에 보고하고, 그 어민을 쓰시마로 호송하여 본국으로 돌려보냈습니다. 이후 절대로 죽도에 어선을 허용하지 않고, 더욱 법도를 지키도록 분부해야 합니다.

우리는 에도에서 내려온 명령을 받들어 이 점을 조선국에 알리는 것입니다. 생각하건대 우리 장군께서는 널리 만민을 어여삐 여기심이 멀고 가까움에 차이를 두지 않으십니다. 지난 일을 탓하지 않고 다만 큰 은혜로 보살피십니다. 두 명의 어민을 지금 고향으로 돌려보내니,

조선국은 더욱 일본국과 사이가 벌어지지 않도록 조속히 이 사실을 모든 포구와 섬에 알려 법도 조목을 어민들에게 분부한다면 이웃 나라와의 교제를 더욱 오래도록 보존하게 됩니다. 이에 사자 다치바나 마사시게와 선주 다이라노 도모사다를 파견하여 어민을 돌려보내고, 자세한 사정은 사자가 구두로 전할 것입니다. 조그마한 예물을 목록에 적은대로 보냅니다. 받아주시면 다행스럽겠습니다.

初度二到來之返翰

朝鮮國禮曹參判權　瑎, 奉復

日本國對馬州太守平公　閤下.

槎便鼎來,

惠翰隨至, 良用慰荷. 弊邦海禁至嚴, 制禁東

濱海漁民, 使不得出於外洋. 雖弊境之蔚

陵嶋, 亦以遼遠之故, 切不許任意往來, 況

其外乎. 今此漁船, 敢入

貴界竹嶋, 致煩

領送, 遠勤

書諭, 隣好之誼, 實所欣感. 海氓獵漁, 以爲

生理, 或不無遇風漂轉之患, 而至於越境深

入, 雜然漁採, 法當痛懲. 今將犯人等, 依律

科罪, 此後沿海等處, 嚴立科條, 各別申勅.

佳貺領謝, 薄物佈緘, 統惟

照亮. 不宣.

癸酉年十二月　日

禮曹參判權　瑎

처음 도착한 답서

조선국 예조참판 권해(權瑎)는 일본국 쓰시마 태수 다이라 공[平公] 합하께 받들어 답합니다.

사신의 배편이 도착함에 은혜로운 편지도 따라 이르니 참으로 위로가 되었습니다. 우리나라는 해상의 금령이 지극히 엄격하여 바닷가에 사는 어민들이 먼 바다에 나가지 못하도록 단속하고 있습니다. 비록 우리나라 경계 안의 울릉도라 해도 까마득히 멀리 있다는 이유로 마음대로 왕래하는 것을 일절 허락하지 않고 있는데, 하물며 그 밖이겠습니까? 지금 이 어선이 감히 귀국의 경계에 있는 죽도에 들어가 [귀국이] 번거롭게 돌려보내느라고 하고 멀리서 고생스럽게 서신으로 알리게 하였으니, 이웃 나라의 호의에 대하여 실로 고맙게 여기는 바입니다.

바닷가에 사는 백성은 고기를 잡아서 생계를 꾸리므로, 간혹 풍랑을 만나 표류하는 일이 없는 것은 아니지만 그래도 국경을 넘어 깊이 들어가서 난잡하게 고기를 잡은 것에 대해서는 법으로 마땅히 엄중하게 징계해야 할 것입니다. 지금 이 죄인들은 형률에 따라 죄를 과하게 하고, 이후에는 연해 등의 지역에 대한 규례 조목을 엄격하게 제정하여 각별히 잘 타일러 경계하겠습니다. 좋은 선물은 감사하게 받았습니다. 변변치 못한 물건을 답으로 보내오니 모두 밝게 살펴주십시오. 이만 줄입니다.

계유년(1693) 12월 일

예조참판 권해

初度ニ到來之返翰ノ和解

朝鮮國禮曹參判權瑎日本國對馬
太守平公閣下ムクヒ奉、使者來テ
書狀ヲクラル、我國法度キヒシク
申付候ユヘ、海邊ノ漁民、外ノ海邊
ヘハ出ズ候、朝鮮國ノ國境蔚陵島
トイヘドモ遠ク御座候ユヘ、ミタ
リニ心マヽニマイラス候、マシテ、

其外ハ申ニ不及候、今漁船日本國
ノ界竹嶋ニ入リ候ヲ送リ還サレ、
遠ク示ニ預リ候、隣國ノ好ミ誠ニ
以欣ヒ感シ候、漁民魚ヲトリテ、ト
セイニ仕候間、不慮ニ難風ニ逢申
候ヘハ、漂ヒ参リ申候事ハ可有之
候、然レトモ、國境ヲコヘテ、乱レ入テ
魚ヲトリ申候ニ付キ、急度法度ニ
コラシメ申候、此以後ハイヨイヨ海邊
等ヘキビシク可申付候、見事ノ贈
リ物受納申候、此方ヨリモ輕少ノ
贈リ物幷書狀遣シ候

처음 도착한 답서의 일본어역

조선국 예조참판 권해는 일본국 쓰시마 태수 다이라 공 합하께 받들어 답합니다.

사자가 와서 서장(書狀)을 주었는데, 우리나라의 법도는 엄하게 이르기 때문에 바닷가의 어민이 먼 바다에 나가지 못합니다. 조선국의 국경 울릉도라고 해도 멀기 때문에 마음대로 갈 수 없습니다. 하물며 그 밖은 말할 필요도 없습니다. 지금 어선이 일본국의 경계인 죽도에 들어간 것을 송환하고, 멀리서 서신으로 알려주니 이웃 나라의 호의를 참으로 기쁘게 생각합니다. 어민은 고기를 잡아서 생계를 꾸리므로, 뜻하지 않게 난풍을 만나 표류하는 일이 있을 수 있습니다. 하지만 국경을 넘어서 함부로 들어가 고기를 잡았으므로 분명히 법도에 따라 징계해야 합니다. 이후에는 바닷가 등지에 더욱 엄하게 분부하겠습니다. 좋은 선물을 받았습니다. 이쪽에서도 변변치 못한 선물과 서장을 보냅니다.

再差渡候書翰

日本國對馬州太守拾遺平　義倫，　奉書
朝鮮國禮曹參判大人　閤下.
　槎便歸來，卽承
　回緘，圭復數過．向者
貴國漁氓往入
本國竹島者回還焉．我書不言蔚陵島之事，
今
　回簡有蔚陵島名，是所難曉也．仍再差正
　官橘眞重，都船主藤成時，只　冀除却蔚陵之
　名惟幸．不佞東行在近，不克縷擧，餘附使
　价舌端．不腆弊産，聊申遐忱．
　莞留．肅此不宣．
　元祿七年甲戌二月　日
　　對馬州太守拾遺平　義倫

두 번째 보낸 서한

일본국 쓰시마 태수 습유 다이라노 요시쓰구는 조선국 예조참판 대인 합하께 삼가 글 올립니다. 사신이 돌아오자 바로 회답을 받들어 여러 차례 되풀이하여 읽었습니다. 지난번에 귀국의 어민이 우리나라의 죽도에 들어온 것을 돌려보낸 일이 있었습니다. 저의 편지에서는 울릉도의 일은 말하지 않았는데 지금 [조선의] 답서에는 울릉도라는 이름이 있으니, 이는 이해할 수 없는 일입니다. 이에 다시 한 번 정관(正官) 다치바나 마사시게와 도선주 등성시(藤成時)를 보내니, 다만 바라건대 '울릉'이라는 이름을 제거해 주시면 좋겠습니다. 제가 동행(東行)[13]

13) 쓰시마에서 에도로 가는 것을 의미한다.

일정이 가까워 하나하나 거론할 수 없으므로, 나머지는 사신의 입에 부쳐 보내겠습니다. 별것 아니지만 우리나라의 산물로 부족하나마 이렇게 멀리서 정성을 알리오니 웃으며 받아주십시오. 삼가 이만 줄입니다.

겐로쿠 7년(1694) 갑술 2월 일

쓰시마 태수 습유 다이라노 요시쓰구

再差渡書翰ノ和解

日本國對馬州太守拾遺平義倫書ヲ、
朝鮮國禮曹參判大人 閤下ニ寄セ奉ル、
使者歸リテ返書ヲ持參ス、數篇拜見
申候、最前朝鮮國ノ漁民本國ノ竹島
ニ入リ候者共、還シ送リ候、我等書狀ニハ
蔚陵島ノ名アリ、サトリガタク候ニ
ヨリテ、重而使者橘眞重、先主藤成時
ヲ遣ス、願クハ蔚陵ノ名ヲノゾキ玉
ハヽ幸ナラン、我等參府近ク御座候間、
悉ク不申述、委細ハ使者ノ口上ニ申
含メ候、乏少ノ所ノ物ヲ進シ候、聊、寸
志ヲ述申候、
本書朝鮮江差置之寫計使者取歸候。

두 번째 보낸 서한의 일본어역

일본국 쓰시마 태수 습유 다이라노 요시쓰구는 조선국 예조참판 대인 합하께 삼가 글 올립니다. 사신이 답서를 가지고 돌아와서 여러 번 받들어 읽어보았습니다. 일전에 조선국의 어민이 우리나라의 죽도에 들어왔지만 돌려보냈습니다. 우리의 서한에는 울릉도라는 이름이 있는데 이해하기 어렵습니다. 그래서 다시 사신으로 다치바나 마사시게와 도선주 등성시를 보내니 원컨대 울릉(蔚陵)이라는 이름을 빼 주시면 좋겠습니다. 제가 참부(參府) 일정이 가까워 일일이 말씀드릴 수는 없습니다. 자세한 것은 사신에게 잘 타일러서 보내겠습니다. 궁벽한 곳에서 나는 물건을 조금 보냅니다. 이만 줄입니다.

본서(本書)는 조선에 두고, 사신이 복사본만을 가지고 귀국하였다.

返翰

朝鮮國禮曹參判李　畬, 奉復
日本國對馬州太守平公　閣下.
槎便鼎來,
惠翰隨至, 良用慰荷. 弊邦江原道蔚珍縣
有屬島, 名曰蔚陵. 在本縣東海中, 而風濤
危險, 船路無便. 故中年移其民, 空其地. 而
時遣公差, 往來搜撿矣. 本島峰巒樹木, 自
陸地歷歷望見. 而凡其山川紆曲, 地形濶
狹, 民居遺址, 土物所產, 俱載於我
國輿地勝覽書, 歷代相傳, 事跡昭然. 今者
我國海邊漁氓往于其島, 而不意
貴國之人, 自為犯越, 與之相值. 乃反狗執
二氓, 轉到江戶幸蒙　貴國
大君明察事情,
優加資遣, 此可見交隣之情, 出於尋常. 欽
歎(闕字)　高義, 感激何言. 雖然我氓漁採
之地, 本是蔚陵島, 而以其產竹, 或稱竹島. 此
乃一島而二名也. 一島二名之狀, 非徒我
國書籍之所記,

貴州人亦皆知之. 而今此
來書中, 乃以竹島爲
貴國地方, 欲令我
國禁止漁船更往, 而不論
貴國人侵涉我境, 拘執我氓之失. 豈不有欠
　於誠信之道乎. 深望將此辭意, 轉報
東武, 申飭
貴國邊海之人, 無令往來於蔚陵島, 更致事
端之惹起, 其於相好之誼, 不勝幸甚.
　佳貺領謝. 薄物有緘. 統惟
　照亮. 不宣.
　甲戌年九月　日
　　禮曹參判李　畬

답서

조선국 예조참판 이여(李畬)는 일본국 쓰시마 태수 다이라 공 합하께 받들어 아룁니다. 사신의 배편이 도착함에 은혜로운 편지도 따라 이르니 참으로 위로가 되었습니다. 우리나라 강원도 울진현에 속한 섬 중에 울릉이라는 섬이 있습니다. 본 현의 동쪽 바다 가운데에 있는데, 파도가 위험하여 뱃길이 편리하지 못합니다. 그렇기 때문에 여러 해 전에 그곳의 백성들을 이주시켜 땅을 비워놓고 수시로 관리[公差]를 보내 왕래하면서 수색하고 검사하도록 하였습니다. 이 섬의 산봉우리와 나무는 내륙에서도 또렷하게 바라볼 수 있고 무릇 산천의 구불구불한 굽이와 지형의 좁고 넓음, 백성들이 살던 자취가 남은 자리와 생산되는 토산물들이 모두 우리나라 『여지승람』이라는 책에 실려 있으니, 대대로 전해 오는 사실의 자취가 분명합니다. 이번에 우리나라 바닷가의 어민들이 이 섬에 갔을 때 생각지도 않게 귀국의 사람들이 스스로 경계를 넘어 침범해 와서 서로 부딪치게 되었는데, 도리어 우리 백성 두 사람[14]을 잡아서 에도까지 끌고 갔습니다.[15] 다행히 귀국의 대군(大君)이 분명하게 사정을 통찰하고 넉넉하게 노자를 주어 돌려보내 주셨으니, 이는 교린을 하는 인정이 보통을 훨씬 넘어섬을 알 수 있는 일입니다. 높은 의리에 감탄하였으니, 그 감격을 어찌 말하겠습니까? 비록 그렇다 해도 우리나라 백성들이 고기잡이를 하던 곳은 본래 울릉도(蔚陵島)로서, 그곳에서 대나무가 생산되기 때문에 더러 죽도(竹島)라고도 불렀던 곳입니다. 이는 곧 하나의 섬을 두 가지 이름으로 부른 것입니다. 하나의 섬을 두 가지 이름으로 부른 정황이 다만 우리나라 서적에만 기록된 것이 아니라 귀주(貴州)의 사람들 또한 모두 알고 있는 일입니다. 그런데 이번에 온 서계 가운데 죽도를 귀국의 관내 지역이라 하여 우리나라로 하여금 어선이 다시 나가는 것을 금지시키게 만들려고 하면서, 귀국 사람들이 우리나라 국경을 침범해 들어와 우리나라 백성을 붙잡아간 잘못은 논하지 않고 있습니다. 어찌 성실하게 신의를 지키는 도리에 흠이 되는 일이 아니겠습니까? 깊이 바라건대 이런 말뜻을 가지고 막부[東武]에 전하여 알려서, 귀국의 변방 바닷가 사람들을 거듭 단속하여 울릉도에 오가며 사단을 야기하는 일이 다시는 없도록 한다면, 서로 좋게 지내는 도리에 있어 이보다 다행이 없겠습니다. 아름다운 선물은 고맙게 받았습니다. 변변치 못한 물건을 보내니 모두 밝게 살펴 주십시오. 이만 줄입니다.

갑술년(1694) 9월 일

예조참판 이여(李畬)

本書朝鮮江差置之寫計使者取歸
候返翰ノ和解

朝鮮國禮曹參判李畬、書ヲ、日本國對
馬州太守平公閣下ニムクヒ奉ル、
使者來テ書狀ヲクラル、朝鮮國江原
道蔚珍縣ニツキ島アリ、名ゲテ蔚陵
ト云、本縣東海ノ中ニアリ、風濤ケハシ

14) 안용복과 박어둔을 말한다.

15) 이때 에도까지 가지는 않았는데, 서계에서 이렇게 말한 것은 아마 안용복과 박어둔이 나가사키[長崎]를 에도라고 생각했기 때문일 것이다.

ク船路通シカタク候、近年其民ヲ移
シ、其所ヲ空地ニイタシ置候、嶋ノ峯
巒樹木、陸ヨリ明ニ見ヘ申候、總躰其
山川マガリメクリ、地形濶ク狭ク人
ノ居リ申候、跡其所ニ生ジ申候、物委
ク我國ノ輿地勝覽ト申候書物ニ載
リ申候、代代相傳ヘテ仕跡アキラカ
ニ御座候、今我國海邊ノ漁民其嶋ニ
参リ申候、不慮ニ日本國ノ人ニ出合
カヘツテ漁民二人カラメトラヘラ
レテ江戸ヘ言上セラレ、幸ニ日本國
ノ
大君明ニ事ノ實ヲ察シタマヒ、タスケカヘ
サル誠ニ隣國ノ交リ尋常ニコエルコト
ヲ知ルツヽシンデ高義ヲ歎シ、感激
申シ盡シカタク候、竹嶋ハ我民漁獵
ノ所ニテ蔚陵島ノコトナリ、竹ヲ生
スルヲ以テ竹島ト申候、島一ニ〆名
ニツ御座候、島一ニ〆名ニツアルコト
ハ朝鮮國ノ書物ニシルスバカリニ
テハナク、日本國ノ人モ皆コレヲ存
シ申候、今書狀ノ中ニ竹島ヲ以テ日
本國ノ地トス、朝鮮漁船ノ往來スル
コトヲ禁制シテ日本國ノ人ノ我國境
ヲ侵シ、我民ヲカラメ執フルコトノア
ヤマリヲバイハズ、是眞實ノ道ヲ欠

クコトアランヤ、此段ヲ江戸ヘ申達セラレ、日本國ノ海邊ノ人ニ申シツケラレ、蔚陵島ニ往來シテ爭ヒノ端ノ起ラザルヤウニシ玉ハヽ、好ミノ義ニ於テ幸ナラン、見事ノ贈リ物受納申候、此方ヨリモ輕少ノ贈リ物幷書狀遣シ申候

본서는 조선에 두고, 사신이 가지고 귀국한 답서 복사본의 일본어역

조선국 예조참판 이여는 일본국 쓰시마 태수 다이라 공 합하께 받들어 아뢰니다. 사신이 와서 서신을 전했습니다. 조선국 강원도 울진현에 속한 섬이 있는데, 울릉이라고 부릅니다. 본 현의 동쪽 바다 가운데 있고, 파도가 험하여 뱃길이 편하지 않습니다. 근년에 그곳 백성들을 이주시키고 그곳을 빈 섬으로 두었습니다. 섬의 산봉우리와 수목은 육지에서 뚜렷하게 보입니다. 무릇 그 산천의 구불구불한 굽이와 지형의 넓고 좁음, 사람이 살던 흔적과 그곳에서 나는 물산은 모두 우리나라의 『여지승람』이라는 책에 자세히 실려 있습니다. 대대로 전하는 자취가 분명합니다. 지금 우리나라 바닷가의 어민이 그 섬에 갔다가 뜻하지 않게 일본인과 마주쳤는데, 오히려 어민 두 명을 잡아가서 에도에 보고하였습니다. 다행스럽게도 일본의 대군이 사실을 분명히 통찰하시고 보살펴서 돌려보내셨으니 참으로 이웃 나라와 교제하는 인정이 보통을 넘는 것을 알 수 있습니다. 높은 의리에 감탄하였으니 그 감격을 말로 표현하기 어렵습니다. 죽도는 우리 백성들이 고기를 잡는 곳으로 울릉도를 말하며, 대나무가 나기 때문에 죽도라고 부릅니다. 섬 하나에 이름이 두 개입니다. 섬 하나를 두 가지 이름으로 부르는 것은 조선국의 서적에만 기록된 것이 아니라 일본인들도 모두 이 사실을 알고 있습니다. 이제 서신 중에 죽도를 일본의 땅으로 하여 조선 어선의 왕래를 금지시키고, 일본인들이 우리나라 국경을 침범하여 우리 백성을 잡아간 잘못은 말하지 않습니다. 이것은 진실의 도리에 흠이 되는 일입니다. 이 점을 에도에 알려서 일본국의 바닷가 사람들에게 분부하여 울릉도에 왕래하며 사단을 일으키지 않도록 해 주신다면 우호적인 교류에 있어서 참으로 다행스런 일입니다. 아름다운 선물은 고맙게 받았습니다. 우리도 작은 선물과 서신을 보냅니다.

輿地勝覽幷芝峰類說書拔

鬱陵島　在江原道蔚珍縣正東

輿地勝覽云一名武陵一名羽陵在縣正東海中三峯岌業撑空南峯稍早風日清明則峰頭樹木及山根沙渚歷歷可見風便則二日可到一說于山鬱陵本一嶋地方百里新羅時侍險不服智證王十二年異斯夫爲何瑟羅州軍主謂于山國人愚悍難以威服可以計服乃多以木造獅子分載戰艦抵其國誑之曰汝若不服則卽放此獸踏殺之國人恐懼來降高麗太祖十三年其嶋人使白吉土豆獻方物毅宗十三年王聞鬱陵地廣土肥可以居民遣溟州道監倉金柔立往視柔立回奏云島中有大山從山頂向東行至海一萬餘步向西行一萬三千餘步向南行一萬五千餘步向北行八千餘步有村落其趾七所或有石佛鐵鐘石塔多生柴胡藁本石南草後崔忠獻獻議以武陵土壤膏沃多珍本海錯遣人往觀之有屋基破礎宛然不知何代人居也於是移東郡民以實之及使還多以珍木海錯進之後屢爲風濤所蕩覆舟人多物故因還其居民本朝太宗時聞流民逃其島者甚多再命三陟人金麟雨爲按撫使刷出空其地麟雨言土地沃饒竹大如杠鼠大如猫桃核大於升凡物彌是世宗二十年遣縣人萬戶南顥率數百人往搜逋民盡俘金丸等七十餘人而還其地遂空成宗二年有告別有三峰島者乃遣朴宗元往覓之因風濤不得泊而還同行以船泊鬱陵島只取大竹大鰒魚回啓云島中無居民矣

『여지승람』과 『지봉유설』 발췌

울릉도, 강원도 울진현(蔚珍縣) 동쪽 바다 가운데 있다.

『여지승람』에서 말하기를 울릉도의 다른 이름을 무릉(武陵) 또는 우릉(羽陵)이라고 한다. 울진현 정동(正東) 바다 가운데에 있다. 세 봉우리가 곧게 솟아 하늘에 닿았는데 남쪽 봉우리가 약간 낮다. 바람과 날씨가 청명하면 봉우리 머리의 수목과 산 밑의 모래톱을 역력히 볼 수 있으며, 순풍이면 이틀에 갈 수 있다. 일설에는 우산·울릉이 원래 한 섬으로서 지방이 백 리라고 한다. 신라 때에 험함을 믿고 항복하지 않았는데, 지증왕(智證王) 12년에 이사부(異斯夫)가 하슬라주(何瑟羅州) 군주(軍主)가 되어, 우산국(于山國) 사람들은 미욱하고 사나우니 위엄으로 항복하기 어렵고 계교로 복종시켜야 한다고 하면서, 나무로 만든 많은 사자(獅子)를 전함(戰艦)에 나누어 싣고, 그 나라에 가서 속여 말하기를 "너희들이 항복하지 않으면 이 맹수(猛獸)들을 놓아서 밟아 죽이리라." 하니, 나라 사람들이 두려워하여 와서 항복하였다. 고려 태조 13년에 그 섬의 사람이 백길토두(白吉土豆)를 시켜서 토산물을 헌납하였다. 의종(毅宗) 13년에 왕이 울릉도가 땅이 넓고 토지가 비옥하여 백성이 살 만하다는 말을 듣고 명주도 감창(溟州道監倉) 김유립(金柔立)을 보내어 가서 보게 하였는데, 유립이 돌아와서 아뢰기를, "섬 중에 큰 산이 있는데, 산마루에서 동쪽으로 바다까지는 1만여 보(步)요, 서쪽으로는 1만 3천여 보, 남쪽으로는 1만 5천여 보, 북쪽으로는 8천여 보이며, 촌락터 일곱 곳이 있고, 혹 돌부처·무쇠종·돌탑이 있으며, 시호(柴胡)·고본(藁本)·석남초(石南草)가 많이 납니다" 하였다. 후에 최충헌(崔忠獻)이 헌의(獻議)하여 무릉도는 토지가 비옥하고 진기한 나무와 해산물이 많이 난다고 하여, 사신을 보내어 가서 보게 하니, 집터에 깨어진 주춧돌이 완연한데 어느 시대 사람이 살던 것인지 몰랐다. 이에 동쪽 고을 백성들을 옮겨다가 채웠다. 사신이 돌아오면서 진기한 나무와 해산물을 많이 가져다 헌납하였다. 그 후 자주 풍파로 인하여 배가 엎어지고 사람이 많이 상하니 그만 거기서 살던 백성들을 돌아오게 하였다. 본조 태종 때에, 유리하는 백성이 그 섬으로 도망한 자가 매우 많다는 말을 듣고, 다시 삼척(三陟) 사람 김인우(金麟雨)를 안무사(按撫使)에 임명하여 사람들을 데려오게 하고 그 땅을 비워두었다. 김인우의 말이, "토지가 비옥하고 대나무의 크기가 다릿목 같으며, 쥐는 크기가 고양이와 같고 복사의 크기는 됫박 만한데, 모든 물건이 다 이렇습니다" 하였다. 세종 20년에 울진현 사람 만호(萬戶) 남호(南顥)를 보내서 수백 사람을 데리고 가서 도망해 가 있는 백성들을 수색하여 김환(金丸) 등 70여 명을 잡아 돌아오니 그곳 땅이 비게 되었다. 성종 2년, 따로 삼봉도(三峯島)가 있다고 알리는 자가 있어 박종원(朴宗元)을 보내어 가서 찾아보게 하였는데, 풍랑으로 인하여 배를 대지 못하고 돌아왔다. 같이 갔던 배 한 척이 울릉도에 정박하였다가 큰 대나무와 큰 복어만 가지고 돌아와서 아뢰기를, "섬 중에 사는 사람이 없습니다." 하였다.

芝峰類說云鬱陵島一名武陵一名羽陵在東海中与蔚珍縣相對島中有大山地方百里風便二日可到新羅智證王時號于山國降新羅納土貢高麗太祖時島人獻方物我太宗朝遣按撫使刷出流民空其地地沃饒竹大如杠鼠大如猫桃核大於升云壬辰變後人有往見者亦被倭焚掠無復人烟近聞倭奴占據礒竹島或謂礒竹卽鬱陵島也

『지봉유설』에서 말하기를, 울릉도의 다른 이름을 무릉 또는 우릉이라고 한다. 동해 가운데에 있어서 울진현과 마주 바라본다. 섬 안에 큰 산이 있으며, 지방의 크기는 백 리 정도이며 바람결이 좋으면 이틀이면 도착할 수 있다. 신라 지증왕 때 우산국이라 이름하고, 신라를 높이 받들어 토산물[土貢]을 바쳤다. 고려 태조 때는 섬사람이 그 지방의 특산물을 바쳤고, 아조(我朝) 태종 때는 안무사를 파견하여 흘러들어간 백성들을 모두 데리고 나오고 그 땅을 비워버렸다. 땅이 비옥하며 대나무 크기는 외나무다리만하고, 쥐는 크기가 고양이만하며, 복숭아씨는 되보다 더 크다고 한다. 임진왜란이 끝난 뒤에 가 본 사람이 있었는데, 그곳도 역시 왜병이 불을 지르고 약탈하는 일을 당하여 다시는 사는 사람이 없었다고 한다. 근래에 "왜놈들이 의죽도(礒竹島)를 점거하였다"고 들었다. 어떤 이는 의죽도라고 말하는데 즉 울릉도인 것이다.

元祿八乙亥年十二月十一日平田直右衛門召寄、直ニ申置候、竹嶋之儀付、刑部大輔殿存寄我等江內談被申聞候ニ付、各江茂物語申候、依之我等存寄申達候、竹嶋以前者朝鮮之內と相聞へ候得共、八十年以來者日本より渡り來候故、此方江屬し候樣罷成候間、此段如何樣共わけがたく候、只今迄日本より數年渡り來事ニ候間、日本より弥可相渡候間、朝鮮よりも罷渡候ハヽ其通ニと何となく被申越急度無之樣候而可然存候、然者輪番之僧別而罷下ニと及申間鋪候、此旨了簡候而可被申越候、其上表立何茂江も懸相談若達(闕字)上聞候事ニ茂候ハヽ、言上候而可申渡候、且又朝鮮屋鋪ニ被差置候、彼人惣人數等茂書付被差越候樣ニと申遣候

겐로쿠 8년(1695) 을해년 12월 11일 히라타 나오에몬을 불러 직접 이야기했습니다. 죽도 문제는 형부대보님의 생각을 우리들에게 은밀히 말씀하셨는데, [제가] 모두에게도 이야기하였습니다. 이에 따라 우리의 생각을 이야기합니다. 죽도가 이전에는 조선의 땅이라고 들었지만, 80년 이래 일본에서 건너갔기 때문에 이쪽에 속하는 것이 되었고, 이 점은 아무래도 구분하기 어렵습니다. 지금까지 일본에서 여러 해 동안 왕래했으므로 일본에서 더욱 건너갈 것이고, 조선에서도 건너오면 그대로 두라고 아무렇지 않게 말씀하시는 일은 절대로 없도록 해야 한다고 생각하는 것이 당연합니다. 그러면 윤번승을 별도로 내려 보내지 않아도 됩니다. 이 뜻을 이해하시고 말씀하셔야 합니다. 그리고 나서 공개적으로 어떤 분과도 상담을 하고, 만약 들어주신다면 말씀드리고 대답을 하고 싶습니다. 그리고 조선 왜관[朝鮮屋鋪]에 파견된 총 인원수 등도 파악하여 문서로 제출하라고 하셔서 그 뜻을 전달했습니다.

同年十二月十五日、宗刑部大輔より平田直右衛門を以被申聞候口上之覺

一 竹嶋を日本人唯今迄之通致渡海、朝鮮人も勝手次第ニ罷渡候而者、兎角双方之者入交争論絶申間敷候、殊ニハ御法度之商賣等いたし災をも仕出可申哉と、此段如何鋪奉存候事

一 去々年、同氏對馬守方より書翰を以申渡候書面ニ重而竹嶋江朝鮮人不罷越様ニ可申渡之旨蒙仰候由、書載仕置候故、今更書面之振を替候而者、被仰付茂輕々敷相聞候段、大切ニ奉存候、其上竹嶋江彼方よりも致渡海、漁仕候様ニ申遣候而者、先年朝鮮人捕候儀、日本人之卒忽之様ニ罷成候段如何鋪奉存候事

一 先頃書付を以申上候通、對馬守方より申遣候趣、私方より以書翰申渡之使者口上ニ茂書面之通(闕字)上之思召ニ候段委細申達、彼方直ニ承居候者、若事濟申儀茂可有御座哉、其上ニ茂不埒ニ御坐候ハヽ、竹嶋江番人等被差置候者朝鮮人重而渡海仕間鋪与奉存候事

一 右之通にても相濟不申事六ケ鋪、大切ニも可罷成様子ニ候者、竹嶋を御捨被成、双方より渡海不仕候様ニハ如何可有御座候哉、乍然異國之儀ニ候故、此方ニ而了簡仕候通ニ相濟可申候哉、難斗奉存候得共、六ケ鋪無之事濟候様ニとの御事ニ御坐候故、存寄之通申上候、以上

十二月十五日　　　　　　　　宗刑部大輔

같은 해 12월 15일, 소 형부대보가 히라타 나오에몬에게 물어보신 구상각서

一. 죽도에 일본인이 지금까지와 마찬가지로 도해하고, 조선인도 마음대로 건너오면, 어찌됐든 양국 사람들이 뒤섞여서 분쟁이 그치지 않을 것입니다. 특히 법으로 금지한 거래 등을 해서 화근이 일어나기도 할 텐데 이 점을 어떻게 생각하시는지요.

一. 재작년에 현 쓰시마노카미님이 서한으로 말씀하신 서면에 거듭 죽도에 조선인이 건너오지 않도록 말해야 한다는 취지는 지시를 받았다고 써 두었으니, 이제 와서 서면의 내용을 바꾸면 지시하신 것도 가볍게 들리므로 매우 중요하다고 생각합니다. 더군다나 저쪽에서도 죽도에 건너와서 고기를 잡도록 이야기해서 지난해에 조선인을 잡아 둔 것은 일본인이 경솔했던 것처럼 되는데, 이 점은 어떻게 생각하시는지요.

一. 일전에 문서로 말씀드린 대로 쓰시마노카미님이 보내신 취지를 제가 서한으로 말씀드리고, 사자의 구두로도 서면대로 윗분의 의향을 자세히 전할 것입니다. 저쪽에서 바로 승낙하면 혹시 일이 끝날 수도 있지 않을까요? 그 후에라도 도리에 어긋나면 죽도에 감시인 등을 배치하면 조선인이 다시는 건너오지 못할 것이라고 생각합니다.

一. 위와 같이 해도 끝나지 않고 일이 크고 어려워진다면 죽도를 버리시고 양국에서 도해하지 않도록 하면 어떨까요? 하지만 다른 나라의 일이므로 이쪽에서 생각하는 대로 끝날 것이라 예측하기는 힘들지만, 어렵지 않게 끝나야 하는 일이므로 생각하는 대로 말씀드립니다.

이상.

12월 15일　　　　　　　　소 형부대보

口上覺

竹嶋之儀、以前者朝鮮國之内と相聞へ候得共、八十年以來日本より致渡海、漁仕

來候故、此段如何様との御分難被成候間、只今迄之通ニ日本より致渡海漁仕候様ニ可被成候間、彼國より茂罷渡り候ハヽ、勝手次第と書簡を以申遣候而者如何可有御坐候哉、私存寄之趣可申上由、委細被仰聞奉得其意候、依之、乍憚存寄之趣別紙書付差上候、右之內不宣所御座候ハヽ、被差除可然樣御差圖被成可被下候奉願候、以上

十二月十五日

구상각서

죽도는 이전에는 조선국의 땅이라고 들었지만, 80년 전부터 일본에서 도해하여 고기잡이를 해 왔기 때문에, 이 점은 어떻게 해도 구분하기 어려우니 지금까지와 마찬가지로 일본에서 도해하여 고기잡이를 하도록 하셨으니 저 나라에서도 건너오겠다면 마음대로 하라고 서신으로 전하면 어떨까요? 제가 생각하는 바를 이야기하라고 자세히 지시하셨으므로, 외람되지만 생각하는 취지를 별지에 적어 올립니다. 이 중에 적절하지 않은 부분이 있다면 삭제하도록 지시를 내려주시기 바랍니다. 이상.

12월 15일

此方より挨拶之覺

書付之趣懸披見候、日本人朝鮮江入交候段不可然候、兎角、八十年以前之通、朝鮮人不罷嶋候様被申越可然与存候、公儀より被仰付候と申事無之候而者、去々年對馬守方より被申越候書面之振も違候而、如何之由、尤存候得共、少ニ振違候共、急度無之様ニ被申越可然候、右之通候得者(闕字) 上之思召ニ候となとハ御無用候、又竹嶋江番人等被差置候儀ハ、遠方之小嶋故不罷成事候、其上少々番人等指置、朝鮮より大勢罷渡、此方より渡海茂不自由之場ニ而候得者、首尾茂如何候間、此段以之外、宜ケ間鋪与存候、彼嶋御捨被成候而者、彼方江返し被遣候茂同前

ニ候故是以不宜候、今一應了簡候而、書付可被差越旨申遣

이쪽에서 보낸 답례 각서

문서의 취지 잘 보았습니다. 일본인과 조선인이 뒤섞이는 것은 안 됩니다. 어쨌든 80년 이전과 마찬가지로 조선인이 건너오지 못하도록 이야기하는 것이 당연하다고 생각합니다. 막부[公儀]에서 지시하셨다고 하지 않으면 재작년 쓰시마노카미님이 전하신 서면의 내용도 다른데 어떨까라고 하는 것도 당연하다고 생각합니다. 그러나 내용이 약간 다르더라도 반드시 전해야 하는 것이 당연합니다. 위와 같다면 윗분의 의향이라는 것도 소용이 없습니다. 또한 죽도에 감시인 등을 배치하는 것은 멀리 있는 작은 섬이기 때문에 불가능한 일입니다. 게다가 약간의 감시인을 두었는데, 조선에서 많은 사람을 보내 우리가 도해하는 것도 자유롭지 못하게 되면 상황이 나빠질 것이므로 이것은 참으로 좋지 않다고 생각합니다. 그 섬을 포기하신다면 저쪽에 돌려주는 것이나 마찬가지이므로 이것 역시 좋지 않습니다. 지금 일단 생각해서 문서를 보내라는 취지를 전합니다.

一 同年十二月二十日、先日書付之儀、刑部大輔了簡茂被致候ハヽ、承度由申遣候處、早速直右衛門參申候と先頃存寄書付差出候處、御返答ニ被仰聞候旨致承知、朝鮮國江申遣候和文二通相認懸御目候、兩通之內御了簡次第可申遣候、扨又直右衛門口上書之趣書付差出候

一. 같은 해 12월 20일, 지난 번 문서는 형부대보님도 이해하시면 승낙하겠다고 전했는데, 즉시 나오에몬이 가서 말씀드리자 지난 번 의견을 적어 문서를 제출했습니다. 답서에서 말씀하신 취지는 잘 알았습니다. 조선국에 보내는 일본어 서신 2통을 작성해서 보여드립니다. 두 통 중 승낙하시는 대로 보내드리겠습니다. 그리고 나오에몬의 구상서의 취지를 문서로 만들어서 제출합니다.

覺

竹嶋之儀、万一事むすほをれ以後大切ニ罷成候而、両國之通用無之候共、兎角竹嶋を朝鮮人江被遣間鋪く哉、又者御用にも立不申嶋、其上両國之交もはなれ候へハ、其趣ニ随候而御相談も可被遊儀候哉、両條之趣なと各様思召之通承置度奉存候、其品に應し書翰等、其外挨拶仕候心得ニ罷成候儀候故、御内意ひそかに奉伺候、以上

十二月廿日

각서

죽도 건은 만약에 일이 잘 풀리지 않아 이후 사태가 커져서 양국의 통교가 없어진다 해도 어쨌든 죽도를 조선인에게 돌려주면 안 된다는 것인지요? 아니면 쓸모도 없는 섬이고, 더군다나 양국의 교제도 끊어지면 그 상황에 따라 상담을 하실 의향이신지요? 두 가지 견해에 대하여 모든 분들의 의향을 듣고 싶습니다. 그 품계에 따라 서간 등과 그밖에 인사를 하도록 이해했으므로 의중을 은밀히 여쭈어봅니다. 이상.

12월 20일

口上覺

一 先頃私存寄之趣申上候處、御内意被仰聞、具致承知忝奉存候、依之朝鮮國江申渡候書翰和文貳通相認掛御目候、御覽被成、弥御差圖奉願候、先頃懸御目候存寄之書付之通ニ仕候共、相濟可申儀と不定ニ存候得共、差當存寄茂無御坐候故、書付差上申候、今度懸御目候和文之通申遣候とも相濟可申儀難斗存候得共、御差圖次第申遣樣子重而可申上候、此度も大形朝鮮江差置候返答可仕かと存候、右之通御坐候共、取次差上可申哉如何挨拶可仕哉、此段御内意被仰聞可被下候

一 朝鮮者文國之儀候故、書面之認様ニより、彼國ニも能承居可申と奉存候間、先日茂如申上候輪番之僧之内巧者之人壹人臨時ニ被仰付被下候へかしと奉存候、已上

十二月廿日　　　　　　　　宗刑部大輔

구상각서

一. 지난번에 제가 생각하는 취지를 말씀드렸는데, 그 의중을 들려주셔서 상세히 잘 알았습니다. 이에 따라 조선국에 보내는 일본어로 쓴 서간 두 통을 작성하여 보여드립니다. 읽어보시고 확실하게 지시를 해 주시기 바랍니다. 지난번에 보신 생각을 적었던 문서대로 해도 끝날 것이라고 단정할 수는 없지만, 당장 생각도 없기 때문에 문서를 올립니다. 이번에 보신 일본어 서간대로 전해도 끝날 것이라고 생각하기는 어렵지만, 지시하신 대로 전하고 다시 말씀드리겠습니다. 이번에도 대체로 조선에 둔 답서의 취지대로 답변할 것으로 생각됩니다. 사정이 이러한데 전해야 할까요, 어떤 인사를 해야 할까요, 이 문제에 대한 의중을 말씀해 주시기 바랍니다.

一. 조선은 문치(文治)의 나라이므로 서면에 쓴 내용에 따라 그 나라에서도 잘 납득할 수 있다고 생각되니 저번에 말씀드린 것처럼 윤번승 중에서 뛰어난 자 한 명을 임시로 지시해 주셔야 하지 않을까 생각합니다. 이상.

12월 20일　　　　　　　　소 형부대보

和文之按詞　和文案詞両通有之候得共、繁多故一通載之

本邦竹嶋江貴國之漁民罷渡、漁採仕候故、其趣同氏對馬守方より委申達、送還等御返答不承候内同氏相果候、然處我等儀當分役義可相勤候旨蒙(闕字)仰候故、此段重而申渡候、日本人毎年致渡海候得共、終、貴國之者罷渡候儀見及不申候處、近年度々罷渡如何鋪存候間、弥以前之通ニ被仰付可然存候、委細使者口上ニ申含候、不宣

月　日

일본어 서신

일본어로 작성한 편지는 2통이 있지만, 번잡하므로 1통만 기재한다.

우리나라의 죽도에 귀국의 어민이 건너와 고기잡이를 하므로, 그 취지를 쓰시마노카미님이 자세히 말하고 돌려보냈는데, 답서를 받지 못한 상태에서 쓰시마노카미님이 사망했습니다. 그래서 우리가 당분간 이 일을 맡도록 지시를 받았으므로 이 사실을 다시 전합니다. 일본인이 매년 도해했지만, 끝내 귀국인이 건너오는 것을 보지 못했는데, 근년에 자주 건너오는 것은 어찌 된 일인지요? 이전처럼 [건너오지 않도록] 확실히 지시를 하셔야 합니다. 자세한 내용은 사자가 구두로 전할 것입니다. 이만 줄이겠습니다.

월 일

朝鮮和館ニ差置候人數之覺

屋鋪中之者支配仕候役	物頭　館守役壹人
兩國之間ニ用事承彼國役人と申談候役	裁判役壹人
	馬廻八人程
	中小性拾壹人程
	步行士貳拾五人程
	醫師貳人
臨濟之禪宗對州出家	書役之僧貳人
	通詞拾人
	役目手代四人
	足輕三拾人
	小人貳拾人
	細工人五人
	大工四人
	水主百拾人程

對州之商人	町人貳拾人程
合上下六百四拾八人程	

조선 화관(和館)[16]에 파견한 인원수에 관한 각서

왜관의 쓰시마인들을 관리하는 역할	우두머리[物頭] 관수역(館守役) 1인
양국 사이의 업무를 받들어 조선 관리와 논의하는 역할	사이한역[裁判役] 1인
	우마마와리[馬廻][17] 8명 정도
	주고쇼[中小性][18] 11명 정도
	가치[步行士][19] 25명 정도
	의사 1명
임제(臨濟) 선종(禪宗) 쓰시마 승려	서역승(書役僧)[20] 1명
	통사(通詞) 10명
	야쿠메 데다이[役目手代] 4명
	아시가루[足輕] 30명
	고비토[小人][21] 20명
	기술자[細工人] 5명
	목수[大工] 4명
	뱃사람[水主] 110명 정도
쓰시마 상인	조닌[町人][22] 20명 정도
합계 상하 648명 정도	

16) 화관(和館) : 왜관(倭館)을 의미한다. 일본 기록에는 '倭'자를 피하여 '和'자로 기록한 것이 많다.

17) 우마마와리[馬廻] : 주군(主君)의 말 주변에서 경호를 담당하는 기마(騎馬) 무사.

18) 주고쇼[中小性] : '中小姓'으로 쓰기도 한다. 번(藩)의 직명(職名) 중 하나. 주군이 외출할 때 모시는 역할을 담당하고, 명절 때 상차림, 술시중 등을 담당했다.

19) 가치[步行士] : 걸어 다니면서 주군을 시중드는 하급 무사. '徒', '步行'으로도 쓴다.

20) 서역승(書役僧) : 각종 사항을 기록하거나 문서·장부 등의 작성·보관을 담당하는 승려.

21) 고비토[小人] : 잡역에 종사하던 하인.

22) 조닌[町人] : 에도시대 도시에 거주하고 있던 직인(職人), 상인(商人)을 총칭.

同年十二月廿四日松平伯耆守家來召寄、伯州より竹嶋江漁民相越年來漁採仕候由相聞へ候付、書付を以尋候覺

一 因州伯州江附候竹嶋者、いつの頃より兩國江附屬候哉、先祖領地被下候以前より之儀候哉、但其以後より之儀候哉之事

一 竹嶋者大方何程はかりの嶋候哉、人居無之候哉之事

一 竹嶋者漁採ニ人参候儀何頃より相越候哉、年々参候哉、又者折節参候哉、如何様之獵仕候哉、舟數も多参候哉之事

一 三四年以前朝鮮人参致獵候、其砌、人質ニ兩人被捕候、其以前も折々ハ参候哉、終不参右之節兩年打續参候哉之事

一 一兩年者不相越候哉之事

一 先年参候時分と船數何程斗人も何程参候哉之事

一 竹嶋之外兩國江附屬之嶋有之候哉、是又漁採ニ兩國之者参候哉之事

右之通承度候書付可被差越候、以上

같은 해 12월 24일 마쓰다이라 호키노카미의 가신을 불러, 하쿠슈에서 죽도로 어민이 건너가 수년 전부터 고기를 잡는다고 들었다면서 문서로 질의하신 각서

一. 인슈[因州] 하쿠슈[伯州]에 부속된 죽도는 언제부터 양국에 부속되었는지, 조상들이 영지(領地)를 받기 이전부터의 일인지, 아니면 그 후부터의 일인지 하는 점.

一. 죽도는 대략 어느 정도의 섬인지, 사람이 살고 있는지 아닌지 하는 점.

一. 언제부터 죽도에 사람들이 고기를 잡으러 왔는가, 매년 왔는가, 또는 가끔씩 왔는가, 무엇을 잡았는지, 선박 수는 많았는지 하는 점.

一. 3~4년 전에 조선인이 와서 고기를 잡았는데, 그때 인질로 두 명을 붙잡았습니다. 그 이전에도 가끔씩 왔는지, 전혀 오지 않았고 그때 두 해만 계속해서 왔는지 하는 점.

一. 1~2년은 오지 않았는지 하는 점.

一. 지난해에 온 시기와 선박 수, 어느 정도의 인원이 얼마나 왔는지 하는 점.

一. 죽도 외에 양국에 부속된 섬이 있는지, 있다면 이곳에도 고기를 잡으러 양국인이 왔는지 하는 점.

위와 같이 알고 싶어서 문서를 보냅니다. 이상.

右之返答

松平伯耆守

一 竹嶋者因幡伯耆附屬ニ而者無御座候、伯耆國米子町人大屋九右衛門、村川市兵衛と申者渡海漁採仕候儀、松平新太郎領國之節御奉書を以被(闕字) 仰付候旨承候、其以前渡海仕候儀も有之候様承候得共、其領相知不申候事

一 竹嶋廻凡八九里程有之由人居無之候事

一 竹嶋江漁採参候節者、二月三月頃米子出船毎年罷越候、於彼地鮑みちの魚獵仕候、船大小貳艘参候事

一 四年以前申年、朝鮮人彼嶋江参居候節、船頭共参逢候儀、其節御居申上候、翌酉年も朝鮮人参居申内、船頭共参逢、朝鮮人貳人連候而米子江罷帰、其段茂御居申上長崎江相送申候、戌年者逢難風、彼嶋着岸不仕段御居申上候、當年茂渡海仕候處、異國人數多見へ申候間、着岸不仕罷帰候節、松嶋にて鮑少々取申候、右之段御居申上候事

一 申年朝鮮人参候節、船拾一艘之内六艘逢難風、殘五艘者彼嶋ニ留り、人數五十三人居申候、酉年者船三艘、人四拾貳人参居申候、當年者船數餘多、人も多相見へ申候、着岸不仕候付分明ニ無御坐候事

一 竹嶋松嶋其外兩國江附屬之嶋無御坐候事

十二月廿五日

위의 질문에 대한 회답

마쓰다이라 호키노카미

一. 죽도는 이나바와 호키에 부속되지 않았습니다. 호키노쿠니 요나고의 조닌 오야 규에몬, 무라카와 이치베라는 자가 도해하여 고기를 잡았는데, 마쓰다이라 신타로의 영국(領國)이던 시절에 봉서로 말씀하신 취지를 들었습니다. 그 이전에 도해한 적도 있다고 들었지만, 누구의 영지인지는 알지 못합니다.

一. 죽도의 둘레는 대략 8~9리 정도라고 하며, 사람은 살지 않습니다.

一. 죽도에 고기를 잡으러 가는 때는 2~3월경, 요나고에서 출선하여 매년 건너갑니다. 그곳에서 전복과 강치를 잡습니다. 선박은 대소 2척이 갑니다.

一. 4년 전 임신년(1692)에 조선인이 그 섬에 왔을 때 선원들이 마주쳤고 그때 보고하였습니다. 이듬해 계유년(1693)에도 조선인이 와 있었는데, 선원들이 마주쳐서 조선인 2명을 데리고 요나고로 돌아왔고 그 사실도 보고 드리고 나가사키로 보냈습니다. 갑술년(1694)에는 험한 바람을 만나 그 섬에 상륙하지 않은 사실을 보고 드렸습니다. 올해에도 도해했는데, 이국인이 많이 보여서 상륙하지 않고 돌아왔는데, 그때 송도(松嶋)에서 전복을 약간 잡았습니다. 위의 사실을 보고 드립니다.

一. 임신년에 조선인이 왔을 때 선박 11척 중 6척은 난풍을 만났고, 나머지 5척은 그 섬에 남았는데 인원 53명이 있었습니다. 계유년에는 선박 3척, 인원 42명이 있었습니다. 올해는 선박도 많고 사람도 많이 보였습니다. 착안하지 않았고, 분명히 없었습니다.

一. 죽도와 송도 그 외 양국에 부속한 섬은 없습니다.

12월 25일

當年ハ船數餘多朝鮮人大勢彼嶋江渡海仕候段、國元より申越ニ付、其節之御用番土屋相模守殿江書付差出候寫

松平伯耆守

一 伯耆國米子町人大屋九右衛門、村川市兵衛、船頭竹嶋江蚫取ニ差遣、當三月六日

米子出船仕、竹嶋江罷越候處、今年茂彼嶋所々ニ異國舟數多在之、異國人大勢居申候付、蚫取候儀難成候故、着船不仕候、船路ニ松嶋と申小嶋相見、立寄蚫少々取候而歸帆仕候由、船頭申旨國元より申越候、右之段爲可申上如此御座候、以上

八月十二日

금년은 선박수도 많았고 조선인 다수가 그 섬에 도해하였는데, 쓰시마[國元]에서 지시하여 그 당시의 고요반[御用番][23] 쓰치야 사가미노카미님에게 제출한 문서의 사본

마쓰다이라 호키노카미

一. 호키노쿠니 요나고의 조닌 오야 규에몬, 무라카와 이치베, 선원들이 죽도에 전복을 잡으러 갔습니다. 3월 6일 요나고를 출발하여 죽도로 건너갔는데, 금년에도 그 섬 곳곳에 많은 이국선이 있었고, 다수의 이국인들이 와 있었습니다. 전복을 잡기가 어려워서 상륙하지 못했습니다. 뱃길에 송도라는 작은 섬이 보여 다가가서 약간의 전복을 채취하고 돌아왔다고 합니다. 선원들이 진술한 취지를 본국에서 전했습니다. 이 사실을 보고합니다. 이상.

8월 12일

伯耆守江段々相尋候付、又々書付差出候覺

一 竹嶋之外松嶋与申嶋、因幡國伯耆國江附屬之嶋ニ候哉之事

右松嶋兩國江附屬ニ而ハ無御座候、竹嶋江渡海之筋ニ在之嶋ニ而御座候

一 竹嶋江因幡國伯耆國より道程何程有之候哉之事

因幡國より竹嶋江渡海ハ不仕候、伯耆國より船路百六拾里程有之候

一 竹嶋より朝鮮國江道程何程有之候哉之事

23) 고요반[御用番] : 막부의 관직 중 하나. 1개월씩 돌아가며 근무하는 관리.

海上道程難知候、凡四十里余茂可有御座哉与船頭共申候
十二月廿五日　　　　　　　　松平伯耆守

호키노카미에게 여러 가지를 질문하셨는데, 다시 제출한 문서의 각서

一. 죽도 외에 송도라는 섬이 이나바노쿠니, 호키노쿠니에 부속하는 섬인지의 문제
송도는 양국에 부속하지 않습니다. 죽도로 도해하는 길목에 있는 섬입니다.
一. 이나바노쿠니, 호키노쿠니에서 죽도까지 거리는 얼마나 되는지에 대하여
이나바노쿠니에서 죽도로 도해하지는 않습니다. 호키노쿠니에서 뱃길로 160리 정도 됩니다.
一. 죽도에서 조선국까지의 거리는 얼마나 되는지에 대하여
해상의 뱃길은 알 수 없습니다. 대략 40여 리쯤 된다고 선원들이 말했습니다.
12월 25일　　　　　　　　마쓰다이라 호키노카미

先年松平新太郎方江伯耆國米子町人、竹嶋江渡海御免奉書之寫

從伯耆國米子、竹嶋江先年船相渡之由ニ候、然者如其今度致渡海度之段、米子町人村川市兵衛、大屋甚吉申上付而達(闕字) 上聞候處、不可有異儀之旨被(闕字) 仰出候間、被得其意渡海之儀可被(闕字) 仰付候、恐々謹言

五月十六日　　　　　　　　永井信濃守　在判
井上主斗頭　同
土井大炊頭　同
酒井雅樂頭　同

松平新太郎殿 人丶中

右御奉書被成下候、年暦ハ相知不申候由、伯耆守より申來候

몇 해 전 마쓰다이라 신타로님에게 호키노쿠니 요나고의 조닌이 제출한 죽도도해면허의 청원서 사본

호키노쿠니 요나고에서 죽도로 몇 년 전에 선박이 건너갔다고 합니다. 그리고 이번에도 그렇게 도해하고 싶다는 건에 관하여, 요나고의 조닌 무라카와 이치베와 오야 신키치가 신청을 올렸는데, 이의(異儀)가 없다는 뜻을 분부하셨으므로, 도해 건은 그 뜻에 따라 도해하도록 지시하셨습니다.

삼가 말씀드립니다.

5월 16일	나가이[永井] 시나노노카미[信濃守]	재판
	이노우에[井上] 가즈에노카미[主計頭][24]	동
	도이[土井] 오이노카미[大炊頭][25]	동
	사카이[酒井] 우타노카미[雅樂頭][26]	동

마쓰다이라 신타로님 가신께

이 봉서[御奉書]를 받았습니다. 연대는 모른다고 합니다. 호키노카미님이 보내셨습니다.

24) 가즈에노카미[主計頭] : 주계(主計, かずえ)의 책임자. 주계는 율령제(律令制)에서 조(調)·용(庸) 및 헌상물의 수량을 점검하고, 국비 지출 등을 담당하던 관청.

25) 오이노카미[大炊頭] : 대취료(大炊寮, おおいりょう)의 장관. 율령제에서 궁내성(宮内省)에 속하는 관청의 하나로, 제국의 쌀, 잡곡을 수납하여 각 관청에 분배하는 일을 관장함.

26) 우타노카미[雅樂頭] : 아악료(雅樂寮)의 장관. 아악(雅樂)·악인(樂人) 등에 관한 업무를 관장하고, 가무(歌舞)를 교습함.

竹嶋之儀ニ付、柳澤出羽守被申聞候覺

一 宗刑部書付幷松平伯耆書付、昨日出羽守江渡候處ニ被達(闕字) 御耳候處、今度之書付之旨ニ候へハ、又最前之旨共違候、異國江之事候間、年寄とも了簡可仕候
一 來二月刑部御暇ニ候間、其前各相談可申事
一 出羽守了簡ニ竹嶋之儀對馬方江返翰迄ニ而、追而、刑部方より土貢不申遣候而茂苦間鋪候哉、此段茂了簡可申由被申候事

亥 十二月廿六日

죽도 건에 관하여 야나기사와 데와노카미가 문의한 각서

一. 소 형부대보의 서신 및 마쓰다이라 호키노카미의 서신은 어제 데와노카미님에게 전하여 [쇼군께서도] 보셨습니다. 이번 서신의 내용은 이전의 내용과 다릅니다. 다른 나라와 관련되는 일이므로 도시요리[年寄]들도 이해하고 있어야 합니다.
一. 오는 2월에 형부대보님이 (쓰시마로) 귀국하시므로, 그 전에 모든 분들과 상의해야 합니다.
一. 데와노카미님의 의견으로 죽도 건에 대해서는 쓰시마에 답서만 있었기에, 나중에 형부대보님이 선물[土貢]은 보내지 않아도 상관없는지, 이 문제도 헤아려보아야 한다고 이야기하셨습니다.

을해년(1695) 12월 26일

元祿九年丙子正月九日、宗刑部大輔家老平田直右衛門召寄、段々口上ニ申置、且又、書付を以申渡之

겐로쿠 9년(1696) 병자 정월 9일, 소 형부대보의 가로 히라타 나오에몬을 불러 여러 가지를 구두로 말한 후 이를 다시 문서로 전했다.

口上覺

一 舊冬覺書を以被仰聞候旨、各江委細申達候

一 竹嶋之儀、松平伯耆守江相尋候處、竹嶋者因幡伯耆江附屬与申ニ而茂無之、米子町人両人願出、松平新太郎、因幡伯耆領知之時分伺有之而、竹嶋江米子町人相越、獵いたし來由ニ候、然者朝鮮國之嶋を日本江取候と申わけにも不相聞候、道程之儀承候得者、竹嶋より朝鮮江凡四拾里余程、伯耆江者百六拾里程在之由ニ候、朝鮮江者各別程近候故、朝鮮國之堺蔚陵島ニ而茂可有之哉与被存候、夫共ニ日本江取候慥成しるしも在之か、又日本人居住等仕候者、今更朝鮮江難遣事ニ候へ共、左様之儀茂前々弥於無之者、此方より竹嶋之儀構無之わけニ仕可然哉之事

一 對馬守殿より朝鮮江蔚陵嶋と書入候儀指除、返翰被越候様ニと被相達候處、返翰披見無之内對馬守殿死去候、依之、件之書翰朝鮮國ニ差置之旨ニ候、然者刑部殿より蔚陵嶋之儀重而被申越、不及被指置苦ヶ間敷哉之事

一 竹嶋、蔚陵嶋之儀ニ付、兎角一通り刑部殿より書通被致度被存候哉事

右御了簡候而無遠慮可被仰聞候、以上

正月九日

구상각서

一. 지난 겨울 각서로 말씀하신 취지는 여러분께 자세히 전달했습니다.

一. 죽도 문제에 관하여 마쓰다이라 호키노카미님에게 문의했는데, 죽도는 이나바와 호키에 속한 섬이라고 말하지 않았고, 요나고의 조닌 두 사람이 청원하여 이나바와 호키가 마쓰다이라 신타로의 영지(領知)였을 때 문의하고 요나고의 조닌이 죽도로 건너가서 고기잡이를 해 왔다고 합니다. 그런데 조선국의 섬을 일본이 취했다고 할 수 있는 근거도 듣지 못했습니다. 거리를 물었더니 죽도에서 조선은 대략 40리 정도, 호키까지는 160리 정도라고 합니다. 조선에서는 각별히 가깝기 때문에 조선국의 경계인 울릉도일지도 모른다고 생각합니다. 그리고 일본이 취했다는 확실한 증거가 있다든가, 또는 거주했다는 등은 이제 와서 조선에 말하기도 어렵지만, 그런 일도 이전에 전혀 없었습니다. 이쪽에서 죽도 문제에 대하여 관여하지 말아야 하는지?

一. 쓰시마노카미님이 울릉도라고 쓴 것을 삭제하고 조선에 답서를 보내도록 전했는데, 답서를 보지 못한 상태에서 쓰시마노카미님이 사망했습니다. 이에 따라 문제의 서한을 조선국에 두게 되었습니다. 그렇다면 형부대보님이 울릉도에 대하여 거듭 말할 필요 없이 그냥 두어도 상관없는 것이 아닌지?

一. 죽도와 울릉도 문제에 대하여 어찌됐든 대체로 형부대보님이 문서를 작성하여 보내고 싶다고 생각하시는지?

위와 같이 생각하시니 솔직하게 말씀해 주십시오. 이상.

정월 9일

右各申談、奥御右筆ニ書を候而遣之

이상 모든 분들이 상의하고 오쿠고유희쓰[奥御右筆][27]에게 문서를 작성하게 하여 이것을 보냄.

一 同年正月十二日宗刑部大輔より平田直右衛門を以被申聞候、最前申達候趣ニ付、書付を以被申越候

一. 같은 해 정월 12일 소 형부대보님이 히라타 나오에몬을 통해서 문의하셨습니다. 일전에 전달한 취지를 문서로 만들어 전합니다.

27) 오쿠고유희쓰[奥御右筆] : 우필(右筆, 祐筆)은 문서의 작성·기록을 담당하던 막부의 관직. 오쿠고유희쓰는 쇼군과 관련한 문서작성을 담당하는 관리.

口上覺

竹嶋之儀、因幡伯耆ニ附屬与申ニ而茂無之、伯耆より渡海仕漁採いたし候と申迄ニ而、朝鮮國江者道程茂近、伯耆よりハ程遠候故、彼國之內ニ而茂可有之哉、其上、日本江取候慥成印茂無之、日本人居住も不仕候上ハ、御構なきわけにも被成、苦ケ間敷哉之由御尤奉存候、左樣被(闕字) 仰付候者、彼國にも御誠信之別而忝可奉存候、乍然、先頃、同氏對馬方より以書翰、委申渡置たる事ニ候故、申捨にも難仕御座候、殊、此方之漁民渡海被差留候段、彼國江不申居候而者如何鋪奉存候、されとも、書翰ニ而申渡候而者、急度ケ間鋪罷成候間、私歸國之刻者必譯官差渡候條、其節口上ニ而申渡可然哉ニ奉存候、然者譯官江申渡候口上書別紙相認懸御目候、存寄之段御尋被成候故、任仰書付差上申候、以上

正月十二日

구상각서

죽도 건은 이나바와 호키에 속한다고 말할 수도 없고, 호키에서 바다를 건너가 고기를 잡은 것뿐입니다. 조선국에서는 거리가 가깝고 호키에서는 거리가 멀기 때문에 저 나라 안에 있는 것인지도 모릅니다. 게다가 일본이 취했다는 확실한 증거도 없고, 일본인이 거주하는 것도 아닌 이상 상관하지 않아도 지장이 없을 것이라고 하시니 지극히 당연하다고 생각합니다. 그렇게 말씀하신 것은 그 나라에서도 성신(誠信)으로 알고 특별히 고맙게 여길 것입니다. 그러나 지난번에 쓰시마 태수님이 서한으로 자세하게 지시해 둔 일이므로 그냥 두기도 어려운 일입니다. 특히 우리 어민의 도해를 금지시킨 것을 조선에 알리지 않는 것이 어떨지요? 하지만 서한으로 전하면 갑자기 서두르는 것처럼 될 테니까, 제가 귀국할 때는 틀림없이 역관을 파견할 것이므로 그때 구두로 전하는 것이 좋을 것으로 생각됩니다. 따라서 역관에게 전할 구상서를 별지에 적어서 보여드립니다. 생각하는 것을 문의하셨으므로 지시하신 대로 문서를 올립니다. 이상.

정월 12일

譯官江申渡候口上覺

先年同氏對馬守方より竹嶋之儀ニ付、以使者申達候處、其節取次之人使者江被申聞候趣、歸國之刻拙者江申聞候故、其趣、今度於江戸御老中迄御物語申上候得者、彼嶋之儀、元因幡伯耆江附屬と申ニ而茂無之、日本江取候と申事ニ而茂無之、空嶋ニ候故、伯耆之者罷渡漁採いたし候迄ニ候、然處、近年朝鮮人罷渡入交候故、以來殃を茂仕出し可申歟与之御事ニ付而、最前之通、對馬守方より申遣候得共、朝鮮江之道程茂近、伯耆よりハ程遠き由ニ候間、重而此方より漁民渡海不仕候樣に可被仰付との御事候間、御誠信之段忝可被存候、已上

直右衛門口上ニ申候者、今少、宜致樣可有之候へ共、異國江申遣事候故、存候儘ニ不承候、おもくれ候而ハ、思召共上達仕事、輕ク相濟候樣ニ思召候と推察仕候付、其趣受候而、存寄書付差上申候由、此方より相尋候者、此義ニ付、朝鮮より書翰ニ而茂可承哉、直右衛門申候者、今度結構ニ被(闕字) 仰付候間、御禮ニ書翰可承与奉存候、乍然、口上ニ而申渡候者、書翰不參事も可有之候、書翰差越可然与思召候者、此方より氣を付可申由申候

역관에게 전하는 구상각서

몇 해 전 쓰시마노카미님이 죽도 건에 대하여 사자를 통해 연락하셨는데, 그때 중개인이 사자에게 말한 취지를 귀국할 때 저에게 들려주었습니다. 그래서 그 취지를 이번에 에도에서 로주[老中]님에게 말씀드렸는데, 저 섬은 원래 이나바와 호키에 속한 섬이라고 할 수도 없고, 일본이 취했다고 할 수도 없는 빈 섬이기 때문에 호키 사람들이 건너가서 고기를 잡았을 뿐입니다. 그런데 최근에 조선인이 건너와 뒤섞여 지내므로 이후 문제가 발생할 수도 있습니다. 따라서 이전과 마찬가지로 쓰시마노카미님이 말씀하셨지만, 조선까지의 거리가 가깝고 호키에서는 거리가 멀다고 하니 다시는 우리 어민들이 건너가지 않도록 지시해야 한다고 하셨습니다. 따라서 성신에 대하여 감사해야 할 것입니다. 이상.

나오에몬이 구두로 말하기를, "이제 약간 편하게 처리할 방법도 있겠지만, 다른 나라로 보내는 것이기 때문에 뜻대로 되지 않습니다. 일이 복잡해지면 의향을 말씀드리는 것도 가볍게 끝내도록 생각하시는 것으로 추측되는데, 그 말씀을 듣고 생각하는 바를 써서 드립니다."라고 했습니다. 이쪽에서 묻기를, "이 문제에 관하여 조선에서 서한을 보낼까요?" 나오에몬이 대답하기를, "이번에 잘 지시하셨으므로 예를 갖춘 서한이 올 수도 있습니다. 하지만 구두로 전하면 서한이 오지 않을 수도 있습니다. 서한을 보내는 것이 좋겠다고 생각하는데, 이쪽에서 신경을 써서 말해야 할 것입니다."라고 했습니다.

返答

書付共被差越、今承知候、書翰之儀、何とぞ参候樣ニ与存候由申遣ス

一 同年正月廿日、宗刑部大輔江相尋候、先日譯官江被申越候口上案文之末ニ、朝鮮江程茂近、伯耆國より者程遠候由ニ候間、重而此方之漁民渡海不仕候樣ニ可被(闕字) 仰付との御事候間、御誠信之段忝可被存候旨被相認候、あなたよりハ御誠信之段忝旨御禮可有之儀候、此方より忝可被存与被申越候段、跡々茂此趣ニ被申越候哉、如何樣之時分左樣被申越候哉、承度存候、終不被申越候者、如何ニ茂可有之候哉、其共ニ不苦譯ニ候哉、承度由申遣ス。

답서

서신을 보내서 지금 받았습니다. [조선의] 서한은 반드시 와야 한다는 생각을 전합니다.

一. 같은 해 정월 20일, 소 형부대보에게 문의했습니다. 지난번 역관에게 보낸 구술 초안 끝에 조선은 거리가 가깝고 호키노쿠니에서는 거리도 멀기 때문에 거듭 이쪽의 어민이 도해하지 말도록 지시하셨습니다. 성신에 대하여 감사해야 한다는 뜻을 적었습니다. 당신은 성신에 대하여 감사한다는 취지의 인사가 있어야 할 것입니다. 이쪽에서 고맙게 여기라는 말을 전하는 것은 이후에도 이런 취지를 전할 것인지, 어떤 때 그런 말을 전하는 것인지 알고 싶습니다. 끝내 보내지 않으면 어떻게 되는 것인지, 아니면 상관없는 것인지, 의견을 듣고 싶어서 전합니다.

右之返答

覺　　　　　　　　　　宗刑部大輔

譯官江申渡候口上書之內、御誠信之段忝可被存候と認申候儀御尋被遊候、口上ニ而ハ前々もケ様之儀譯官江者申聞候事ニ御座候、信使之刻結構ニ御馳走被(闕字) 仰付候段、朝鮮國ニ茂忝可被存与申儀度々挨拶仕候、書翰ニ茂本邦本國なと丶申事缺字仕候儀多御座候、(闕字)上之儀なとハ謙退不仕、相認候例茂折々御座候、已上

위의 답서

각서　　　　　　　　　　소 형부대보

역관에게 보내는 구상서 속에 성신에 대하여 감사해야 한다고 적는 문제를 문의하셨습니다. 구술로는 이전에도 그와 같은 것을 역관에게 말한 적이 있습니다. 통신사가 올 때 잘 접대하도록 지시하신 것에 대해 조선국에서도 고맙게 생각한다고 때때로 인사했습니다. 서한에도 본방, 본국 등의 용어를 빼는 경우가 많이 있습니다. 윗분의 경우 등은 겸퇴(謙退)하지 않고 적는 예도 가끔은 있습니다. 이상.

一 同年正月廿三日、松平伯耆守留守居召寄相尋候處、段々書付を以伯耆守より被申聞候

一. 같은 해 정월 23일, 마쓰다이라 호키노카미님이 루스이를 불러 문의하셨는데, 호키노카미님이 문서로 일일이 말씀하셨습니다.

覺　　　　　　　　　　　　　　　　　松平伯耆守

一　伯耆國米子之町人大屋九右衛門、村川市兵衛船子共より外者、領國之者竹嶋江渡海仕候儀成不申候、尤他領之者渡海之儀猶以成不申候、大屋九右衛門、村川市兵衛儀者先年より竹嶋渡海之儀(闕字)　御免被遊罷越ニ付、外より參候儀者決而無御座候、右之船子共竹嶋江獵ニ罷越候節、出雲國隱岐國獵師共雇候而、米子之船子同船ニ而罷越候、人數者年々相違御座候、出雲國よりハ不參儀旨御座候、大形ハ出雲國より二三人、隱岐國より八九人程茂雇候而罷越候由ニ御座候

一　松嶋ハ何連之國江付候嶋ニ而茂無御座候由承候

一　松嶋江獵ニ參候儀、竹嶋江渡海之節道筋にて御座候故、立寄獵仕候、他領より獵ニ參候儀ハ不承候、尤出雲國、隱岐國之者ハ、米子之者共と同船ニ而參候

一　伯耆國米子より出雲國雲津迄道程拾里程

一　出雲國雲津より隱岐國燒火山迄、道程貳拾三里程

一　隱岐國燒火山より同國福浦迄七里程

一　福浦より松嶋江八拾里程

一　松嶋より竹嶋江四拾里程

一　松嶋江伯耆國より海路百貳拾里程

一　松嶋より朝鮮國江者八九拾里程茂御座候様ニ承及候、已上

正月廿三日

각서　　　　　　　　　　　　　　　　마쓰다이라 호키노카미

一. 호키노쿠니 요나고의 조닌 오야 규에몬과 무라카와 이치베의 어부들 이외의 사람들, 영국 사람들이 도해한 일은 없습니다. 더욱이 다른 지역의 사람들이 도해한 일도 역시 없습니다. 오야 규에몬과 무라카와 이치베는 몇 년 전부터 죽도 도해 면허를 받고 건너갔는데, 다른 지역에서 도해한 자는 결코 없습니다. 이 사람들이 고기를 잡으러 죽도에 갈 때, 이즈모노쿠니[出雲國]와 오키노쿠니[隱岐國]의 사냥꾼들을 고용하여 요나고의 어부들과 같은 배로 건너갔습니다. 인원수는 매년 다릅니다. 이즈모노쿠니에서는 가지 않았다고 합니다. 대체로 이즈모노쿠니에서 2~3명, 오키노쿠니에서 8~9명 정도를 고용하여 건너갔다고 합니다.

一. 송도는 어느 나라에도 속하지 않은 섬이라고 합니다.

一. 송도에서 사냥을 하는 것은 죽도로 도해하는 길목이기 때문에, 들러서 사냥을 합니다. 다른 지역에서 사냥을 하러 가는 일은 듣지 못했습니다. 더욱이 이즈모노쿠니와 오키노쿠니 사람은 요나고 사람들과 함께 같은 배를 타고 갑니다.

一. 호키노쿠니 요나고에서 이즈모노쿠니 구모즈[雲津]까지의 거리는 10리 정도

一. 이즈모노쿠니 구모즈에서 오키노쿠니 다쿠히야마[燒火山]까지 거리는 23리 정도

一. 오키노쿠니 다쿠히야마에서 후쿠우라[福浦]까지 7리 정도

一. 후쿠우라에서 송도까지 80리 정도

一. 송도에서 죽도까지 40리 정도

一. 호키노쿠니에서 송도까지 뱃길로 120리 정도

一. 송도에서 조선국까지는 8~90리 정도라고 들었습니다. 이상.

정월 23일

一 同年正月廿六日、松平出羽守留守居召寄相尋候趣、書付を以、返答申來

一. 같은 해 정월 26일, 마쓰다이라 데와노카미님이 루스이를 불러서 문의한 취지를 문서로 적은 답서가 왔다.

口上覺

松平出羽守

一 雲州隱州之者爲自分働、礒竹江致渡海候之儀不及承候、乍然隱州近年之樣子不存候

一 伯州米子町人村川市兵衛、大屋九右衛門雲州雲津浦より直ニ礒竹江者不致渡海、隱岐國迄乘船、彼地より礒竹江渡海仕候由承候

一 竹嶋之儀雲州ニ而者礒竹と申候事
一 雲州、隱州より礒竹江海路難所ニ而候故、右兩國之者米子之者ニ同船仕参候儀望不申候得共、市兵衛、九右衛門船子共年々雇申候付罷越候事
一 右之通候故、自分として礒竹江渡海之義決而無之候、乍然隱州之儀者近年御代官所ニ成候故、委細不存候事
一 委細之儀御尋被遊候者、國元江申遣吟味可仕候、已上

正月廿六日 松平出羽守

구상각서

마쓰다이라 데와노카미

一. 운슈[雲州],[28] 온슈[隱州][29] 사람들이 자신의 돈벌이를 목적으로 이소타케[礒竹]에 도해한다는 이야기는 듣지 못했습니다. 하지만 온슈의 최근 사정은 알지 못합니다.

一. 하쿠슈[伯州][30] 요나고의 조닌 무라카와 이치베와 오야 규에몬은 운슈 구모즈우라[雲津浦]에서 직접 이소타케로 건너가지는 않고, 오키노쿠니까지 배를 타고 간 다음에 다른 지역에서 이소타케로 도해한다고 들었습니다.

一. 죽도를 운슈에서는 이소타케라고 부릅니다.

一. 운슈와 온슈에서 이소타케로 가는 뱃길은 험하기 때문에, 두 나라 사람들은 요나고 사람들과 함께 배 타는 것을 원하지 않지만, 이치베와 규에몬의 선원들은 매년 고용해서 건너갑니다.

一. 사정이 위와 같으므로, 자신이 스스로 이소타케로 건너가는 일은 결코 없습니다. 하지만 온슈에 관한 문제는 최근 대관소(代官所)의 관할이 되었으므로 자세한 사정은 알지 못합니다.

一. 자세한 사정에 대한 문의는 쓰시마[國元]에 전해서 조사를 해야 합니다. 이상.

정월 26일 마쓰다이라 데와노카미

---

28) 이즈모노쿠니[出雲國]의 별칭.

29) 오키노쿠니[隱岐國]의 별칭.

30) 호키노쿠니[伯耆國]의 별칭.

一 同年正月廿八日、刑部大輔より直右衛門を以被申聞候、私義、今日於(闕字) 御前首尾好御暇被成下、御懇之(闕字) 上意御馬拜領、難有仕合奉存候、隨而今日被(闕字) 仰渡候御書付之趣、奉得其意候、存寄之通、口上書を以申上候、弥譯官江口上を以申渡候樣被(闕字) 仰付事候ハヽ、譯官渡海とかく夏中ニハ罷成申間鋪候、子細者乘渡候船新敷造り、其船ニ乘渡候古例ニ候、左候ハヽ、秋之末冬ニ茂及可申候間、申渡候との御案內延引可仕候、此段爲念申上置候

一. 같은 해 정월 28일, 형부대보가 나오에몬을 통해서 말씀하셨습니다. "나는 오늘 어전(御前)에서 원만하게 귀국을 허락받았고, 친절하신 윗분의 배려로 말을 배령 받아 감사하고 행복하게 생각합니다. 그리고 오늘 지시하신 문서의 취지는 잘 알았습니다. 이에 따라 생각하는 바를 구상서로 말씀드리겠습니다. 결국 역관에게 구두로 전하도록 지시하셨는데, 역관의 도해는 어찌되었든 여름 중에는 이루어지지 않을 것입니다. 자세한 내막은, 타고 갈 배를 새로 만들고, 그 배로 도해하는 고례(古例)가 있으니까 늦가을이나 겨울이 될 것입니다. 그러므로 건너간다는 연락이 늦어질 것입니다. 이것도 만일을 위하여 말씀드려 둡니다.

此方より返答

被申越候口上之趣致承知候、譯官江被申渡候口上書、大形出來申候得共、今一篇何茂江爲見候而、其上、相渡可申与存扣置候、重而、自是御左右可申候、伯耆守江申渡候儀者、急不申候共之儀与存候

이쪽의 회답

보내주신 구상의 취지는 잘 알았습니다. 역관에게 보내는 구상서는 대략 만들었지만, 지금 한 편을 여러분들께 보여드린 다음에 건네주어야 한다고 생각하고 적어 두었습니다. 다시 주위 분들께 말씀드릴 것입니다. 호키노카미님에게 말하는 것은 급하지 않다고 생각합니다.

口上覺

宗刑部大輔

一 今日、以御書付被仰渡候、米子町人竹嶋江罷渡致漁候儀、被差留候迄之御事、先頃如申上候、譯官渡海之刻、弥口上ニ而可申渡候哉之事

一 松平伯耆守江以御奉書被(闕字) 仰付由被仰渡候、右如申上候、譯官江申渡候様被思召候ハヽ、私方より譯官江申渡候与之遂案内候、以後伯耆守江被(闕字) 仰付被下候へかしと奉存候、若渡海被差留候段、流布仕候而者彼國ニも可傳承哉と奉存候、承候後、申渡候而者如何敷奉存候故申上候、以上

正月廿八日

구상각서

소 형부대보

一. 늘 문서로 지시하신 것은 요나고의 조닌이 죽도로 건너가서 고기잡이 하는 것을 금지하라는 것인데, 일전에 말씀드린 대로 역관이 도해할 때 구두로 전달해야 할 것으로 생각합니다.

一. 마쓰다이라 호키노카미님에게 봉서로 지시하도록 전했습니다. 위에서 말씀드린 대로 역관에게 전해야 한다고 생각하면 제 쪽에서 역관에게 전하라는 지시가 있었습니다. 이후 호키노카미님에게 지시하시는 것이 좋겠다고 생각합니다. 만일 도해 금지를 유포하게 되면 조선에도 전달될 것으로 생각됩니다. 알게 된 후에 전하는 것이 어떨까 하고 생각하기 때문에 말씀드립니다. 이상.

정월 28일

今日宗刑部大輔御暇付候品与(闕字) 城殿形部大輔江月番戸田山城守相渡候書付之寫

오늘 소 형부대보님이 귀국하시는데, 어전에서 형부대보님에게 쓰키반[月番] 도다[戸田]

야마시로노카미[山城守]님이 건네주신 문서의 사본

口上覺

先年より伯州米子之町人兩人竹嶋江渡海、至于今、雖致獵候由、然者、日本人入交無益事ニ候間、向後米子之町人渡海之儀可差止旨被(闕字) 仰出之、松平伯耆守方江、以奉書相達候、爲心得申達候、以上

正月廿八日

구상각서

몇 년 전부터 하쿠슈 요나고의 조닌 두 사람이 죽도로 건너가서 오늘에 이르기까지 고기잡이를 해 왔다고 하는데, 그렇다면 일본인과 뒤섞여 무익한 일이므로 향후 요나고의 조닌들이 도해하는 것을 금지할 것을 지시하셨다는 것을 마쓰다이라 호키노카미님에게 봉서로 전합니다. 잘 알아두시도록 전달합니다. 이상.

정월 28일

一 同年正月廿九日、平田直右衛門召寄申含候ハ、宗刑部殿存寄之趣尤存達(闕字) 御耳候、先日被差越候譯官之口上書、成程能候得共、不入所省候而相認申候、大旨ハ違無之候、以來殃仕出し可申候哉との儀なと除申候由申、口上書相渡候、扨、譯官渡海之儀、船等新敷造り乘渡候故、案內延引ニ可罷成段被申聞候、右、出羽守へも申達置候得共、猶更、右之趣書付可被越候由申遣

一. 같은 해 정월 29일 히라타 나오에몬을 불러 말씀하시기를, "소 형부대보님이 생각하시는 취지는 당연합니다. 일전에 건네준 역관에게 보낼 구상서는 정말 잘 되었는데, 넣지 말아야 할 것은 생략하고 작성했습니다. 큰 뜻은 달라지지 않았습니다. 이후에 문제가 될지 모르는 것들은 삭제했다고 말했습니다. 구상서를 전합니다. 그리고 역관 도해에 관한 문제는 배를 새롭게 건조해서 타고 가는 것이므로 통지도 지연될 것이라고 이야기했습니다. 이 취지를 데와노카미님에게도 전했지만, 다시 이 취지를 적어서 보내야 할 것입니다.” 라고 전했습니다.

譯官江申渡候口上之覺

先年同氏對馬守方より竹嶋之儀ニ付使者を以申達候處、其節取次之人使者江被申聞候趣、歸國之刻、拙者江申聞候故、其趣今度於江戸御老中迄御物語申上候得者、彼嶋之儀因幡、伯耆江附屬と申ニ而茂無之、日本江取候と申事ニ而も無之、空嶋ニ候之故、伯耆之者罷渡致漁候迄ニ候、然ル處ニ、近年朝鮮人罷渡入交如何ニ付、最前之通對馬守方より申遣候得共、朝鮮江道程も近ク、伯耆よりハ程遠キ由ニ候間、重而此方之漁民渡海不仕候樣被(闕字) 仰付との御事ニ候間、御誠信之段忝可被存候、已上

역관에게 전하는 구상각서

몇 년 전 쓰시마노카미님이 죽도 건에 관하여 사자를 통해서 말을 전했는데, 그때 중개인이 사자에게 말한 취지를 귀국할 때 나에게 말해 주었습니다. 그래서 그 취지를 이번에 에도에서 로주님에게 말씀드렸는데, 그 섬은 이나바와 호키에 부속된 것이라고 말할 수도 없고, 일본이 취했다고 할 수도 없는 빈 섬입니다. 그래서 호키 사람들이 건너가서 고기를 잡았을 뿐입니다. 그러나 최근에 조선인이 건너와서 뒤섞인다고 하는데, 이전처럼 쓰시마노카미님이 말했지만, 조선까지 거리가 가깝고 호키에서는 멀다고 하니 우리 쪽 어민들이 다시는 건너가지 못하도록 지시를 내리겠다고 합니다. 그러니 성신에 대하여 감사하게 생각해야 할 것입니다. 이상.

同月廿八日松平伯耆守江遣候奉書之留

先年、松平新太郎因州伯州領知之節相伺候、伯州米子之町人村川市兵衛、大屋甚吉、竹嶋江渡海、至于今、雖致漁候、向後竹嶋江渡海之儀、制禁可申付旨被(闕字)仰出候間、可被存其趣候、恐々謹言

正月廿八日

土屋相模守　在判
戸田山城守　同
阿部豊後守　同
大久保加賀守　同

같은 달 28일 마쓰다이라 호키노카미에게 보낸 봉서의 끝 부분

몇 년 전 인슈 하쿠슈가 마쓰다이라 신타로님의 영지였을 때 문의했습니다. 하쿠슈 요나고의 조닌 무라카와 이치베, 오야 신키치가 죽도로 건너가 오늘에 이르기까지 고기를 잡았습니다. 향후 죽도 도해는 금지한다는 취지의 지시를 내리셨으므로 그 뜻을 명심하기 바랍니다. 삼가 말씀드립니다.

정월 28일

쓰치야 사가미노카미　재판
도다 야마시로노카미　동
아베 분고노카미　동
오쿠보 가가노카미　동

松平伯耆守殿

右之奉書松平伯耆守家來召寄、戸田山城守宅ニ而相渡、
同廿九日、松平伯耆守家來召寄申渡

마쓰다이라 호키노카미님에게

위 봉서를 마쓰다이라 호키노카미님의 가신을 불러 도다 야마시로노카미님의 집에서 전했다. 동 29일, 마쓰다이라 호키노카미님의 가신을 불러서 전함.

口上覺

昨日之奉書之旨ハ、當年御暇歸國以後、米子町人、其外へも可被申渡候、先、其前縱日和能候共、竹嶋江渡海無用之段ハ一通り被申付可然候、此段我等方より可上達旨山城殿も被申事、以上

正月卄九日

구상각서

어제 보내주신 봉서의 취지는 금년 귀국 이후 요나고의 조닌과 다른 사람들에게도 전했습니다. 우선, 그 전에 설령 날씨가 좋다 해도 죽도 도해가 필요 없다는 것은 대체로 지당하신 분부입니다. 이 점을 우리가 말씀드려야 한다는 취지를 야마시로님도 말씀하셨습니다. 이상.

정월 29일

同晦日宗刑部大輔より平田直右衛門を以被申聞候

口上覺

竹嶋之儀ニ付、譯官江申渡候口上書、昨夕御渡被成、委細被仰下候趣、奉得其意候、譯官罷渡候義、随分差急候様ニ与可申付候得共、乘候船新敷造り罷渡候先例御座候故、兎角秋之末冬ニ罷成可申候与奉存候、左候ハヽ御案內可及延引候、此

段爲念申上置候、以上

正月晦日　　　　　　　　宗刑部大輔

동 그믐에 소 형부대보께서 히라타 나오에몬을 통해 말씀하셨습니다.

구상각서

죽도 건에 대하여 역관에게 전할 구상서를 어제 저녁에 건네시면서 자세히 말씀하신 취지는 잘 알았습니다. 역관의 도해를 각별히 서두르도록 전해야 하지만, 탈 배를 새로 건조해서 건너가는 것이 선례이므로 어쨌든 늦가을이나 겨울이 될 것으로 생각합니다. 그렇다면 통지도 연기될 것입니다. 이 점을 만약을 위하여 말씀드립니다. 이상.

정월 그믐　　　　　　　　소 형부대보

同年二月九日松平伯耆守より以使者申來

舊臘被仰聞候伯耆國米子より竹嶋江渡海之儀付、奉書國元江申遣、昨晩到來仕候間、爲持逢候、

一 竹嶋江者元和四年初而渡海仕候由、大屋九右衛門、村川市兵衛方より申越候、

같은 해 2월 9일 마쓰다이라 호키노카미가 사자를 통해서 알려옴

지난 섣달에 말씀하신 호키노쿠니 요나고에서 죽도로 도해하는 문제는 봉서를 본국[國元]으로 보냈고, 어제 밤 도착했으므로 가져오게 해서 보았습니다.

一. 죽도는 겐나[元和] 4년(1618)에 처음으로 건너갔다고 오야 규에몬과 무라카와 이치베가 말했습니다.

此方より返答

委細致承知候、奉書ハ先、留置候由申遣、

奉書文言ハ、別方寫到來候時分、書入候付、此所ニ省之

이쪽의 답서

자세히 잘 알았습니다. 봉서는 우선 보관해 두라고 전했습니다.

봉서의 문언은 별도의 사본이 도착했을 때 적어두었으므로 생략합니다.

同月十日松平伯耆守留守居召寄、申聞之趣

竹嶋之儀ニ付、先年相渡候奉書、昨日之差出候、老中出羽殿被致一覽候、今度被(闕字) 仰出候上ハ、右之奉書有之候而者紛敷候間、取上可然との事候、(闕字) 御城ニ留置候、左樣御心得可有之由申遣、

같은 달 10일 마쓰다이라 호키노카미가 루스이를 불러 설명하신 취지

죽도 건은 지난해에 전한 봉서를 어제 제출했습니다. 로주 데와노카미님이 보셨습니다. 이번에 하명하신 다음에 이 봉서가 있으면 곤란하니까 받아들이는 것이 당연합니다. 에도성에 보관하겠습니다. 그렇게 알아 두시라고 전했습니다.

元祿十一年寅六月十二日、宗刑部大輔、從在所使者平田直右衛門を以被申聞候口上覺

一 竹嶋江日本人不罷越候樣被(闕字) 仰付候旨、去々年譯官渡海之節、御書付之通ニ

口上ニて申渡候處、今度從禮曹承居候之由ニ而、書翰到來仕候、依之寫入御內見候

一 書面ニ此方より不申達欝陵嶋之儀、委細有之候、如此相認差越候書翰請取申候段、如何奉存候得共、餘り延引仕候間、先請取置申候、此分ニ而、何茂樣江差出入、御披見候儀如何歟奉存候、併、書中ニ良幸良幸と申上文章御望候間、此心を請候而朝鮮國より之御請を口上ニ而申上、書翰ハ差出不申候樣ニ仕候而者如何可有御座候哉、奉得御內意候、若此書面ニ而不答ニ思召候ハヽ書簡差越申候間、宜樣御差圖奉願候

一 書簡差出不申相濟候と朝鮮へハ書面不宣候故、書簡ハ投露不仕口上を以取繕申上候、朝鮮國よりの申分段々不宣候得共、通交之役儀被(闕字) 仰付置候故、(改行) 公儀へハ宣樣披露申上候、東武ニハ誠信を專被遊候故、存之外結構ニ被(闕字) 仰付、兩國之大幸ニ候、如此首尾好相濟候儀、朝鮮より被申分能候由、此通ニ被(闕字) 仰付候与被存候而者、已來之障ニ候間、具ニ申達候由ニ而、最初より朝鮮國越度之趣を口上ニ而成共申居置可然奉存候、尤、此節之儀者相濟申たる事ニ候へ共、以來之爲ニ御座候間、此段可申遣哉と奉存候、以上

四月十五日　　　　　　　　宗刑部大輔

겐로쿠 11년(1698) 무인(戊寅) 6월 12일, 소 형부대보가 거처에서 사자 히라타 나오에몬을 통해 말씀하신 구상각서

一. 죽도에 일본인이 건너가지 않도록 지시하라는 취지를 재작년 역관이 도해했을 때 문서대로 구두로 전했는데, 이번에 예조(禮曹)에서 승낙했다고 하며 서한이 왔습니다. 이에 따라 서면을 베껴서 보여드립니다.

一. 서면에 이쪽에서 말하지 않은 울릉도 문제가 자세히 적혀 있습니다. 이렇게 작성해서 보낸 서한을 받는다면 문제가 되지 않을지 우려됩니다만, 너무 지체되므로 우선 받아두었습니다. 이 정도로 모든 분들께 제출하여 보시도록 하는 것이 어떨까 합니다. 그리고 서면 속에 '양행양행(良幸良幸)'이라는 문장이 있는데, 이 마음을 받아서 조선국의 요청을 구두로 보고 드리고 서한은 제출하지 않도록 하는 것이 어떨지요? 지시를 바라겠습니다.

만일 이 서한에 답을 하지 않으실 생각이라면 서간을 보낼 테니 적절한 지시를 바랍니다.

一. 서한을 보내지 않고 끝내면 조선에게는 서면이 좋지 않으므로 서한은 보내지 않고 구두로 고쳐서 말씀드립니다. 조선국의 처사는 여러모로 좋지 않지만, 조선과의 통교를 가역(家役)으로 하명 받았기 때문에 막부에는 좋게 보고 드렸고, 쇼군께서는 성신을 다 하셨기 때문에 뜻밖에도 좋게 지시하셔서 양국에 큰 기쁨입니다. 이와 같이 좋게 끝난 것은 조선의 처사가 좋아서 이렇게 지시하신 것이라고 생각하면 이후의 지장이 되므로 자세히 전해서 처음부터 조선국이 잘못했다는 취지를 구두로라도 전하는 것이 당연하다고 생각합니다. 더욱이 이번 일은 끝났다고 해도 이후를 위하는 것이므로 이 점을 말해야 한다고 생각합니다. 이상.

4월 15일 　　　　　　　　소 형부대보

朝鮮國禮曹參議李　善溥　奉書

日本國對馬州刑部大輔拾遺平公　閤下

春日喧和，緬惟

動靜珍毖，嚮慰無已．頃因譯使回自

貴州，細傳

左右面托之言，備悉委折矣．蔚陵島之爲我地，輿圖所載，文跡昭然，無論彼遠此近，疆界自別．

貴州旣知蔚島與竹島爲一島而二名，則其名雖異，其爲我地則一也．

貴國下令，永不許人往漁採，

辭意丁寧，可保久遠無他．良幸良幸．我

國亦當分付官吏，以時撿察，俾絶兩地人往

來殽雜之弊矣．昨年漂氓事，濱海之人率以舟楫爲業，颿風焱忽，易及飄盪，以至冒越重溟，轉入

貴國，豈可以此有所致疑於違定約而由他路乎．若其呈書，誠有妄作之罪，故已施幽殛之典，以爲懲戢之地，别勑沿海，申明禁令矣．益務誠信以全大體，更勿生事於邊疆，庸非

彼此之所大願者耶.

左右旣有

面言於譯使, 而然且無一价行李, 奉

書契以來者, 似是

左右深

念舊約, 不欲規外送差之

意. 故先此修牘, 展布多少, 送于萊舘, 使之轉致, 統希諒炤. 不宣.

戊寅年三月 日

禮曹參議李 善溥

조선국 예조참의 이선부(李善溥)는 일본국 쓰시마 형부대보 습유 다이라 공 합하께 서계를 올립니다.

봄 날씨가 화창한데 멀리서 동정이 편안하시다는 소식을 듣고 위안됨이 그지없습니다. 근래에 역사(譯使 : 문위행)가 귀주(쓰시마)로부터 돌아와 합하께서 [역관을] 직접 대면하여 부탁하신 말씀을 자세히 전했기에 곡절을 두루 잘 알게 되었습니다. 울릉도가 우리의 땅임은 여도(輿圖 : 『동국여지승람』)에 실려 있어서 문헌의 증거가 분명하니, 그쪽(일본)으로부터는 멀고 이쪽(조선)에서는 가깝다는 것을 논하지 않더라도 강계(疆界)는 저절로 판별됩니다. 귀주(쓰시마)는 이미 울릉도와 죽도가 한 섬이면서 두 개의 이름을 갖고 있었다는 것을 알고 있었으니, 그러한즉 그 이름이 비록 다를지라도 그것이 우리나라의 영토임은 매한가지입니다.

귀국이 명령을 내려 사람들(일본인)로 하여금 고기잡이하러 가는 것을 영구히 허락하지 않기로 하였다니, 그 말뜻이 확실하여 오랫동안 보전되지 않을 까닭이 없다고 생각합니다. 실로 다행스럽고 다행스러운 일입니다. 우리나라에서도 또한 마땅히 관리에게 분부하여 때때로 검사하고 시찰하도록 하여 두 나라 사람들이 뒤섞이는 폐단을 끊도록 할 것입니다.

작년에 표류한 백성들의 일을 말하자면, 바닷가에 사는 사람들은 대개 배 타는 일을 업으로 하는데, 큰 바람이 홀연히 일어나면 바람에 배가 쉽게 흔들리기에 경계를 넘어 먼 바다로 나가 귀국까지 흘러 들어가는 데 이르렀던 것이니, 어찌 이 일로써 정해진 규약을 어기고 다른 길을 통했다고 의심할 수 있겠습니까? 만약 그 올린 글처럼 참으로 멋대로 한 죄가 있고, 이미 유극(幽極)의 법도[31]를 시행하였으니 징계할 것이 있다고 생각하면 별도로 연해에 칙령을 내려 금령(禁令)을 분명히 밝히겠습니다. 더욱 성실하게 큰 원칙을 온전하게 하도록 힘써서 다시는 변경에서 사건이 일어나지 않게 하는 것이 어찌 그쪽과 이쪽에서 크게 바라는 바가 아니겠습니까?

합하께서 이미 문위행 역관을 대면하고 말씀하셨으나, 그러나 또 한 사람의 행장에도 서계를 받아 가지고 온 것이 없으니, 아마 이것은 합하께서 깊이 옛 규약을 생각하여 규정 외의 사절을 보내지 않으려는 뜻인 것 같습니다. 그렇기에 우선 이 편지를 써서 대략의 뜻을 펼쳐서 동래의 내관(萊館)[32]에 보내 전하도록 했으니 그리 아시기 바랍니다. 이만 그칩니다.

무인년(1698) 3월 일

예조참의 이선부

從朝鮮國來候書簡之和文

貴國御平安之由珍重存候、先頃、譯官罷歸候節、委細御口上之趣爲申聞、致承知候、鬱陵嶋之儀、朝鮮之地ニまかひ無之候段者、地理之書ニ茂載置候而、界目名前之事ニ御座候得共、遠近之沙汰ニ覃申事ニ而無之候、竹嶋と鬱陵嶋とハ、一嶋ニ而二名之儀者、其許ニも御存知之事ニ候、名ニハ違有之候得共、此方之地ニ而候、

31) 유극(幽殛)이란 유폐와 사형을 의미하며, 여기서는 엄한 형벌을 가했다는 비유로 보인다. 『조선왕조실록』 숙종 22년(1696)의 안용복 관련 기사를 중심으로 정리해 보면, 돗토리번에서 강원도 양양현(襄陽縣)으로 귀환한 후 안용복은 강원감사(江原監司) 심평(沈枰)에 의해 체포되었다. 심평의 장계(狀啓)에 따라 비변사(備邊司)에서 안용복을 비롯한 일행 11인을 경옥(京獄)에 나치(拿致)하여 추문(推問)에 들어갔다. 조사 결과에 따른 조정의 중론은 '법금(法禁)을 두려워하지 않고 다른 나라에서 일을 일으켰으므로 죄를 용서할 수 없다. 또 저 나라에서 표해인(漂海人)을 보내는 것은 반드시 대마도에서 하는 것이 규례인데 곧바로 그곳에서 내보냈으니, 이것을 명백히 언급하지 않을 수 없다.'는 이유로 처벌해야 한다는 의견이 강했고, 사형을 주장하는 중신도 있었다. 그러나 최종적으로는 사형에 반대하는 의견이 채택되어 안용복은 1697년 유배형에 처해졌다. 본문의 서계는 1698년 3월부로 작성되었기 때문에 안용복이 이미 1697년 유배형에 처해진 사실을 "이미 유극(幽殛)의 법도를 시행하였으니"라고 표현한 것으로 추정된다.

32) 동래의 초량왜관을 말함.

日本人重而不罷渡候樣ニ被(闕字) 仰付候由、委被(闕字) 仰聞、隣交之好幾、久別條有之間敷与大慶存候、此元よりも役人を申付、時々致吟味、双方之者出合入雜不申候樣ニ可申付候、去年、致漂流候者之儀、被(闕字) 仰聞候、海邊之者共、大形者、船ニ而致渡世候故、風烈敷節ハ日本之地江致漂流候事常之儀ニ候得者、約條ニたかひ他所江人遣たる等との御不審有之間敷事ニ候、乍然、書付差出僞申候段者、不屆ニ存候故、籠舍申付、以後之見せしめに致し、其外海邊江急度申付、此已後弥不相替互に誠信を守候而、界目ニ事之出來不申候樣ニ与、兩國之願此事ニ御座候、此度口上を以譯官ニ被仰渡、別ニ、使礼を不被差越候段者、定之外ニ使者往來無之樣ニ被思召候故与察存候、依之、今度以書翰委細申述、東萊江送遣候、其元江差越候樣ニ与申付候、不宣

戊寅　三月　日

조선국에서 온 서한의 일본어 번역[和文]

귀국이 평안하시다니 참으로 다행입니다. 일전에 역관이 귀국할 때 구두로 말씀하신 취지를 자세히 전했고, 잘 알았습니다. 울릉도가 조선의 땅임에 틀림없다는 것은 지리서에도 실려 있으며, 경계와 이름에 관한 문제입니다만, 멀고 가까운 소문에 미치는 문제가 아닙니다. 죽도와 울릉도가 섬 하나에 이름이 두 개라는 것은 그쪽도 알고 있는 사실입니다. 이름은 다르지만 우리의 땅입니다. 일본인이 다시는 건너오지 못하도록 지시를 내리셨다고 들었는데, 인교(隣交)를 위하여 좋은 기회이며, 오래도록 별 일이 없을 것으로 매우 기쁘게 생각합니다. 이쪽에서도 관리에게 이르고 때때로 조사하여 양국 사람들이 뒤섞여서 난잡하게 지내지 않도록 지시하겠습니다. 작년에 표류한 사람들의 일을 말씀하셨습니다. 바닷가에 사는 사람들은 대개 배 타는 일로 생계를 꾸리기 때문에 바람이 험한 때는 일본 땅에 표류하는 일이 흔히 있습니다. 약조와 다르게 다른 곳으로 사람을 보내는 등의 의심스런 일은 있을 수 없습니다. 하지만 문서를 제출하여 거짓으로 말했다면 괘씸한 일이므로 하옥하도록 지시하였고, 이후의 본보기로 삼았습니다. 그리고 분명히 바닷가에 지시를 내려서 이후 더욱 변함없이 서로 성신을 지켜 변경에서 사건이 일어나지 않도록 하였으니 양국의 바람이 바로 이것입니다. 이번에 구두로 역관에게 말씀을 전하시고, 별도로 사신을 보내지 않으신 것은 규정 외에 사신의 왕래가 없도록 하려는 뜻이라고 추측합니다. 이에 따라 이번에 서한으로 자세히 말씀드리고 동래(東萊)로 내려 보내 그쪽으로 전하도록 했습니다. 이만 줄입니다.

무인 3월 일

同年七月廿一日平田直右衛門召寄、刑部大輔江返答達之

一 竹嶋江日本人不相渡候様ニ被(闕字) 仰付候旨、去々年譯官渡海之節口上ニ而被申渡候處、今度從禮曹書翰到來候、然者、以平田直右衛門段々御自分了簡之趣被申越候旨、令承知候、

一 此度之書翰ニハ厚御禮可申來之處、有增之書面ニ候之故、書翰者不指出御自分取繕御禮之段、東武江被申上候由、可被相達哉之旨、一通りハ尤候ヘ共、最前も御自分中ニ而、彼是、御申渡候樣朝鮮國ニ而疑申由ニ候、左候得者、又、件之通疑候而者如何可有之哉、其上返答ニあたり候而被申越候時、其答之品により其通りニ而難差置儀も有之時ハ、違却にも可有之哉、此度書簡之內ニ良幸良幸与有之候ヘハ、珍重存候旨茂相聞ヘ候間、書簡東武江被差上、令披露候旨、たいていの返簡被差渡可然与、各申談候而、則直右衛門ニ其旨申聞候書翰、各ヘ入披見候、

一 此度之儀者其通ニ候ヘ共、重而之爲ニ候間口上ニ而最前より朝鮮國之不念之儀も有之時輕義にも委御禮申來候、此度者厚御禮も可申來事候處、良幸良幸とまての書面少々難心得候、幾久通用申儀ニ候ヘ者、重而之爲之存候間、御自分存寄之通申述候由除言葉ニ口上ニ而被申渡可然与存候、已上

七月廿一日

같은 해 7월 21일 히라타 나오에몬을 불러 형부대보에게 답서를 보냄

一. 죽도에 일본인이 건너가지 않도록 지시하라는 뜻을 재작년 역관이 도해했을 때 구두로 전했는데, 이번에 예조에서 서한이 왔습니다. 따라서 히라타 나오에몬을 통해 여러 가지 본인의 생각을 전한다는 취지는 잘 알았습니다.

一. "이번 서한에는 정중하게 예의를 표시했어야 하는데, 대략적인 서면이므로 서한은 제출하지 않고 자신이 고쳐서 막부에 답례를 말씀드렸다고 전할까요?"라는 취지는 대체로 당연하지만, 이전에도 자신이 이것저것 전한 것처럼 조선국에서 의심했다고 했습니다. 그렇다면 또 이렇게 의심을 하면 어떻게 합니까? 게다가 답서에 대하여 말할 때 그 답서의 내용에 따라 그대로 두기 어려운 일이 있을 때는 바로잡아야 하는 일도 있겠지요. 이번의 서한 안에 '양행양행(良幸良幸)'이라고 했다면 기쁘게 생각한다는 뜻도 보이므로, 서한을 막부에 제출해서 보시도록 했다는 취지의 대략적인 답서를 해도 좋다고 모든 분들이 상의했습니다. 그래서 즉시 나오에몬에게 그 뜻을 말하고 서한을 여러분께 보여드립니다.

一. 이번 일은 그대로이지만, 반복되는 때를 위하여 구두로 이전부터 조선국의 과실이 있을 때는 가벼운 일도 자세히 인사를 해 왔는데, 이번에는 정중하게 예의를 표시했어야 할 일인데 '양행양행' 정도의 서면은 약간 이해하기 어려웠습니다. 오랫동안 통교했다면 거듭되는 때를 위한 생각이므로, '자신의 생각대로 말했다'고 가벼운 말로 구두로 전하는 것이 좋다고 생각합니다. 이상.

7월 21일

宗刑部大輔様

右之段達(闕字) 御耳此通ニ而可然旨被(闕字) 仰出此書付御右筆衆調させ(闕字) 御城にも書留置手前ニ茂留候而相渡候旨申達直右衛門江渡之

소 형부대보님에게

이것을 들으시고 그대로 좋다는 뜻을 말씀하셨고, 이 문서를 우필(右筆)들에게 쓰게 하셔서 성에 두고, 본인도 보관한다는 뜻을 나오에몬에게 전합니다.

元祿十二年卯十月十九日、宗刑部大輔使者、家老

大浦忠左衛門を以被申聞候

口上

竹嶋之儀ニ付、去年以使者、奉伺、御差圖之通、當春返翰相認差渡、譯官を以東萊江相達候、其節彼地江差置候家來之者、口上を以申渡候者、朝鮮國不念之儀も有之、殊、輕キ義にも委御禮申來候、此度は厚ク御禮可被申越處、良幸良幸与迄之書面、難心得候得共、東武御誠信ニ被成御座候故、結構被(闕字) 仰出候、朝鮮國より之仕形宜候而、如此相濟候与被存候而者以來之妨ニ罷成候、事濟たる上ニ候得共、爲念申達候由、口上ニ而申居候處、彼方より申候者、段々首尾好相濟兩國之大幸此事候、委細朝廷江可申達由ニ而、書翰請取之、竹嶋之一件無殘相濟、珍重奉存候、朝鮮國江差越候返翰之寫差上之候

右之趣從國元申越候、已上

宗刑部大輔使者

十月十九日

大浦忠左衛門

겐로쿠 12년(1699) 기묘(己卯) 10월 19일, 소 형부대보의 사자 가로 오우라 주자에몬[大浦忠左衛門]을 통해 말씀하셨습니다.

구상각서

죽도 건은 작년에 사자를 통해 여쭙고, 지시대로 답서를 작성하여 금년 봄에 건너온 역관을 통해 동래부사에게 전했습니다. 그때 저쪽에 보낸 가신이 구두로 전한 것은, "조선국이 잘못한 것도 있고, 특히 가벼운 일에도 자세히 예의를 표시해 왔습니다. 이번에는 정중히 예의를 표시했어야 하는데, '매우 기쁘게 생각한다[良幸良幸]'라고 하는 정도의 서면이라서 이해하기 어려웠습니다. 그러나 막부에서 성신(誠信)으로 대하였기 때문에 좋게 지시하셨습니다. 조선국의 처사가 좋아서 이와 같이 끝났다고 생각하면 이후에 지장이 될 것입니다. 일이 끝난 다음이라도 만일을 위하여 말씀드립니다."라고 구두로 전했더니 저쪽에서 말하기를, "여러 가지로 좋게 끝나서 양국의 큰 기쁨입니다. 이 일을 조정에 자세히 전하겠습니다."라고 하며 서한을 받았습니다. 죽도 일건은 남김없이 끝나서 기쁘게 생각합니다. 조선국에 보낸 답서의 사본을 제출합니다.

이상의 취지를 쓰시마[國元]에서 알려왔습니다. 이상.

소 형부대보 사자

10월 19일

오우라 주자에몬

日本國對馬州刑部大輔拾遺平義眞, 奉復
朝鮮國禮曹大人閤下. 向領
華械, 憑審
貴國穆清, 嘔喩倍恒. 承
　諭, 前年
　象官超溟之日, 面陳竹島之一件, 繇是左右克諒情由,
　示以
兩國永通交誼, 益懋誠信矣. 至幸至幸.
　示意卽已啟達
東武了. 故今修牘, 畧布餘蘊, 附在舘司舌頭. 時維春寒, 更希加愛, 總惟
　鑒察. 不宣.
　元祿十二年己卯正月　日.
　　對馬州刑部大輔拾遺平　義眞

일본국 쓰시마 형부대보 습유 다이라노 요시자네[平義眞]는 조선국 예조 대인 합하께 받들어 답합니다.

지난번 서신을 받고 귀국이 화평하시다는 것을 알게 되어 기쁜 마음이 배가 되었습니다. 깨우침을 받들고 지난해 상관(象官)[33]이 바다를 건너온 날에 면대하여 죽도에 관한 일을 개진하였고, 이로 말미암아 위에서 사정을 잘 양해함으로써 두 나라가 영원히 우호를 통할 뜻을 더욱 성실하게 보이게 되었습니다. 지극히 다행하고 다행한 일입니다. 보여주신 뜻은 이미 에도에 계달(啓達)하였습니다. 그러므로 지금 쓰는 편지에는 나머지 내용을 대강 펼쳐서 관사(舘司)[34]의 혀끝에 붙여 두도록 하겠습니다. 지금 쌀쌀한 봄날에 더욱 몸을 아끼시기를 바라며 생각하여 살펴주시기를 바랍니다. 이만 줄입니다.

겐로쿠 12년(1699) 기묘 정월 일

쓰시마 형부대보 습유 다이라노 요시자네

同廿一日大浦忠左衛門召寄刑部大輔江返答申達去年竹嶋之儀付、御返答ニ申入候通書簡御認當春朝鮮國江被差渡、其節口上ニ而も被仰渡候趣委細被仰聞致承知候、則各出羽守右京太夫へも申談御内ニ而達(闕字) 御耳候處、一段之首尾之由申達候。

竹嶋之儀此度ニ而不殘相濟候

동 21일 오우라 주자에몬을 불러 형부대보에게 답서를 전달했고, 지난 해 죽도 건은 답서에서 말한 대로 서한을 작성해서 금년 봄에 조선국으로 보냈는데, 그때 구두로 전한 취지는 자세히 말씀하셔서 잘 알았습니다. 즉시 데와노카미님과 우경대부와도 이야기하고 은밀하게 말씀드렸는데, 지금까지의 상황을 전합니다.

죽도 건은 이것으로 남김없이 모두 처리되었습니다.

---

33) 역관.

34) 왜관의 관수(館守).

| 참고문헌 |

김화경, 「≪기죽도사략(磯竹島事略)≫의 해설」, 『독도연구』 제2호, 영남대학교 독도연구소, 2006.12.

영남대 독도연구소, 「磯竹島事略」, 『독도연구』 제2호, 영남대학교 독도연구소, 2006.12.

유미림, 「'이소타케시마' 어원에 관한 일고(一考)」, 『영토해양연구』 12, 2016.

김강일 · 윤유숙 · 하혜정 역, 『울릉도 · 독도 일본 사료집Ⅰ』, 동북아역사재단, 2012.

김강일 · 윤유숙 역, 『울릉도 · 독도 일본 사료집Ⅱ』, 동북아역사재단, 2013.

內藤正中, 『竹島(鬱陵嶋)をめぐる日韓関係』, 多賀出版, 2000.

朴炳涉, 「明治政府の竹島＝獨島調査」, 『北東アジア文化研究』 41, 2016.

「竹島渡海禁止并渡海沿革」, 『鳥取藩史』 第6巻, 明治4年(1971).

礒竹嶋覺書
地理局

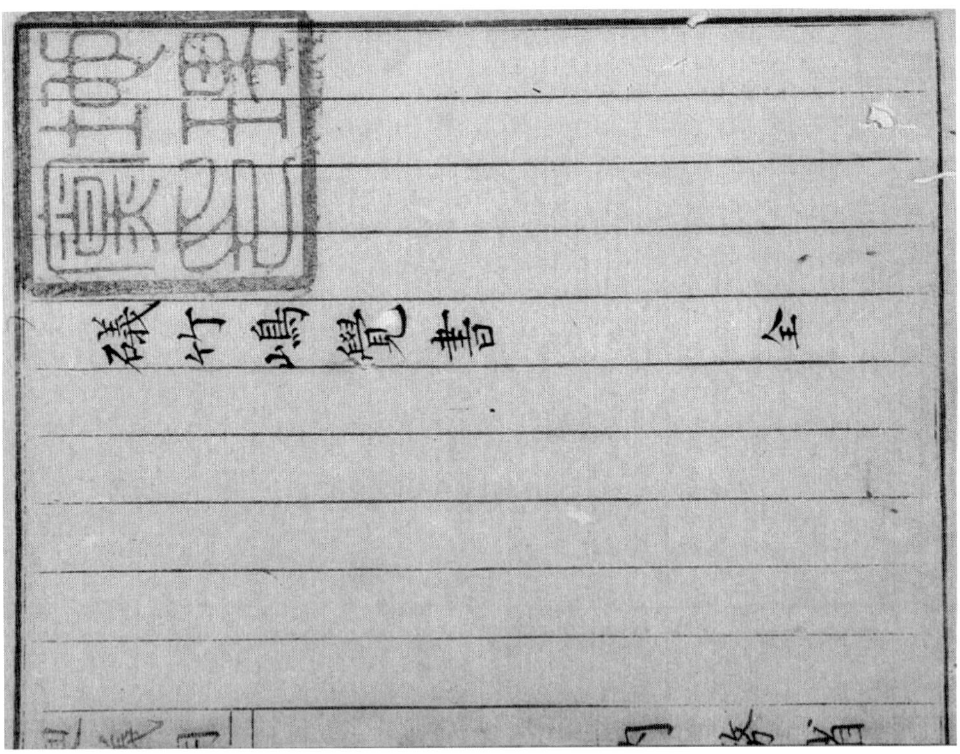
礒竹嶋覺書
全

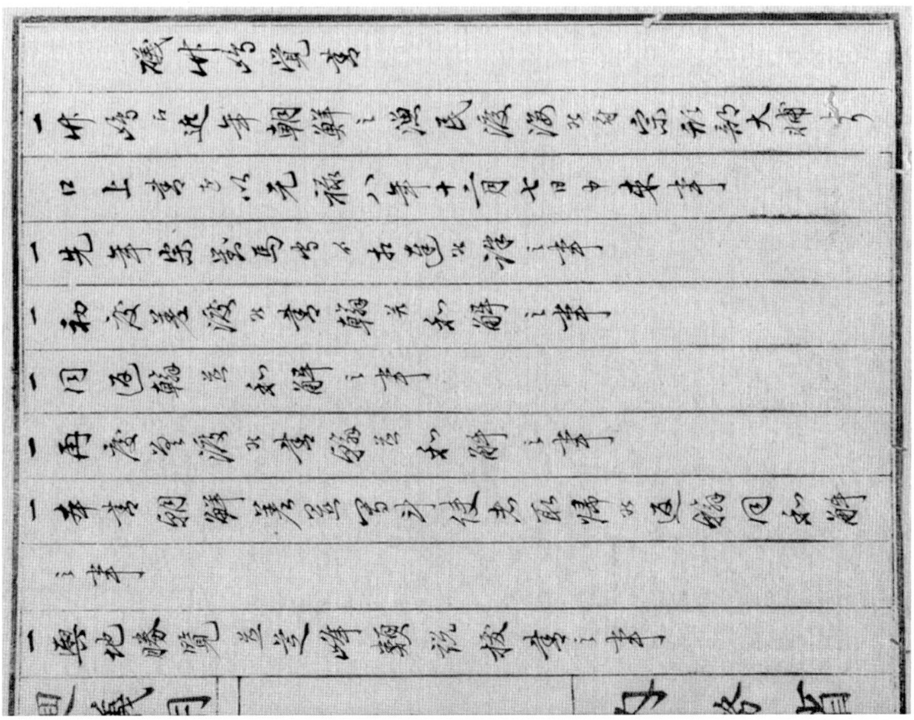
礒竹嶋覚書

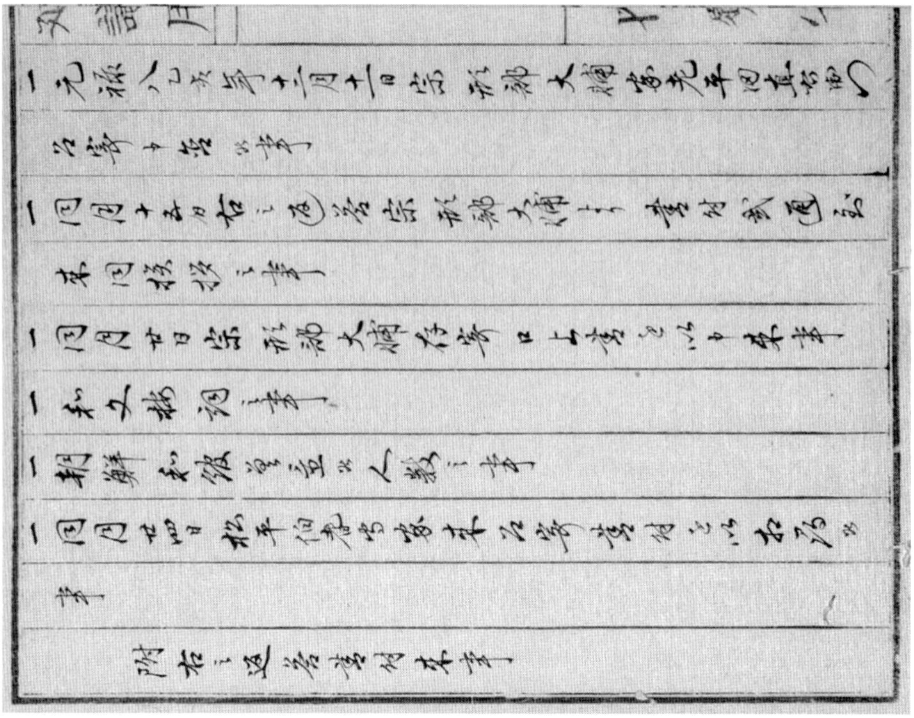

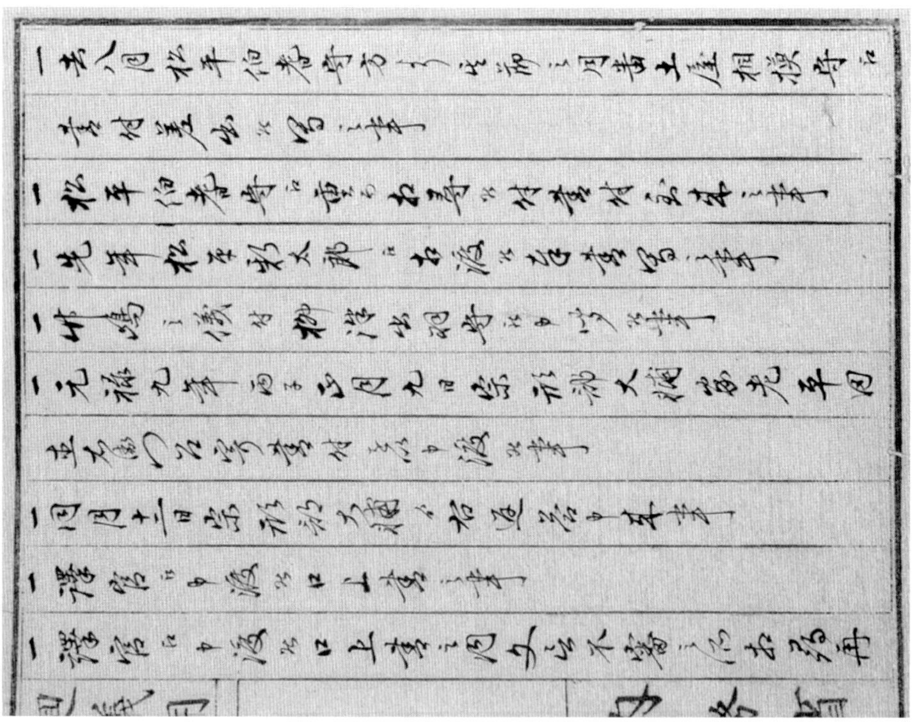

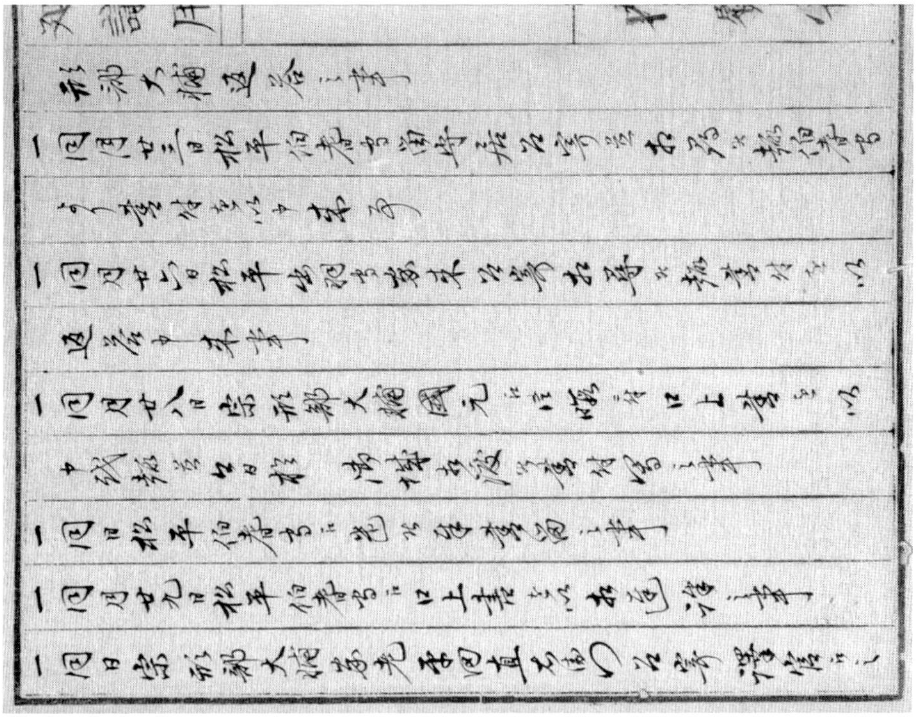

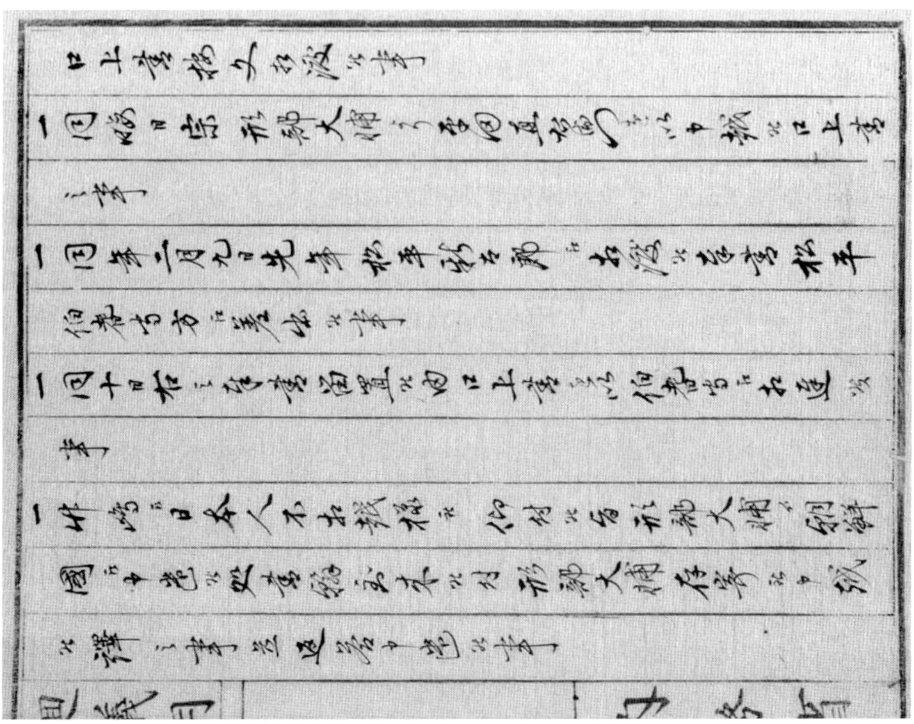

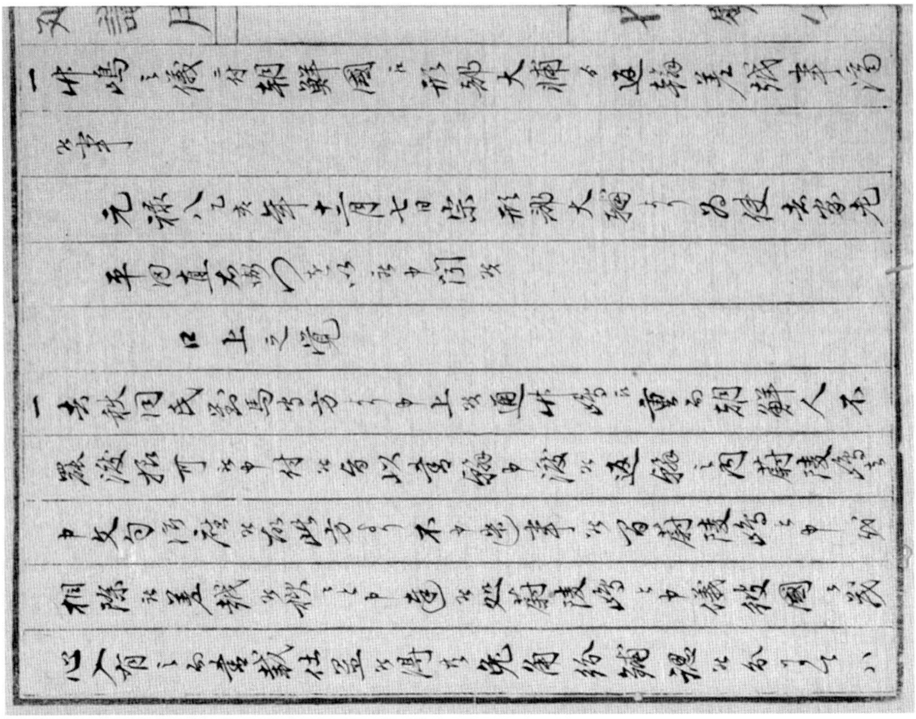

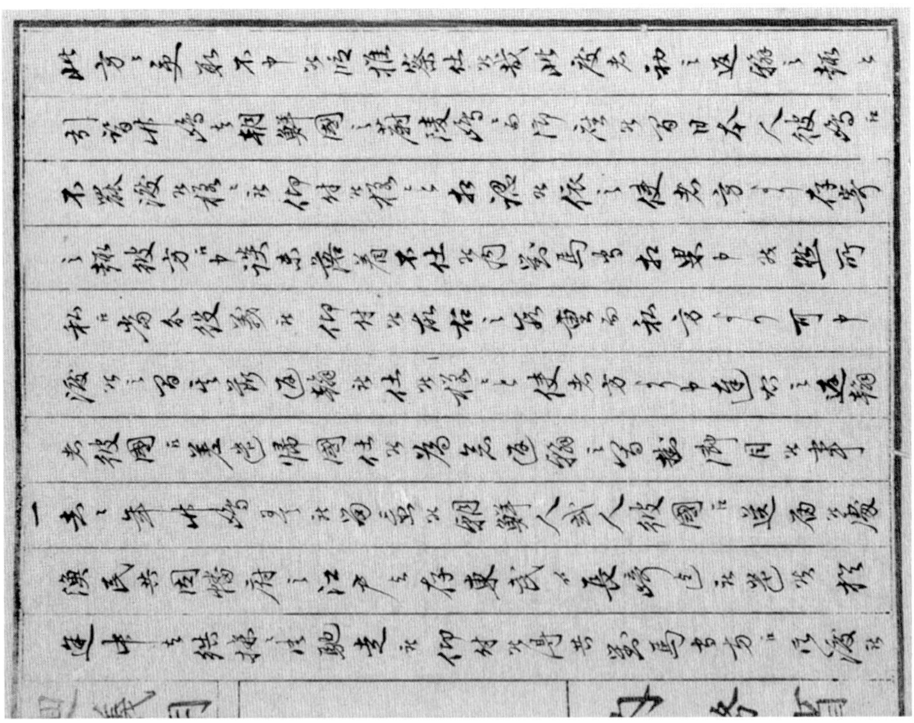

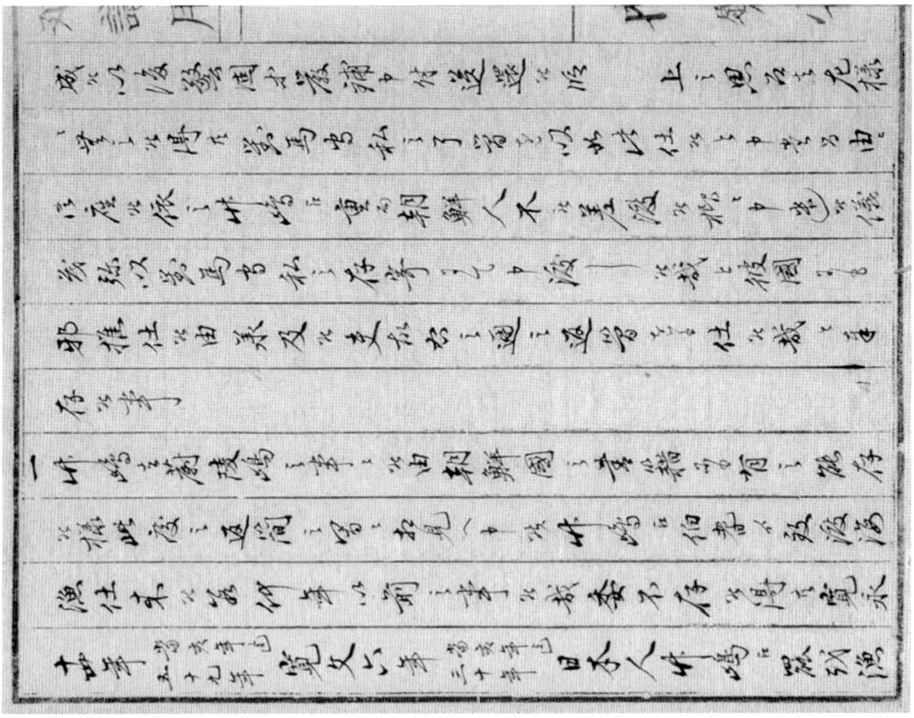

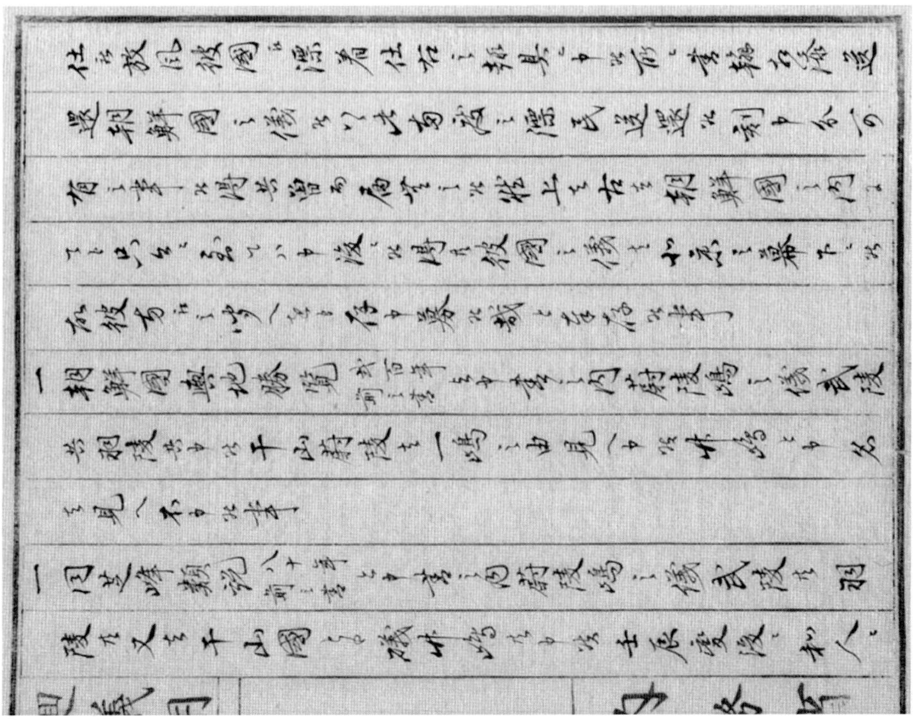

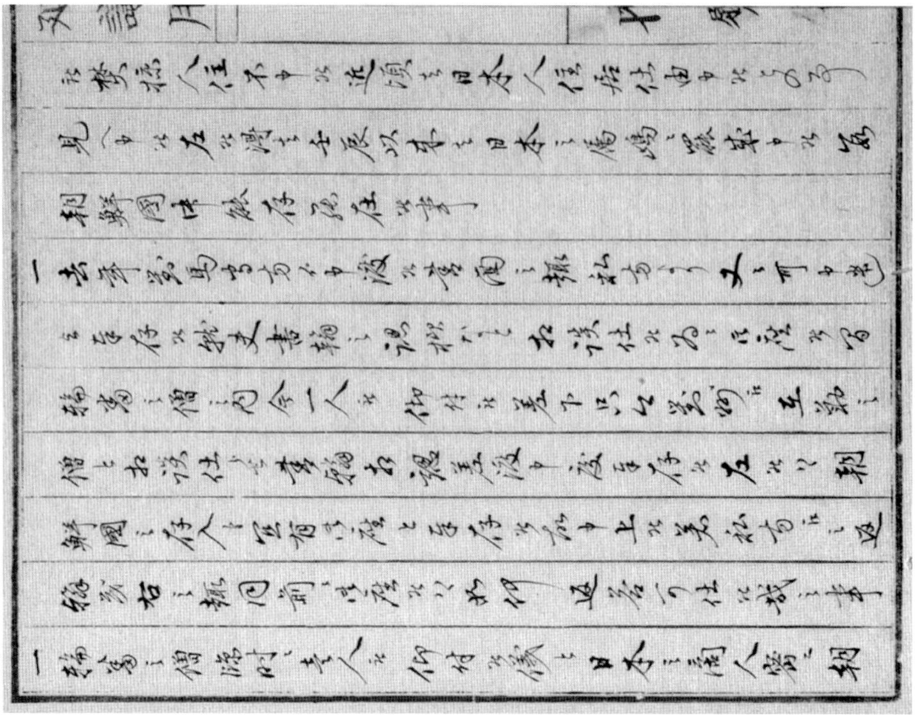

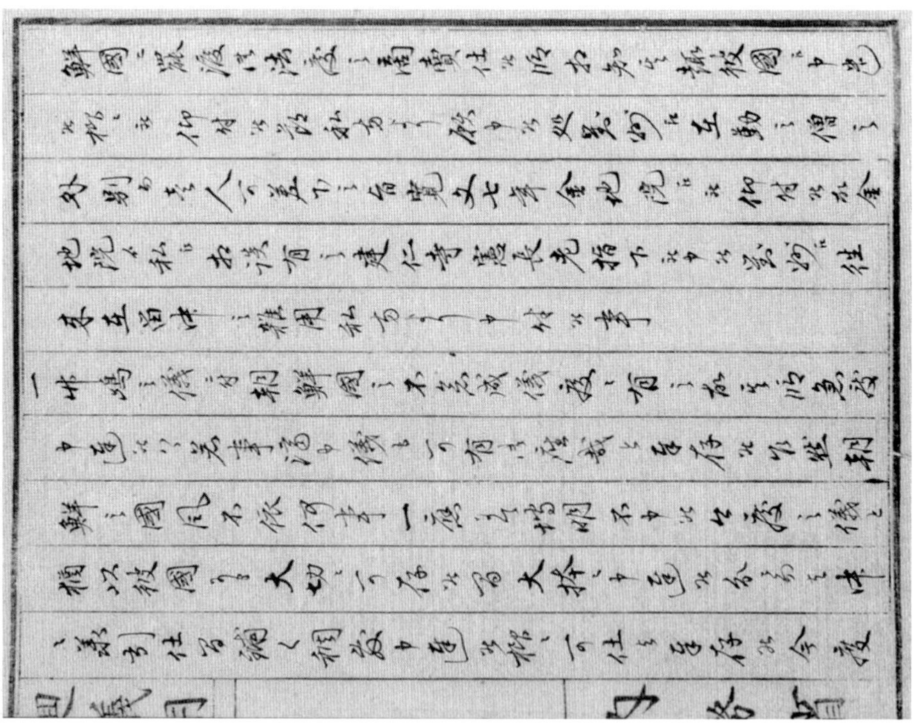

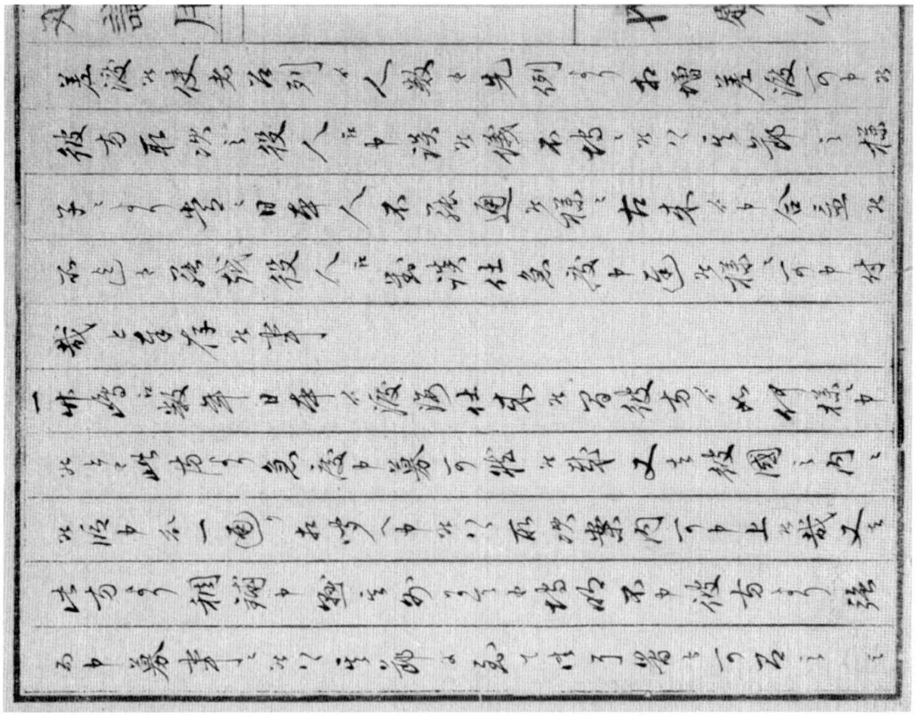

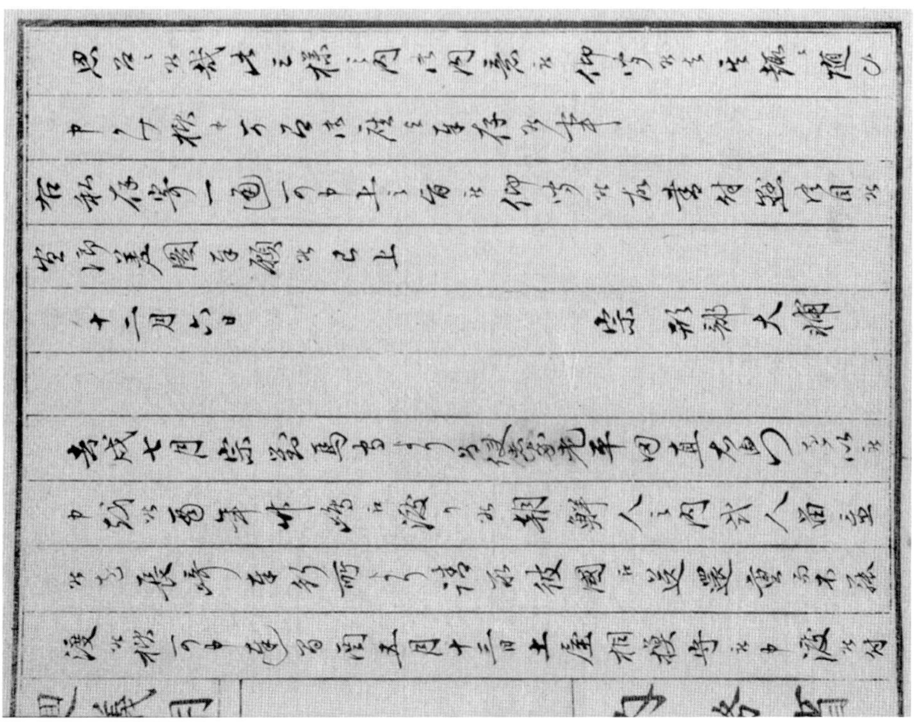

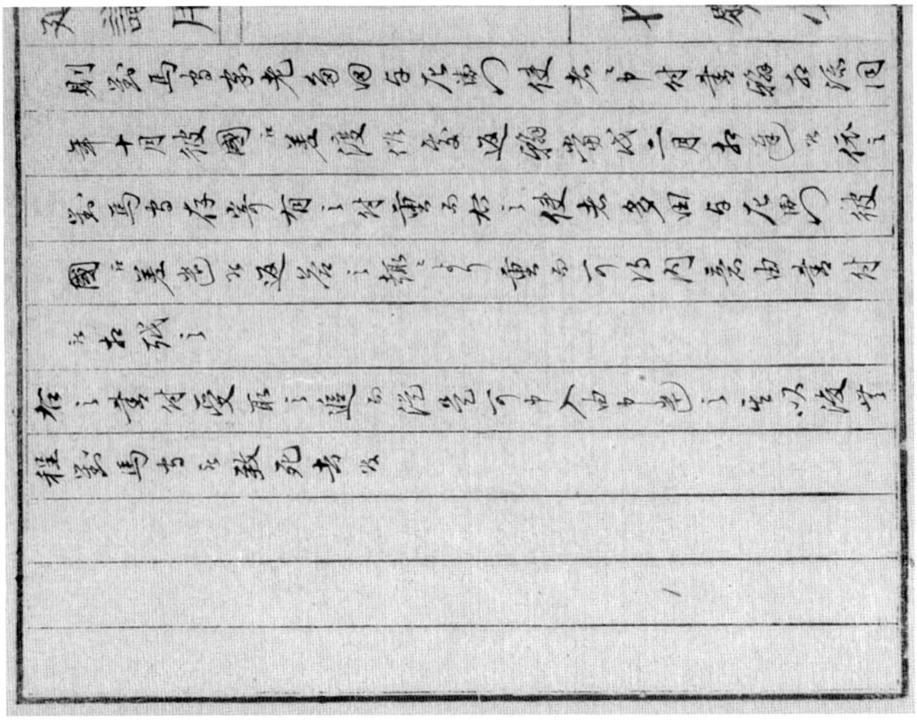

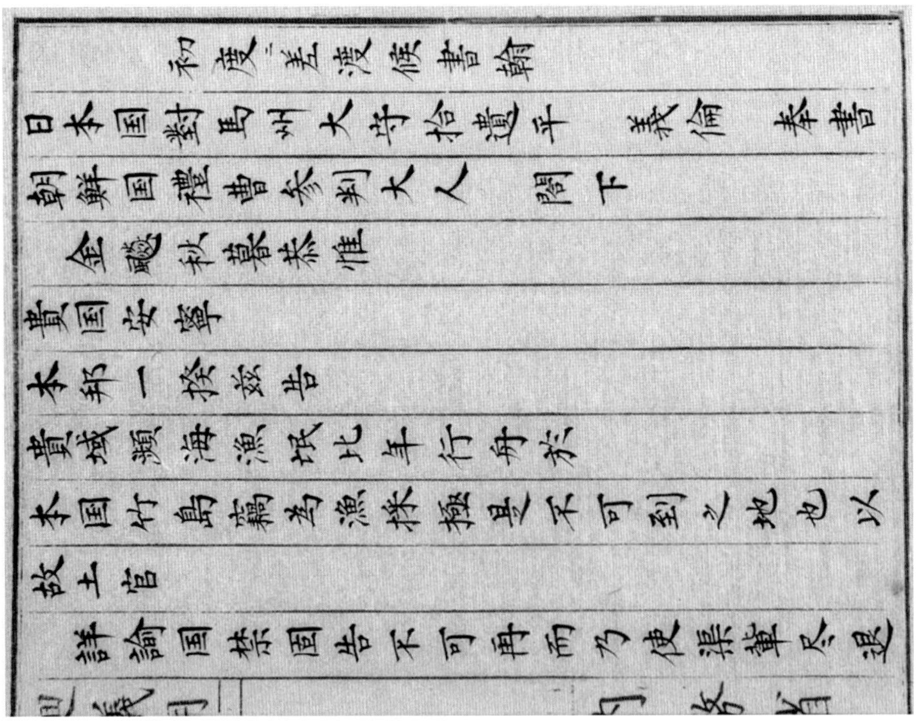

初度差渡候書翰
日本国對馬州太守拾遺平義倫奉書
朝鮮国禮曹參判大人 閤下
金飈秋暮恭惟
貴国安寧
本邦一樣欣喜
貴域瀕海漁氓比年行舟於
本国竹島竊為漁採極是不可到之地也以
故土官
詳諭国禁固告不可再而乃使渠輩尽退

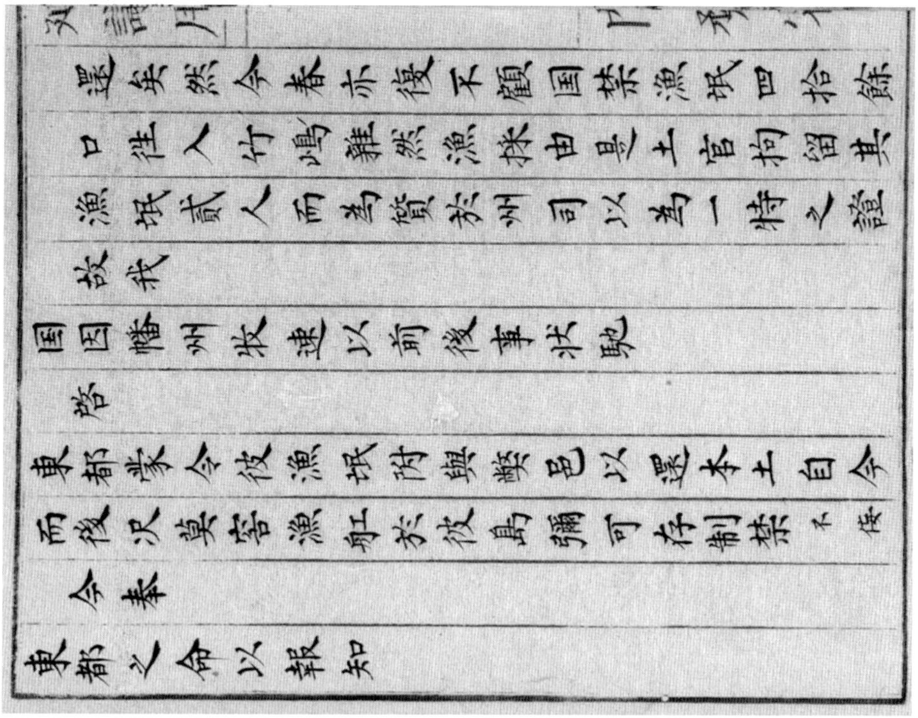

還矣然今春亦復不顧國禁漁氓四拾餘
口往入竹嶋雜然漁採由是土官拘留其
漁氓貳人而爲質於州司以爲一時之證
故我
國因幡州牧速以前後事狀馳
啓
東都業令彼漁氓附與弊邑以還本土自今
而後决莫容漁舡於彼島彌可存制禁今奉
東都之命以報知

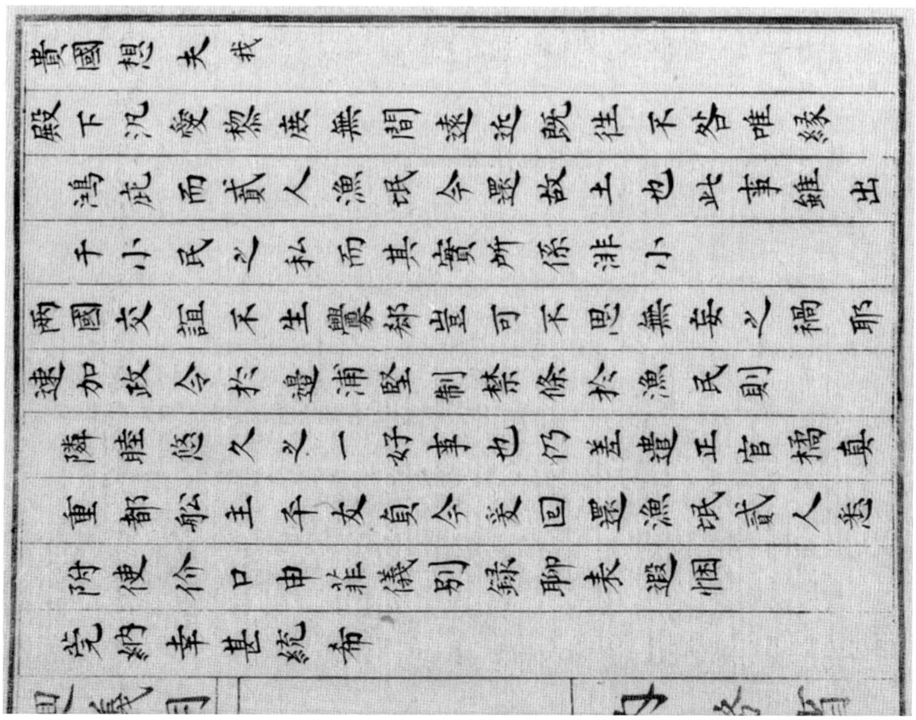

貴國想夫我
殿下況愛黎庶無間遠近既往不咎唯緣
鴻庇而貳人漁氓今還故土也此事雖出
于小民之私而其實所係非小
兩國交誼不生釁郤豈可不思無妄之禍耶
速加政令於邊浦堅制禁條於漁民則
隣睦悠久之一好事也仍差遣正官橘真
重都船主平成令送回還漁氓貳人悉
附使价口申菲儀別錄聊表遐悃
亮納幸甚統希

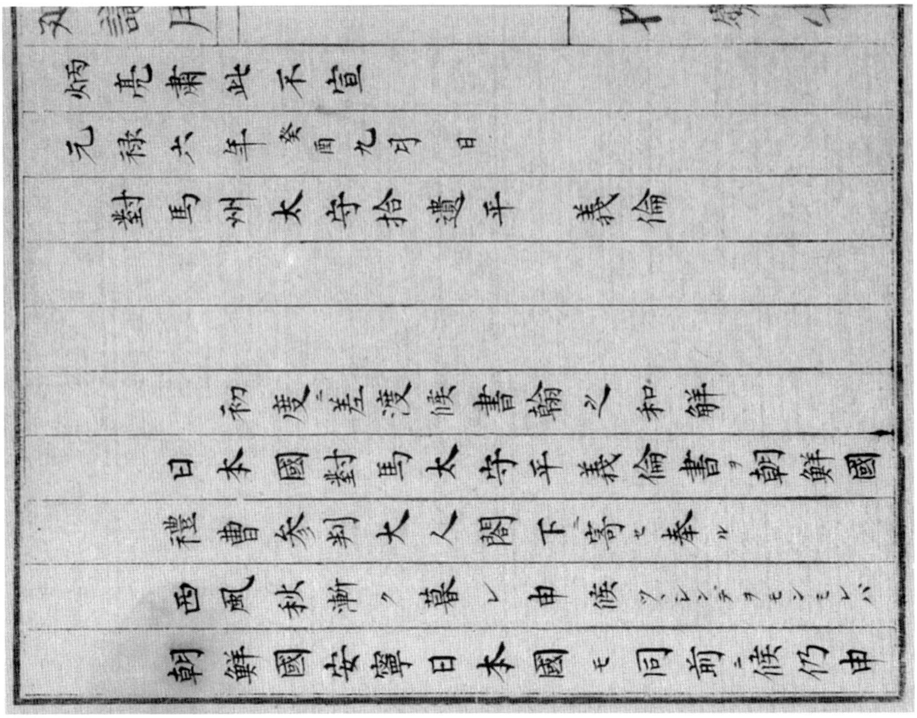

炳亮肅此不宣
元祿六年癸酉九月 日
對馬州太守拾遺平 義倫

初度ニ差渡候書翰之和解
日本國對馬太守平義倫書ヲ朝鮮國
禮曹參判大人閣下ニ寄セ奉ル
西風秋漸ク暮レ申候
朝鮮國安寧日本國モ同前ニ候仍申

候朝鮮國ノ漁民毎年舟ヲ本國ノ
竹嶋ニ寄セ隱密ニ魚ヲトル誠ニ
至ルヘカラザルノ所ナリ其所ノ
奉行委細ニ國ノ法度ヲサトシ重
而此所ニ至ルヘカラザルコトヲ
ツゲ其輩ヲカヘスシカルニ今春
又國ノ法度ヲヤヘリミス漁民四
十人アマリ竹嶋ヘユキ魚ヲトル
是ニヨリテ所ノ奉行其漁民二人
ヲカラメ留メ国ニ人質トシテヲ

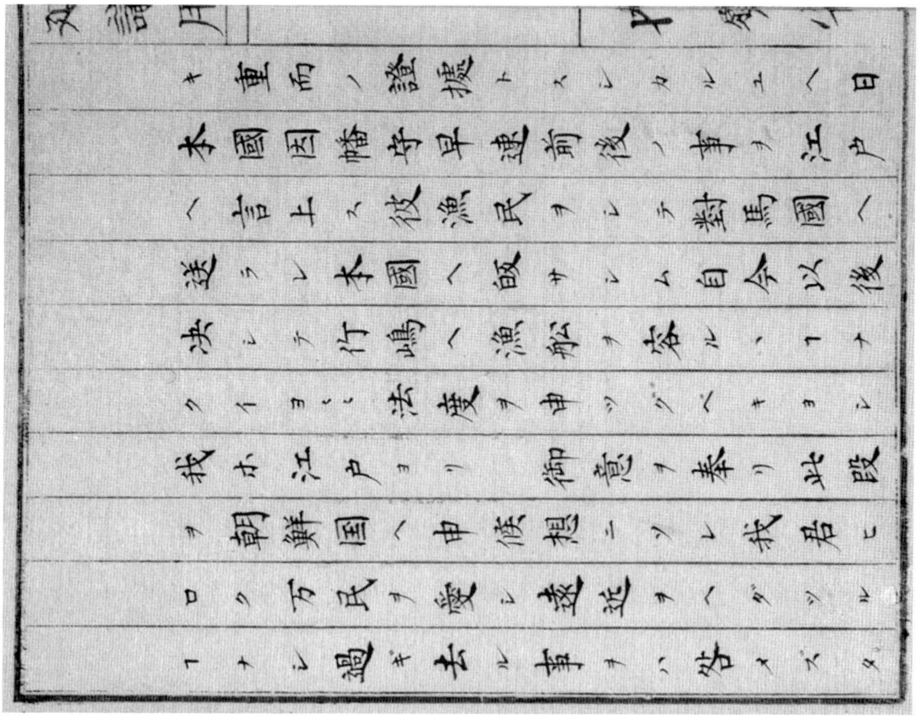
キ重而ノ證據トスレカルユヘ日
本國因幡守早速前後ノ事ヲ江戸
ヘ言上ス彼漁民ヲシテ對馬國ヘ
送ラレ本國ヘ歸サレム自今以後
決シテ竹嶋ヘ漁船ヲ寄ル、ヿナ
クイヨヽ法度ヲ申ツケヘキヨシ
我大江戸ヨリ 御意ヲ奉リ此段
ヲ朝鮮國ヘ申候想ニツレ我君ニ
ロク万民ヲ愛シ遠近ヲヘダツル
ヿナシ過キ去ル事ヲハ咎メズタ

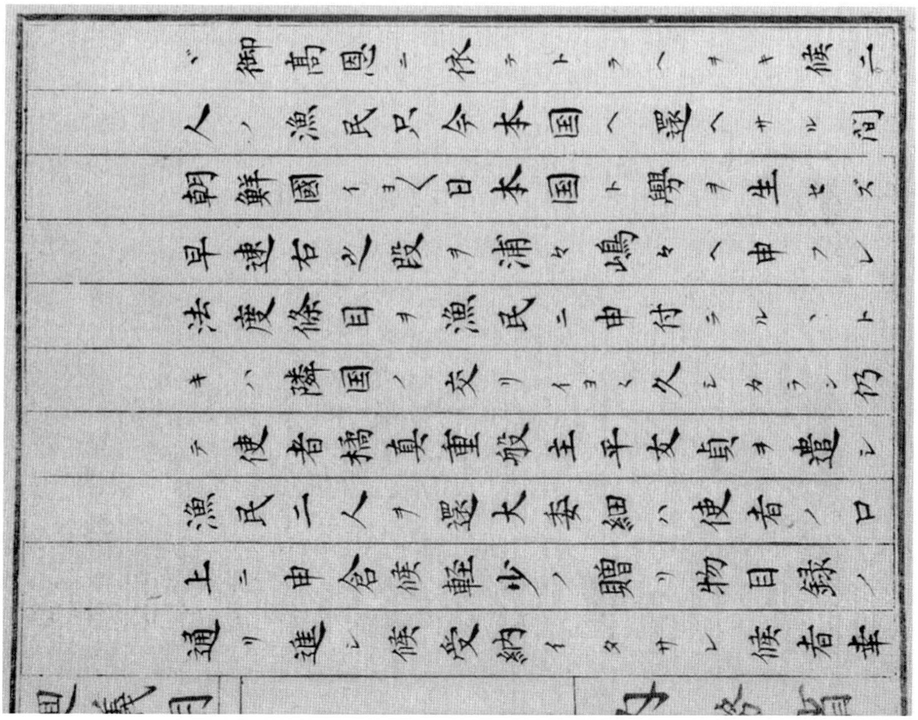
ヾ御高恩ニ依テトテヘキキ候ニ
人ノ漁民只今本国ヘ還ヘサルヽ間
朝鮮國イヨヽ日本国ト釁ヲ生セズ
早速右之段ヲ浦々嶋々ヘ申フレ
法度條目ヲ漁民ニ申付ラルヽト
キハ隣国ノ交リイヨヽ久シカラン仍
テ使者橘真重般主平友貞ヲ遣シ
漁民二人ヲ還ス大委細ハ使者ノ口
上ニ申含候輕少ノ贈リ物目録ノ
通リ進シ候受納イタサレ候者幸

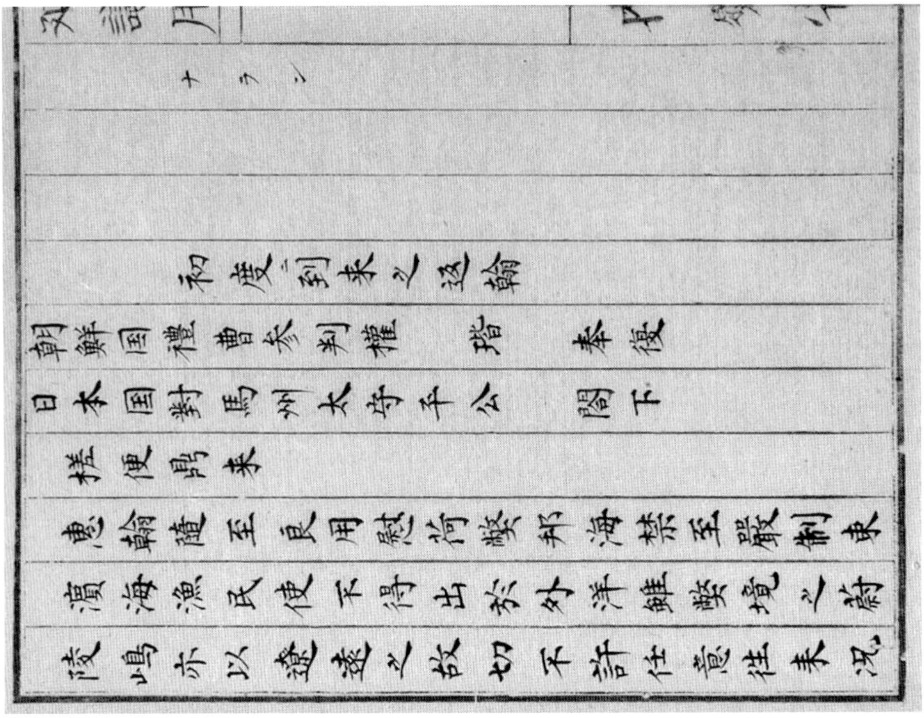

ナ ラ シ

和度二到来之送翰

朝鮮国禮曹参判權　諧　奉復

日本国對馬州太守平公　閣下

差使冒来

惠翰隨至良用慰荷弊邦海禁至嚴制東

濱海漁民使不得出於外洋雖弊境之蔚

陵島亦以遼遠之故切不許任意往来況

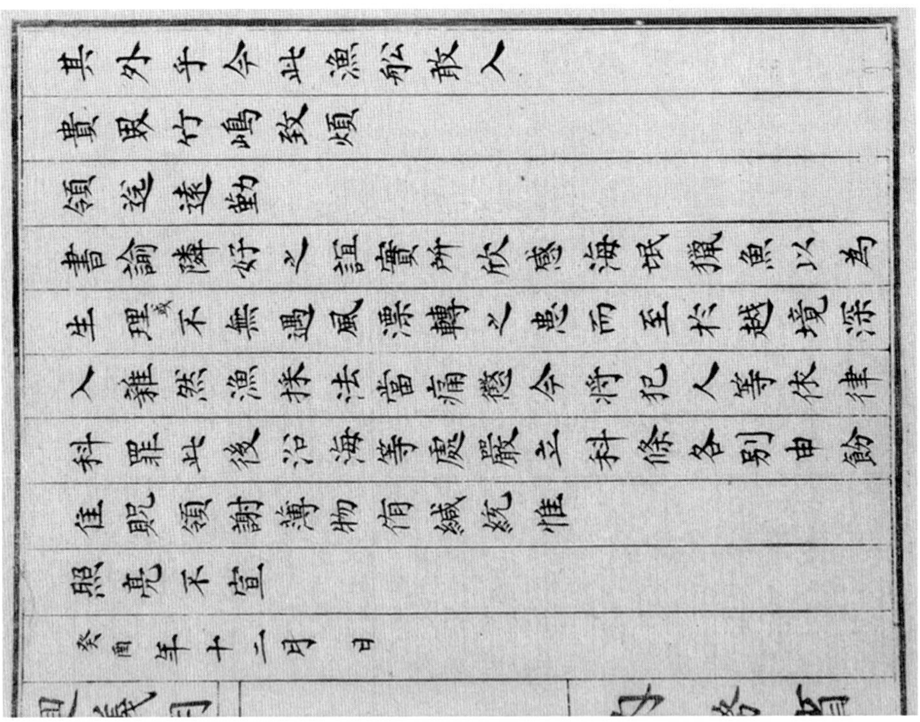

其外乎今此漁船敢入

貴界竹島致煩

領送遠勤

書諭隣好之誼實所欣感海氓獲魚以為

生理或不無遇風漂轉之患而至於越境深

入雜然漁採法當痛懲今將犯人等依律

科罪此後沿海等處嚴立科條各別申飭

佳貺領謝薄物俱載別幅惟

照亮不宣

癸酉年十二月　日

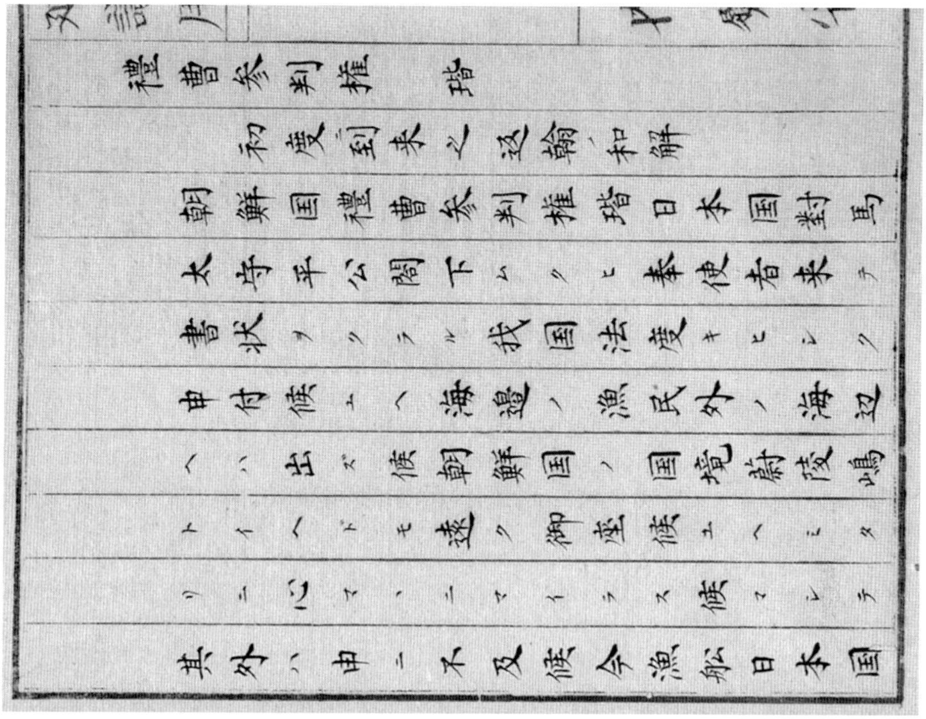
禮曹參判権䂓
初度到来之返翰和解
朝鮮国禮曹參判権䂓日本国對馬
太守平公閣下ムクヒ奉使者来テ
書状ヲクラル我国法度キビシク
申付候ニハ海邉ノ漁民外ノ海辺
ヘハ出ズ候朝鮮国ノ国境蔚陵嶋
トイヘドモ遠ク御座候ユヘミダ
リニ往マヽニマイラズ候マシテ
其外ハ申ニ不及候今漁舩日本国

ノ界竹嶋ニ入リ候ヲ送リ還サレ
遠ク示シ預リ候隣国ノ好ミ誠ニ
以欣ヒ感シ候漁民魚ヲトリテト
モイニ仕候間不盧ニ難風ニ逢申
候ヘハ漂ヒ参リ申候事ハ可有之
候然レモ国境ヲコヘテ乱レ入テ
魚ヲトリ申候ニ付キ急度法度ニ
コラシメ申候此以後ハイヨヽ海辺
等ヘキビシク可申付候見事ノ贈
リ物受納申候此方ヨリモ軽少ノ

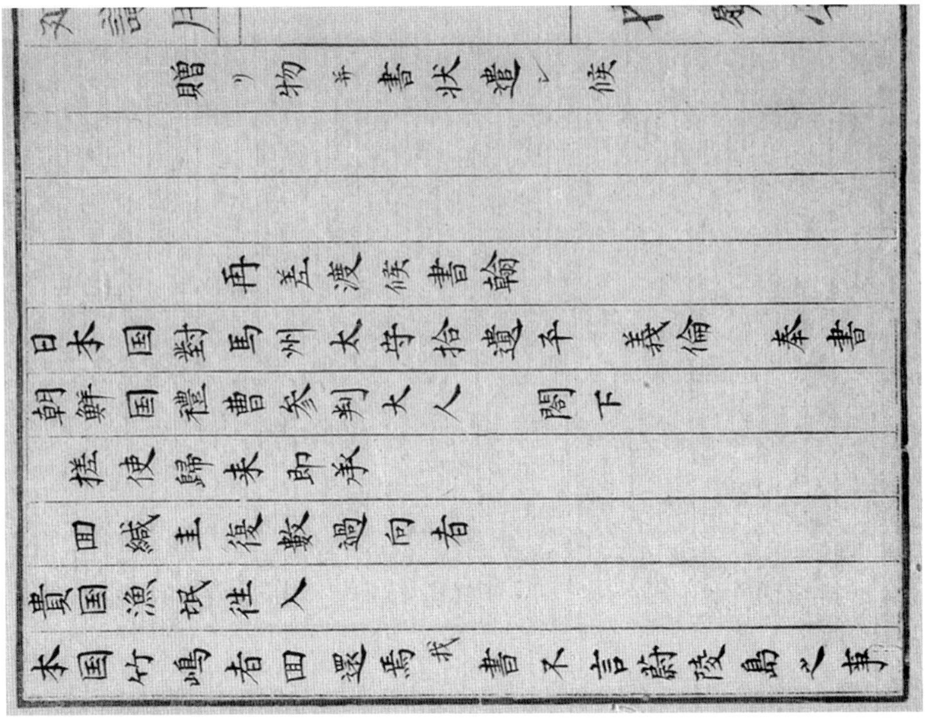
贈り物并書状遣之候

再差渡候書翰

日本国對馬州太守拾遺平 義倫 奉書
朝鮮国禮曹參判大人 閣下
槎使歸來即承
回緘謹復數遍向者
貴国漁氓往
本国竹嶋吾回還焉我書不言蔚陵島之事

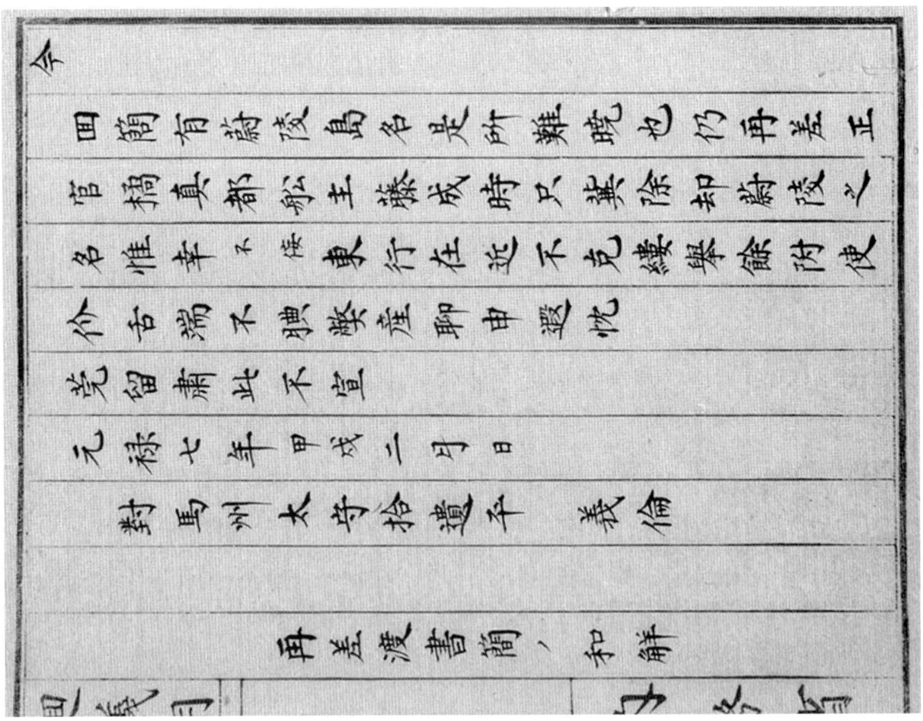
今
回簡有蔚陵島名是所難曉也仍再差正
官橘真重都船主藤成時只要除却蔚陵之
名惟幸不係東行在近不克縷舉餘附使
介吉蠲不腆聊申遐忱
莞留甫此不宣
元禄七年甲戌二月日
對馬州太守拾遺平 義倫

再差渡書簡ノ和解

日本国對馬州太守拾遺平義倫書ヲ
朝鮮国禮曹參判大人閤下ニ寄セ奉ル
使者帰リテ返書ヲ将来ス數篇拝見
申候最前朝鮮国ノ漁民本国ノ竹島
ニ入リ候者共還送リ候我等書状ニハ
蔚陵島ノ名アリヤトリガタク候ニ
ヨリテ重而使者橘真重船主藤成時
ヲ遣ス願クハ蔚陵ノ名ヲノゾキ玉
ハヽ幸ナラン我等參府近ク御座候間
恙ク不申述委細ハ使者ノ口上ニ申

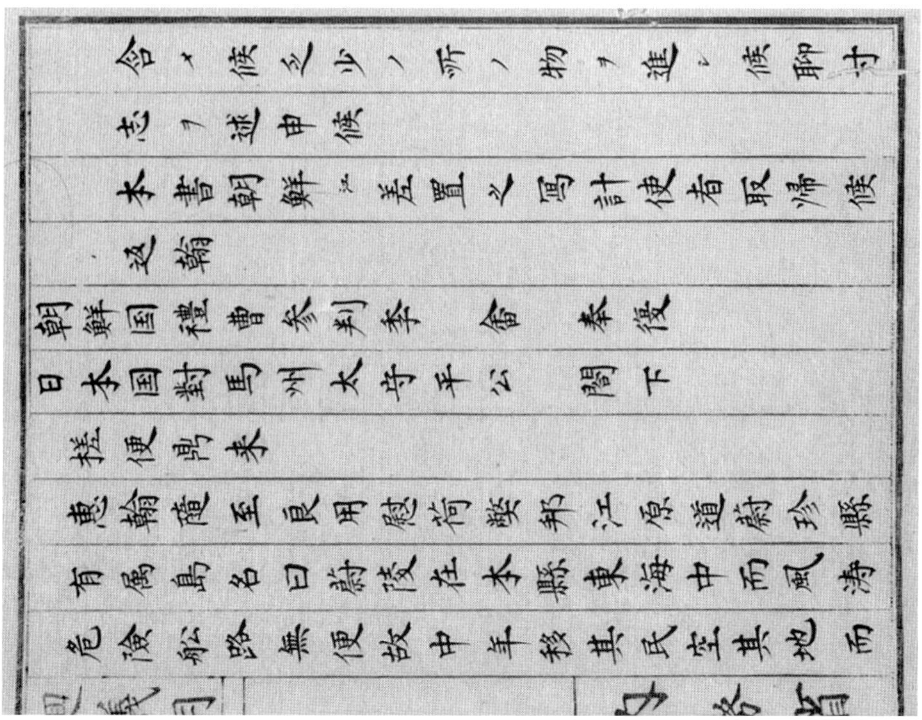
含メ候乏少ノ所ノ物ヲ進ジ候聊寸
志ヲ述申候
本書朝鮮ニ差置之写計使者取帰候
返翰
朝鮮国禮曹參判李　畬　奉復
日本国對馬州太守平公　閤下
差使出来
惠翰備悉至意甚慰荷弊邦江原道蔚珍縣
有属島名曰蔚陵在本縣東海中而風濤
危険船路無便故中年移其民空其地而

時遣公差往来搜撿矣本島峯巒樹木自
陸地歷々望見而凡其山川紆曲地形濶
狭民居遺址土物所産俱載於我
国与地勝覧書歷代相傳事跡照然今者
我国海邊漁氓往于其島而不意
貴国之人自為犯越與之相值乃反拘執
二氓轉到江戸幸蒙　貴国
大君明察事情
優加資遣此可見交隣之情出於尋常欽
歎　高義感激何言雖然我氓漁採

之地本是蔚陵島而以其産竹或稱竹島此
乃一島而二名也一島二名之狀非徒我
国書籍之所記
貴州人亦皆知之而今此
来書中乃以竹島為
貴国地方欲令我
国禁止漁船更往而不論
貴国人侵渉我境拘執我氓之失豈不有欠
於誠信之道乎深望將此辭意轉報
東武申飭

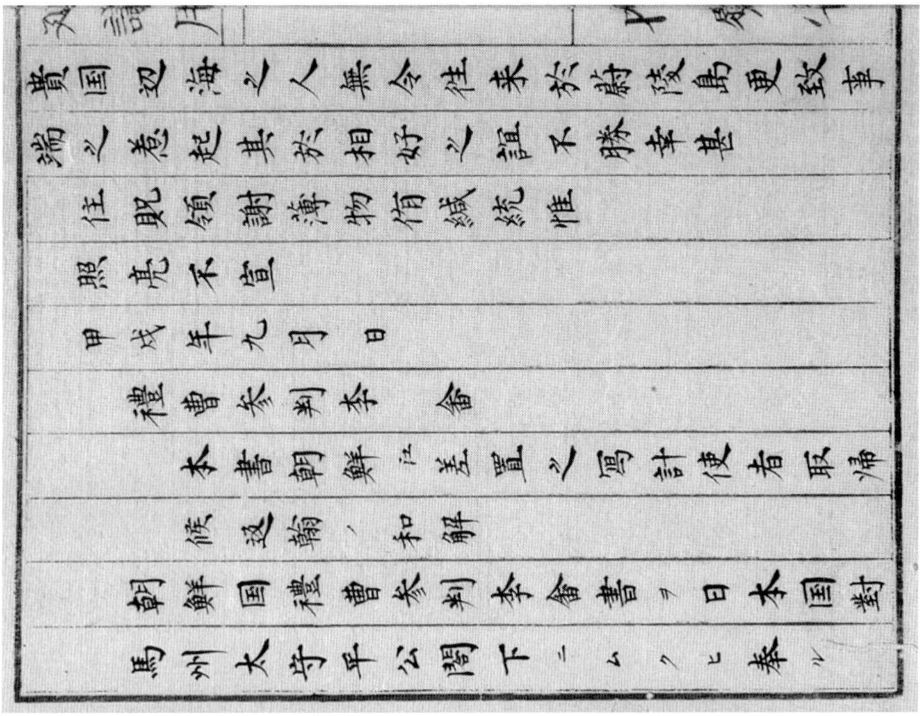

貴国辺海之人無令往来於蔚陵島更致事

端之慮起其於相好之誼不勝幸甚

佳貺領謝薄物侑緘統惟

照亮不宣

甲戌年九月 日

禮曹参判李 畬

本書朝鮮江差置之写計使者取帰

候段翰ゝ和解

朝鮮国禮曹参判李畬書ヲ日本国対

馬州太守平公閣下ニムクヒ奉ル

使者来テ書状ヲクミル朝鮮国江原

道蔚珍県ニツキ島アリ名ケテ蔚陵

ト云本県東海ノ中ニアリ風濤ケハシ

ク船路通シカタク候近年其民ヲ移

シ其所ヲ空地ニイタシ置候嶋ノ峯

巒樹木陸ヨリ明ニ見ヘ申候総躰其

山川マガリメグリ地形濶ク撲ク人

ノ居リ申候跡其所ニ生シ申候物奉

ク我国ノ輿地勝覧ト申候書物ニ載

リ申候代ゝ相傳ヘテ事跡アキラカ

ニ御座候今我国海辺ノ漁民其嶋ニ
参リ申候不慮ニ日本国ノ人ニ出合
カヘッテ漁民二人ヲカラメトラヘラ
レテ江戸ヘ言上セラレ幸ニ日本国
ノ
大君明ニ事ノ實ヲ察シタマヒタスケカヘ
サル識ニ隣国ノ交リ尋常ニコエルヿ
ヲ知ルツヽシンデ高義ヲ歎シ感激
申シ尽シカタク候竹嶋ハ我民漁猟
ノ所ニテ蔚陵島ノコトナリ竹ヲ生

スルヲ以テ竹島ト申候島一ニシテ名
二ツ御座候島一ニシテ名二ツアルヿ
ハ朝鮮国ノ書物ニシルスバカリニ
テハナク日本国ノ人モ皆コレヲ存
シ申候今書状ノ中ニ竹島ヲ以テ日
本国ノ地トス朝鮮漁船ノ往来スル
ヿヲ禁制シテ日本国ノ人ノ我国境
ヲ侵シ我民ヲカラメ執ヲルヿノア
ヤマリヲバイハズ是真實ノ道ヲ欠
クヿアラシヤ此段ヲ江戸ヘ申達セ

ヲレ日本国ノ海辺ノ人ニ申シツケ
ヲレ蔚陵島ニ往来シテ争ヒノ端ノ
起ラザルヤウニシ玉ハヾ好ミノ義ニ
於テ幸ナラン見事ノ贈リ物受納申
候此方ヨリモ軽少ノ贈リ物并書状
遣シ申候

輿地勝覽并芝峯類說書拔

鬱陵島 在江原道蔚珍縣正東

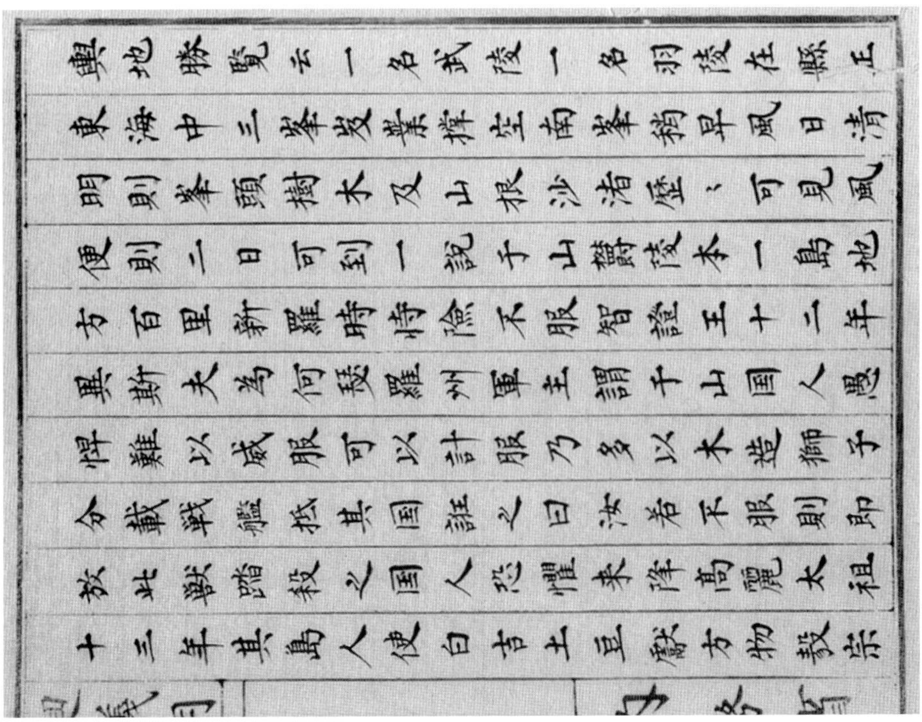
輿地勝覽云一名武陵一名羽陵在縣正
東海中三峯岌業撑空南峯稍卑風日清
明則峯頭樹木及山根沙渚歷歷可見風
便則二日可到一說于山鬱陵本一島地
方百里新羅時恃險不服智證王十二年
異斯夫為何瑟羅州軍主謂于山国人愚
悍難以威服可以計服乃多以木造獅子
分載戰艦抵其国誑之曰汝若不服則即
放此獸踏殺之国人恐懼来降高麗太祖
十三年其島人使白吉土豆獻方物毅宗

十三年王聞欝陵地廣土肥可以居民遣
溟州道監倉金柔立往視柔立回奏云島
中有大山從山頂向東行至海一萬餘步
向西行一萬三千餘步向南行一萬五千
餘步向北行八千餘步有村落基趾七所
或有石佛鐵鐘石塔多生柴胡藁本石南
草後崔忠獻〻議以武陵土壤膏沃多珍
木海錯遣人往觀之有屋基破礎宛然不
知何代人居也於是移東郡民以實之及
使還多以珍木海錯進之後屢為風濤所

蕩覆舟人多物故因還其居民本朝太宗
時聞流民逃其島者甚多再命三陟人金
麟雨為按撫使刷出空其地麟雨言土地
沃饒竹大如杠鼠大如猫桃核大於升凡
物稱是世二十年遣縣人萬户南顥率数
百人往捜逋民盡俘金九等七十餘人而
還其地遂空成宗二年有告別有三峯島
者乃遣朴宗元往覓之因風濤不得泊而
還同行二船泊欝陵島只取大竹大鰒魚
回啓云島中無居民矣

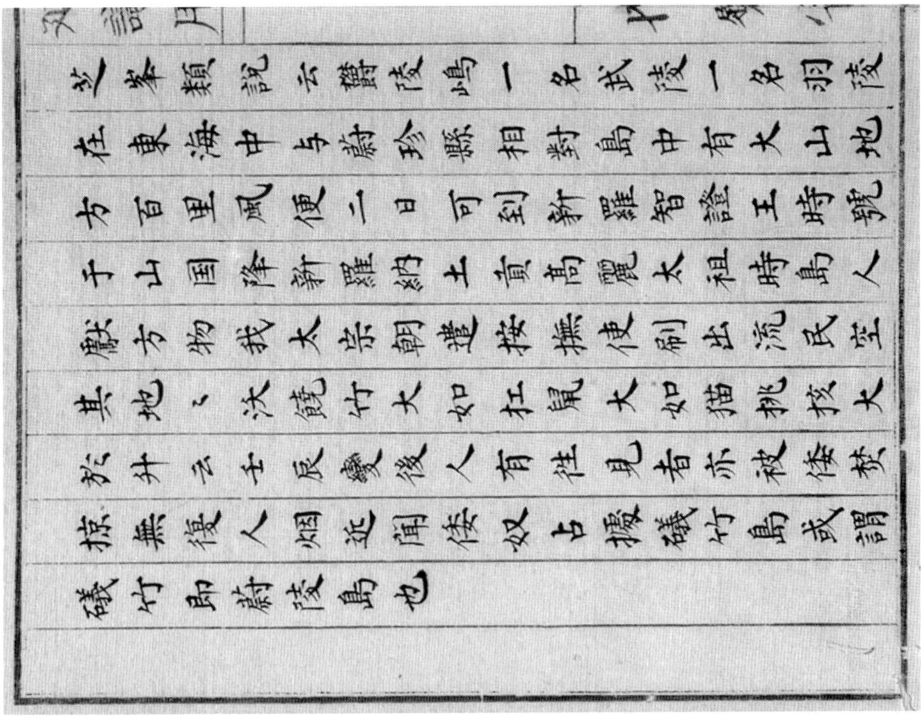

芝峯類說云鬱陵島一名武陵一名羽陵
在東海中与蔚珍縣相對島中有大山地
方百里風便二日可到新羅智證王時號
于山国降新羅納土貢高麗太祖時島人
獻方物我太宗朝遣按撫使刷出流民空
其地ゝ沃饒竹大如杠鼠大如猫桃核大
於升之壬辰變後人有往見者亦被倭焚
掠無復人烟近聞倭奴占據礒竹島或謂
礒竹即蔚陵島也

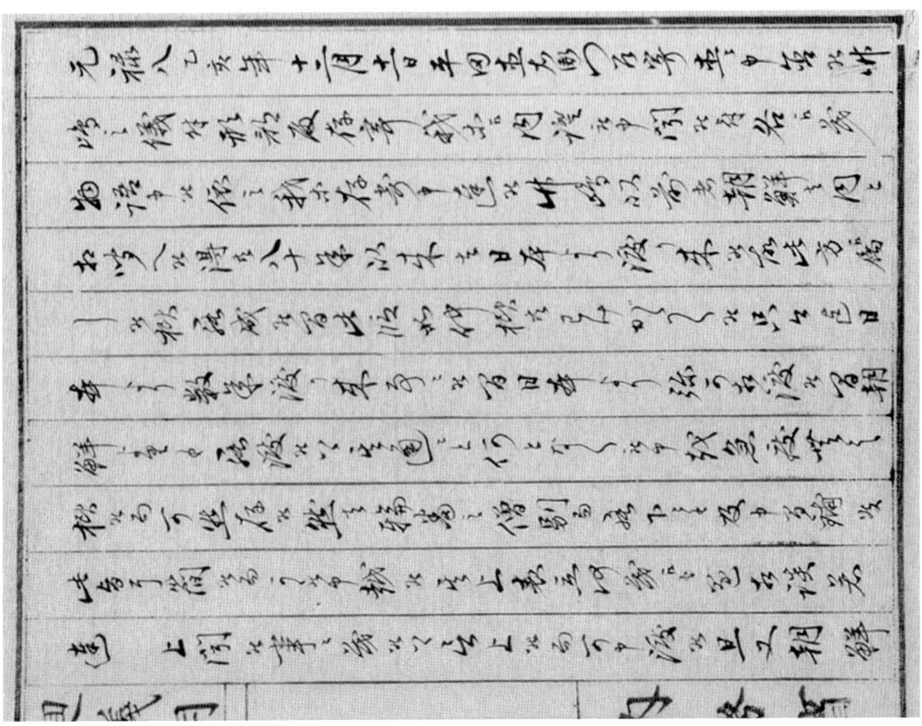

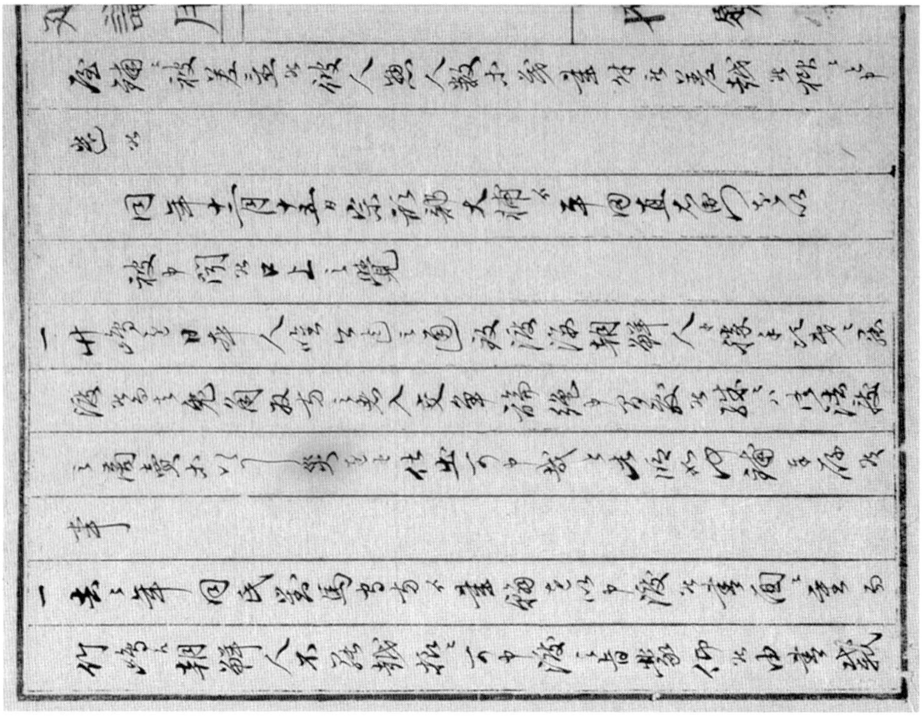

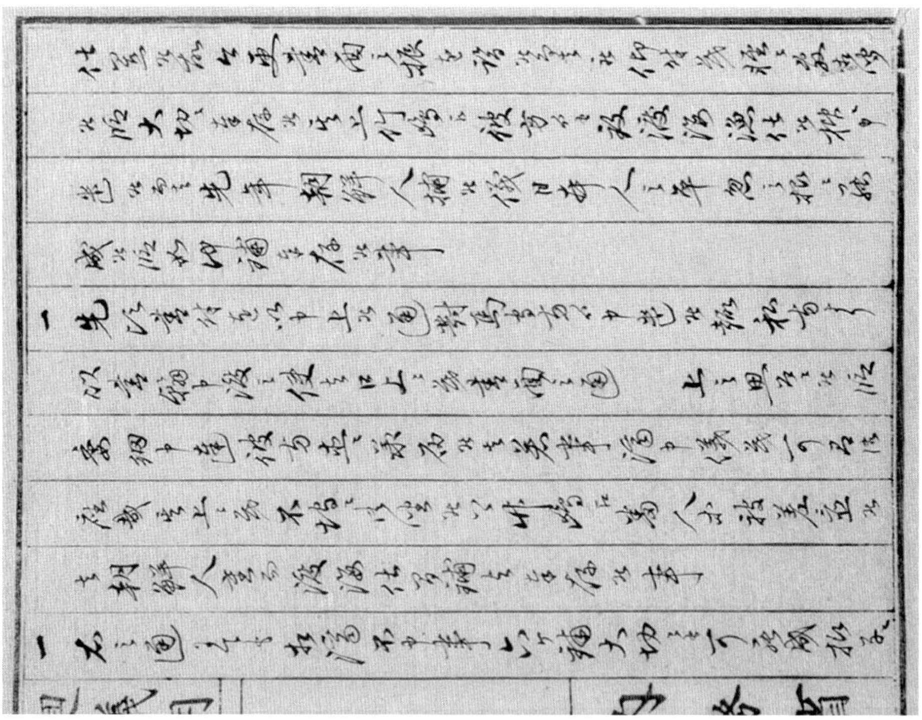

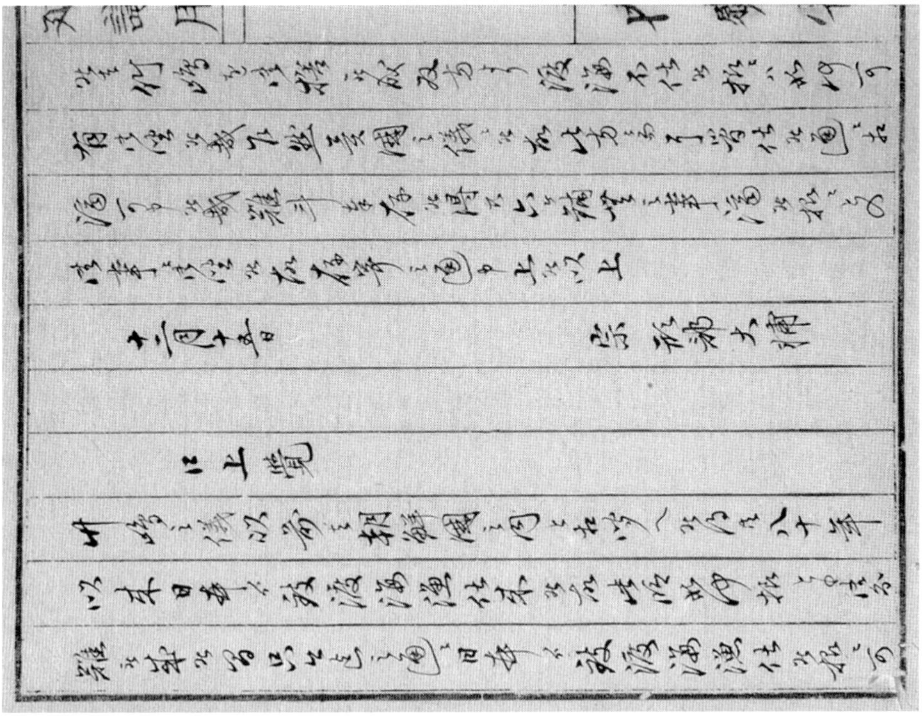

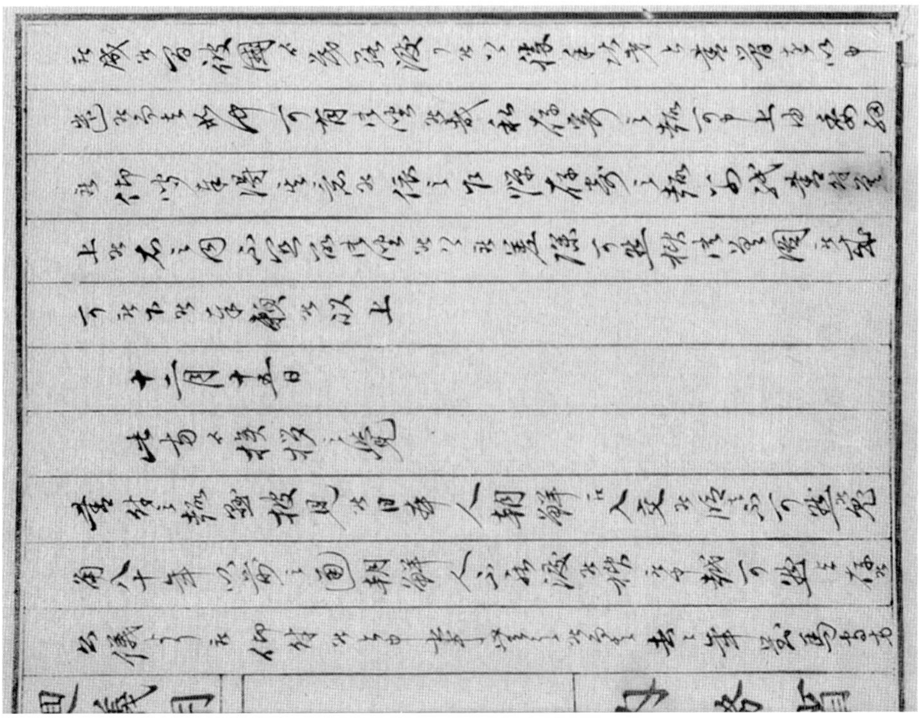

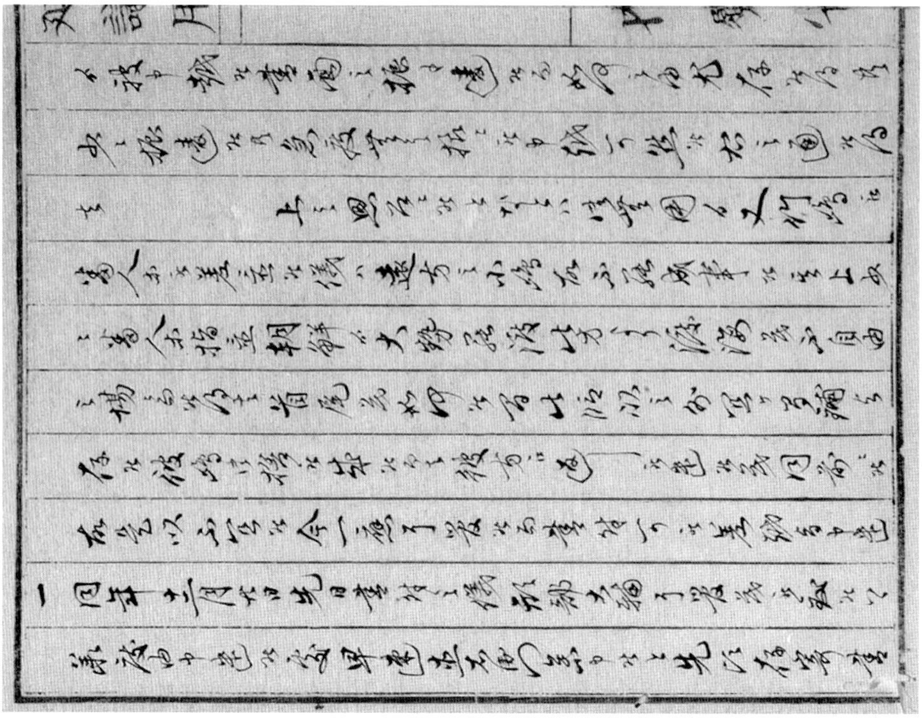

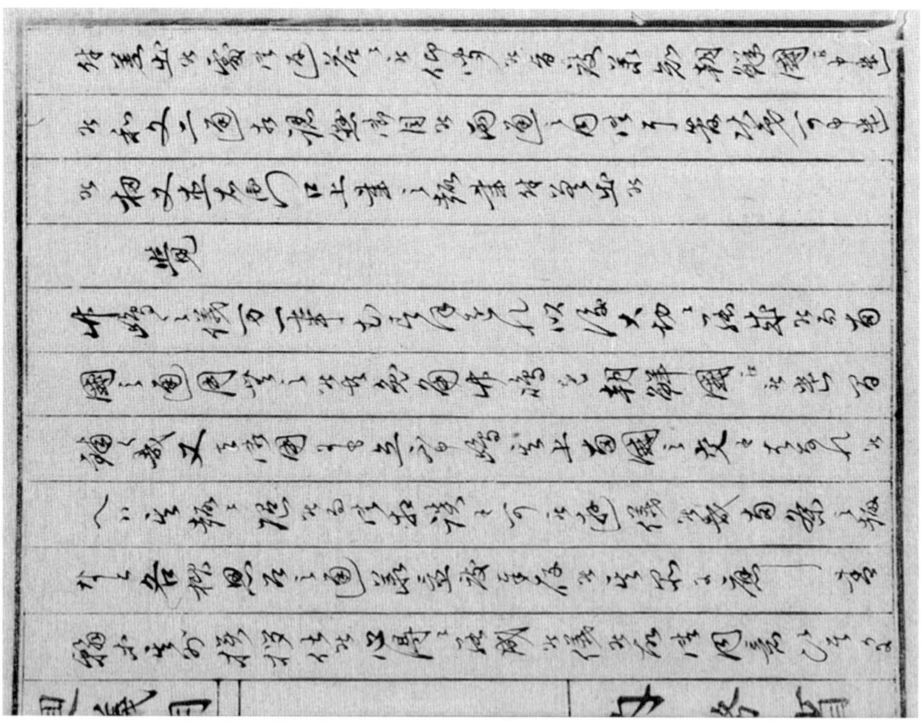

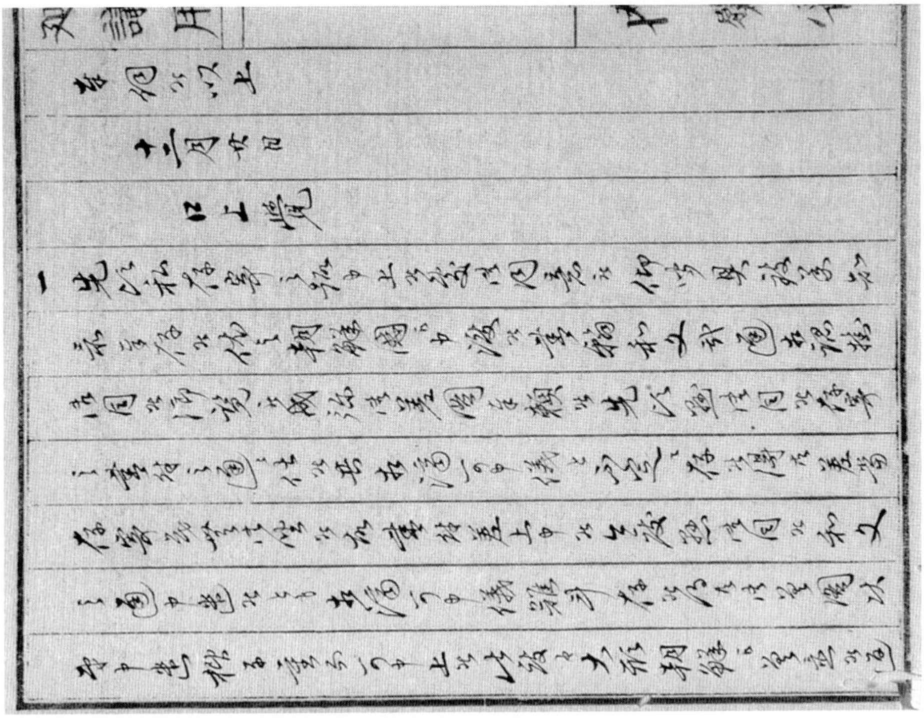

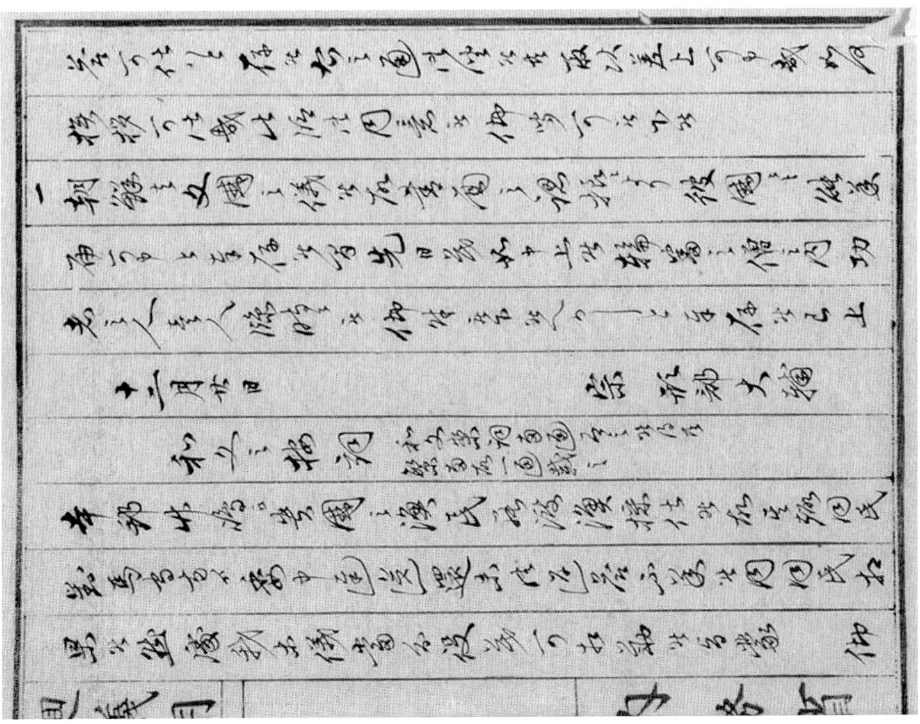

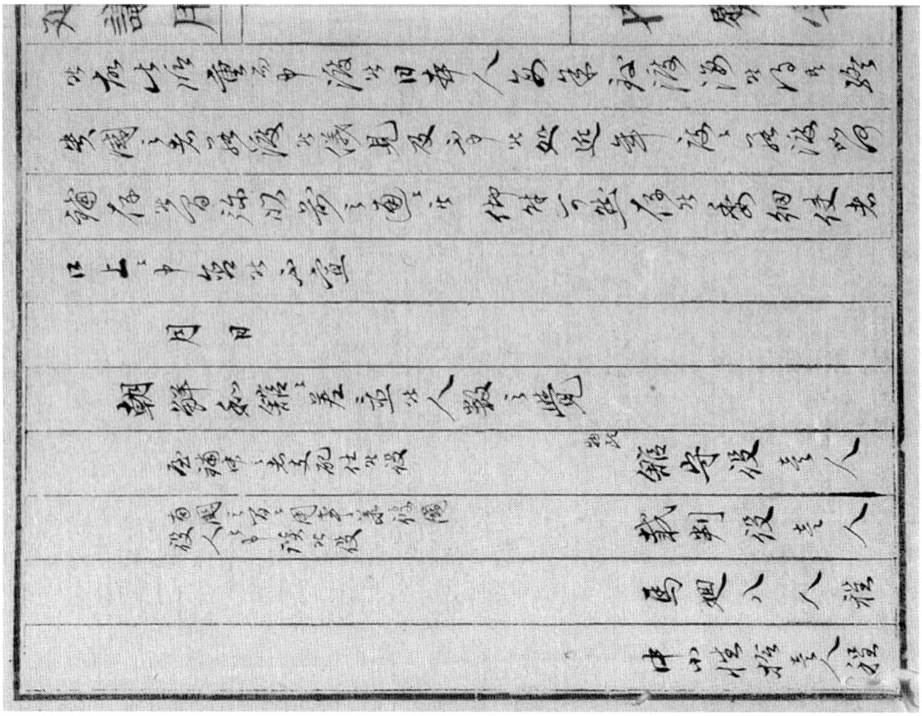

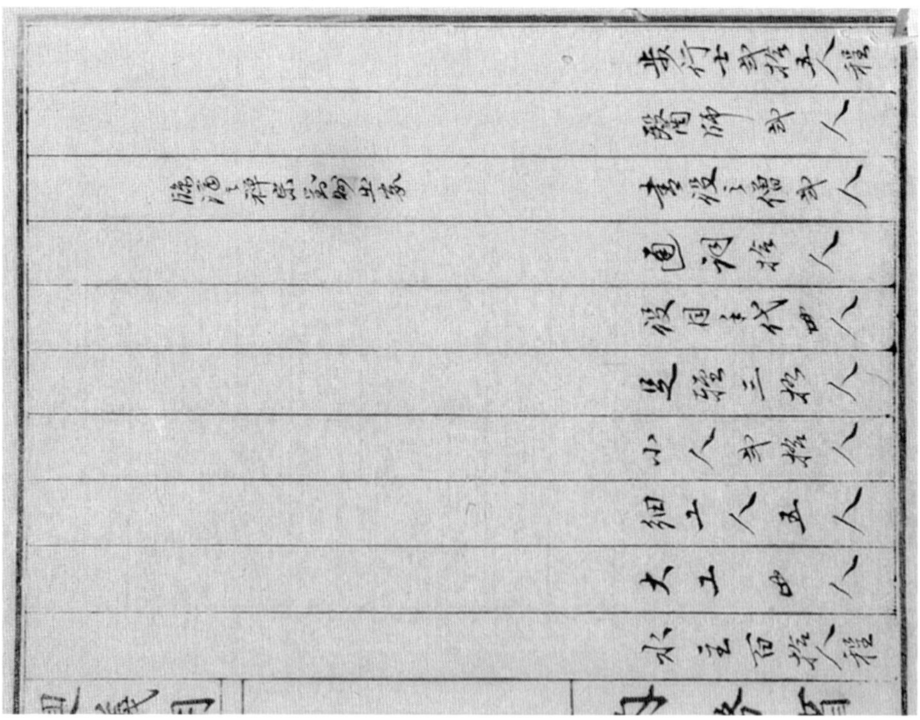

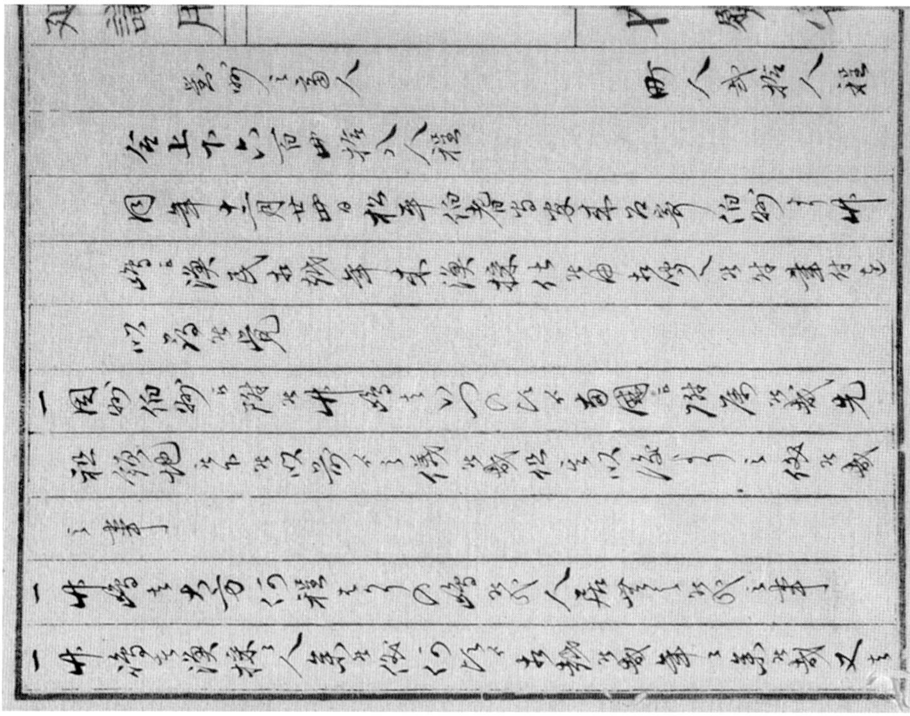

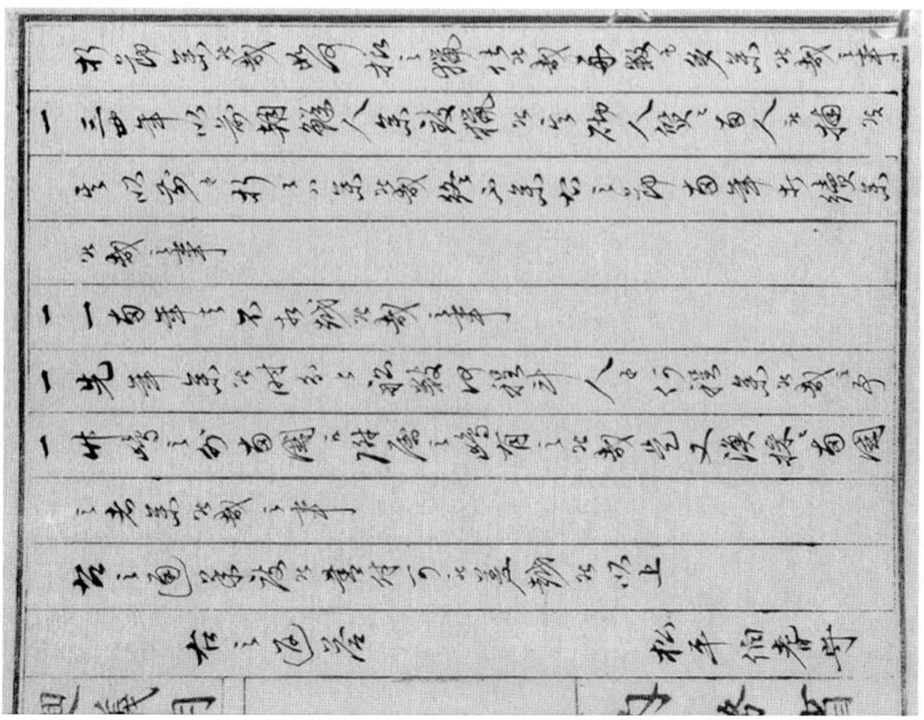

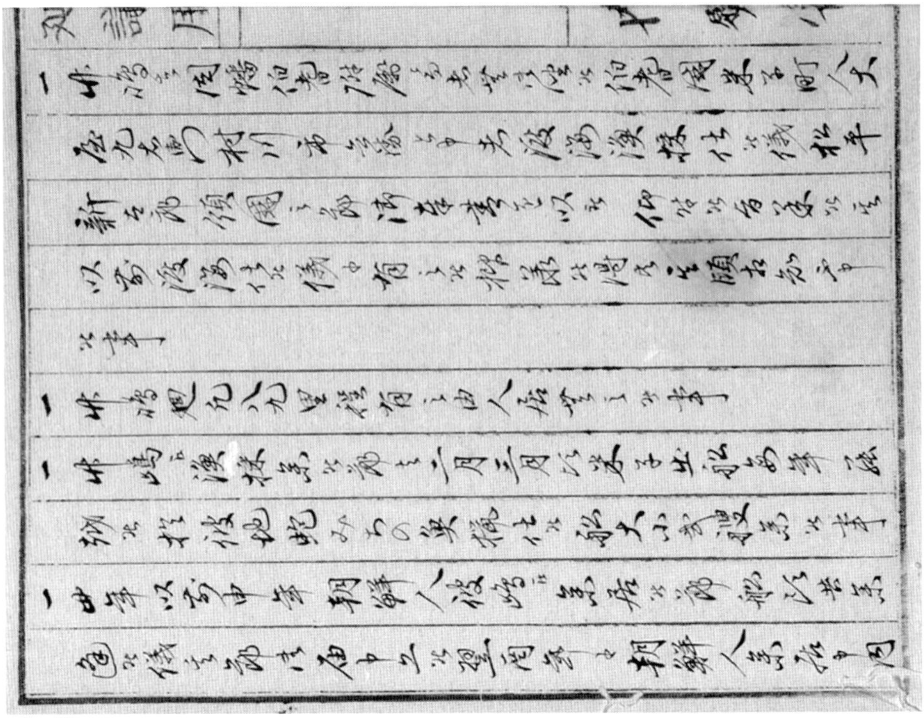

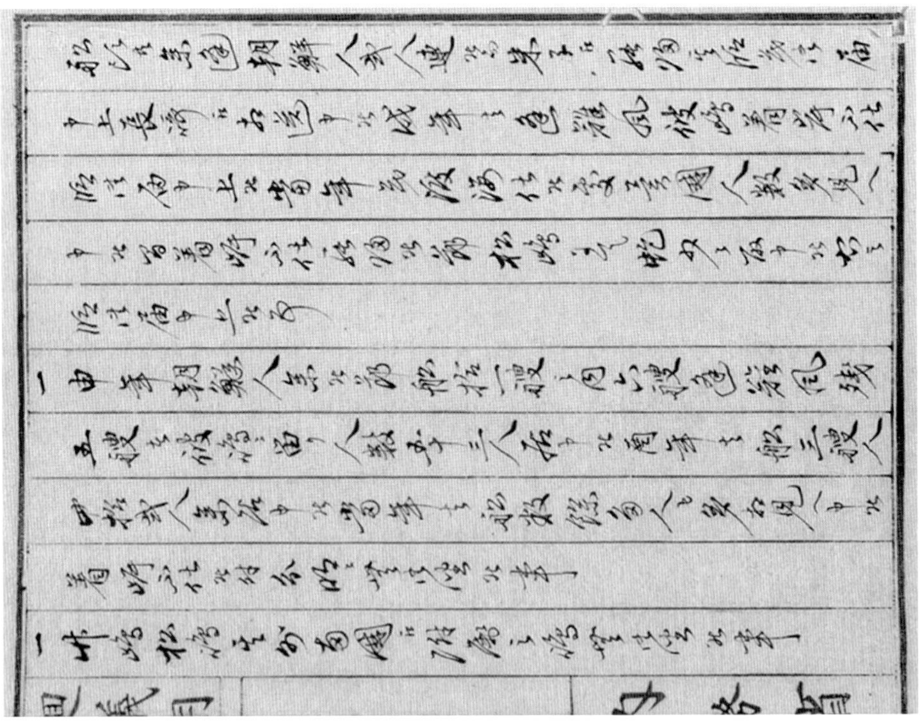

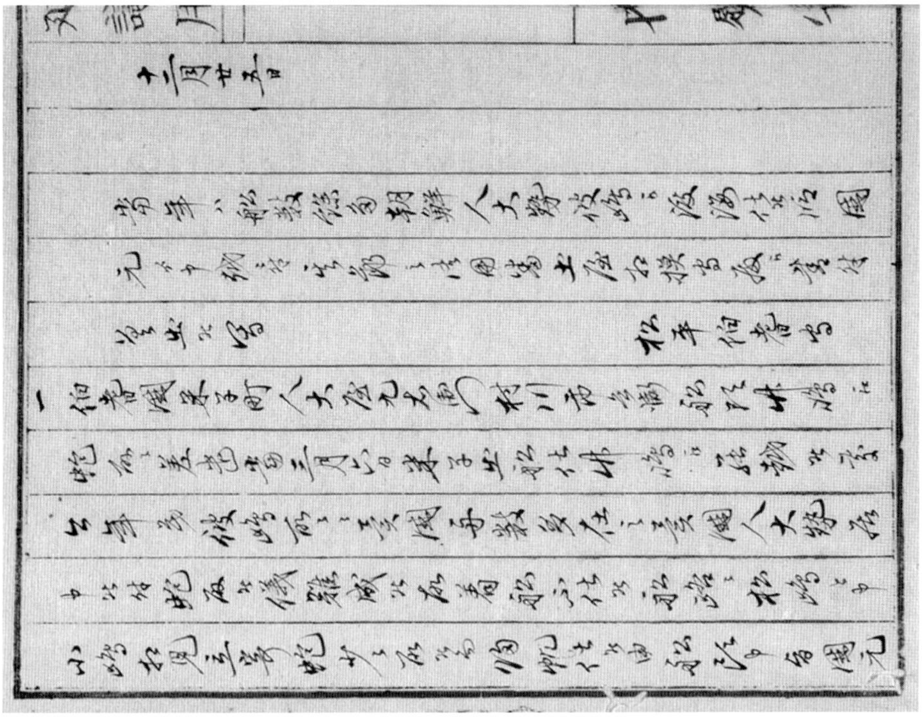

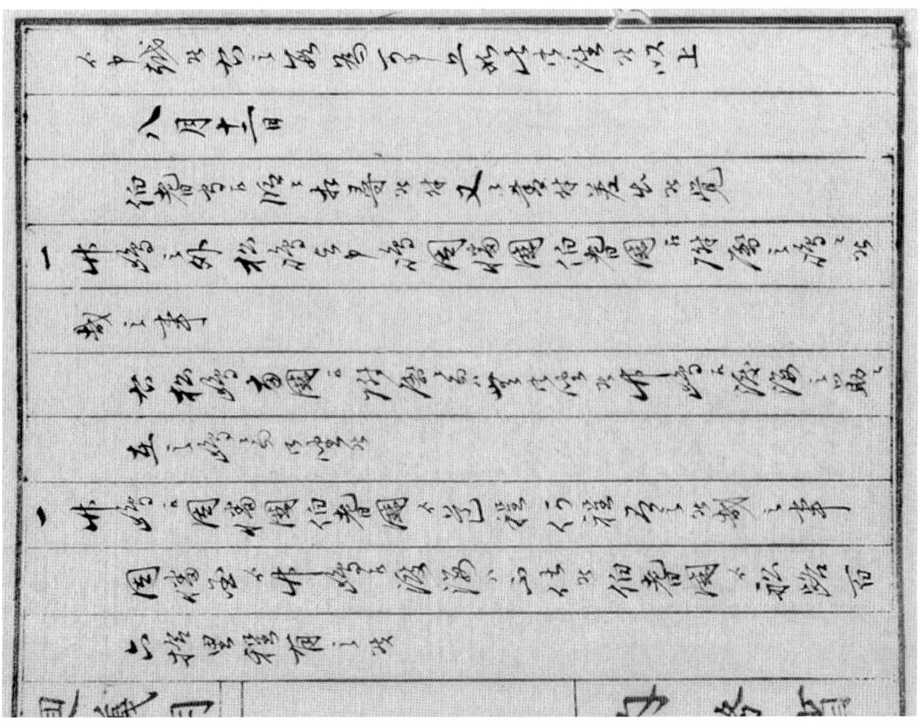

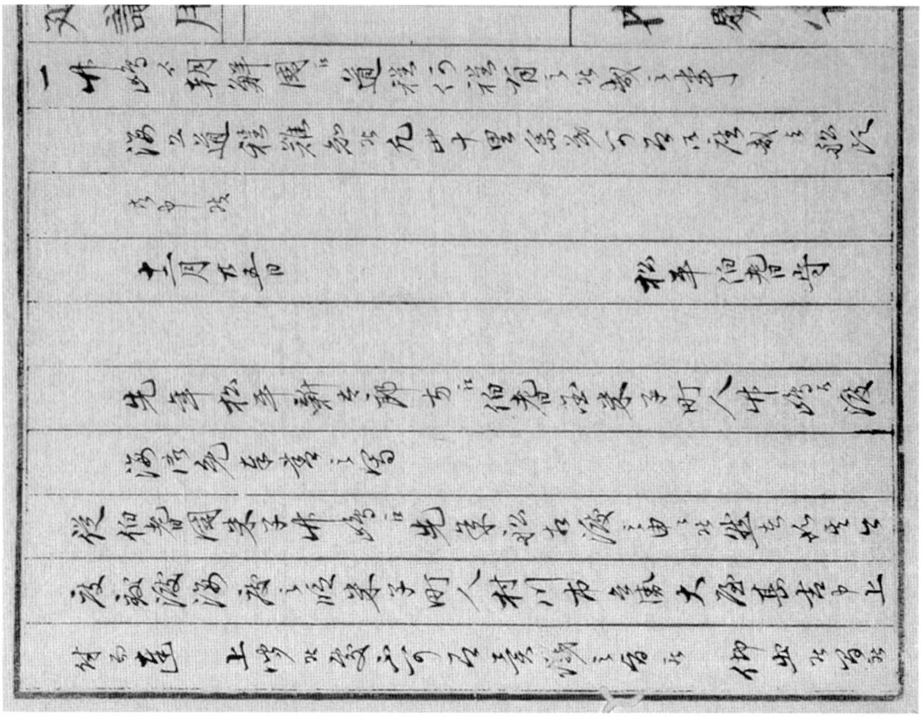

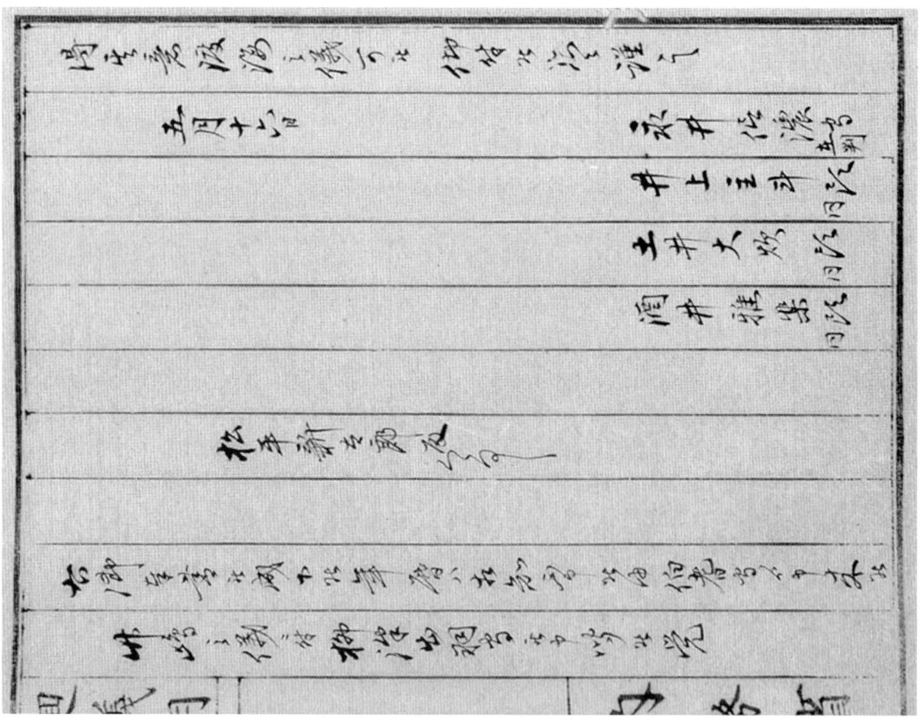

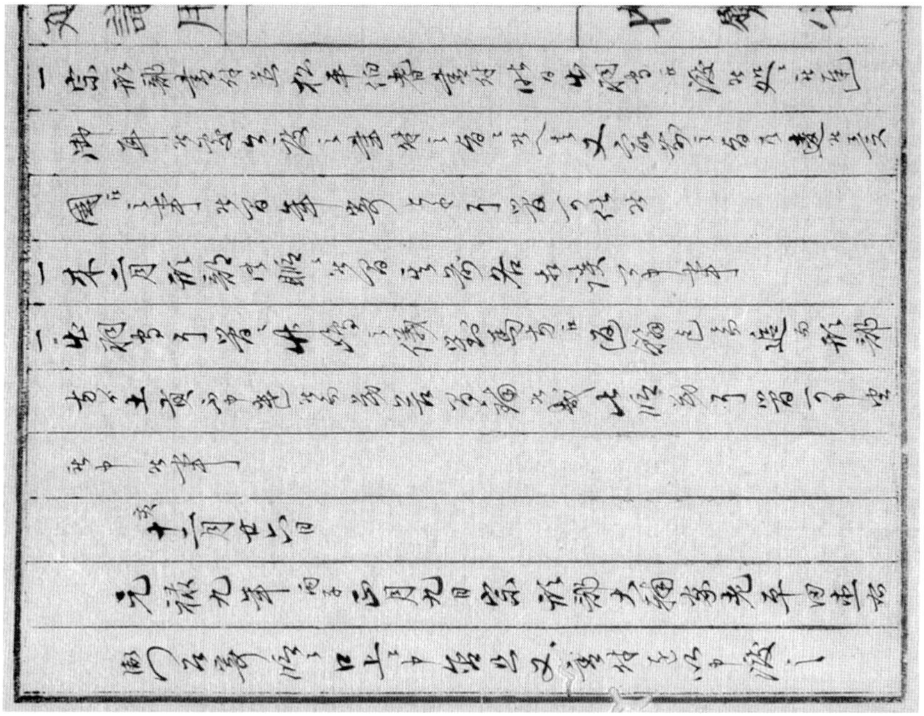

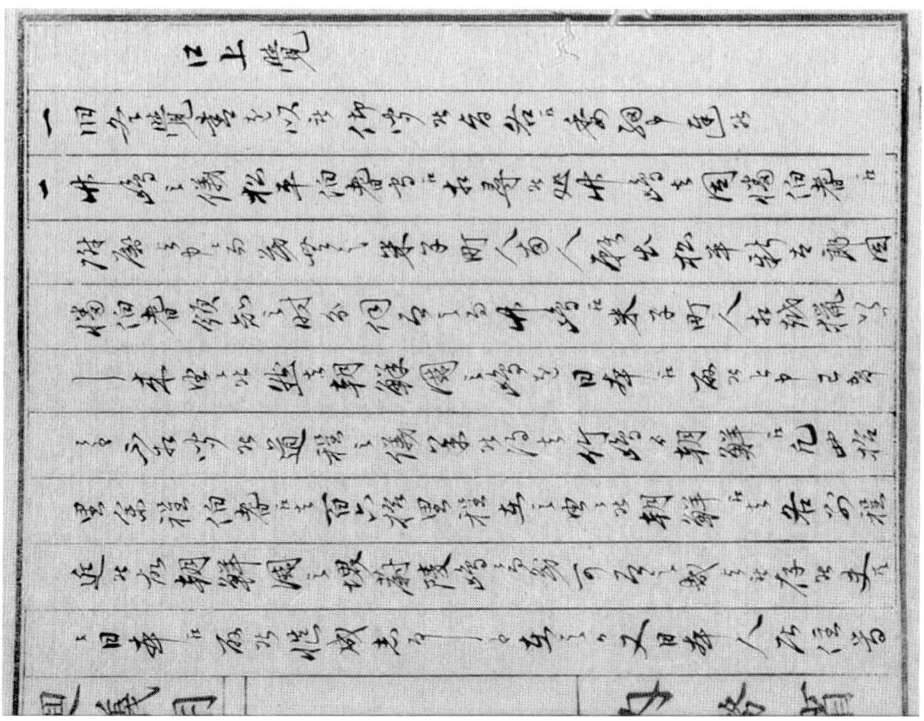

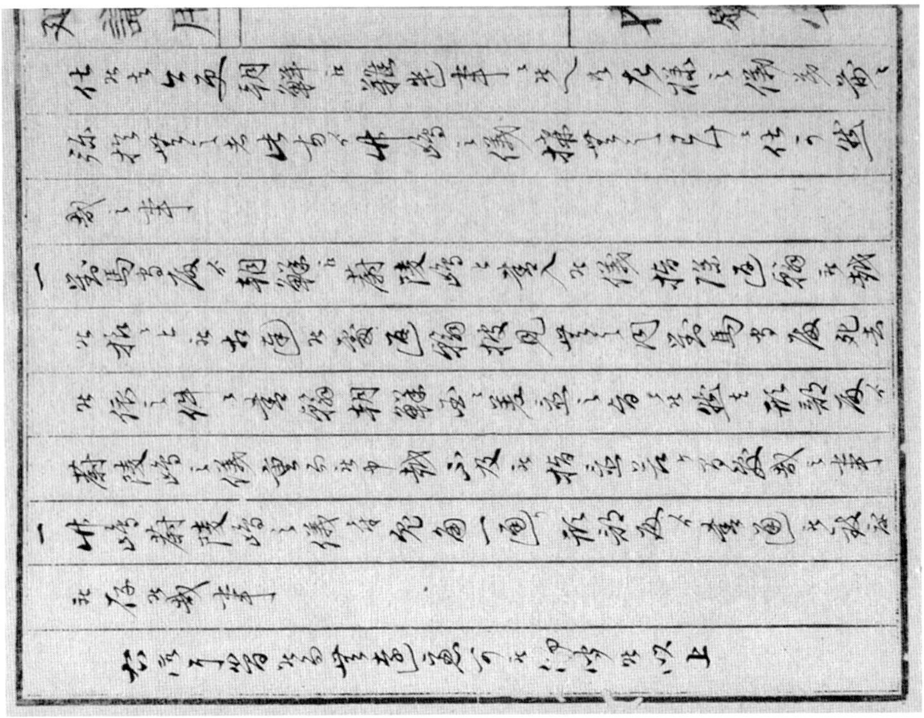

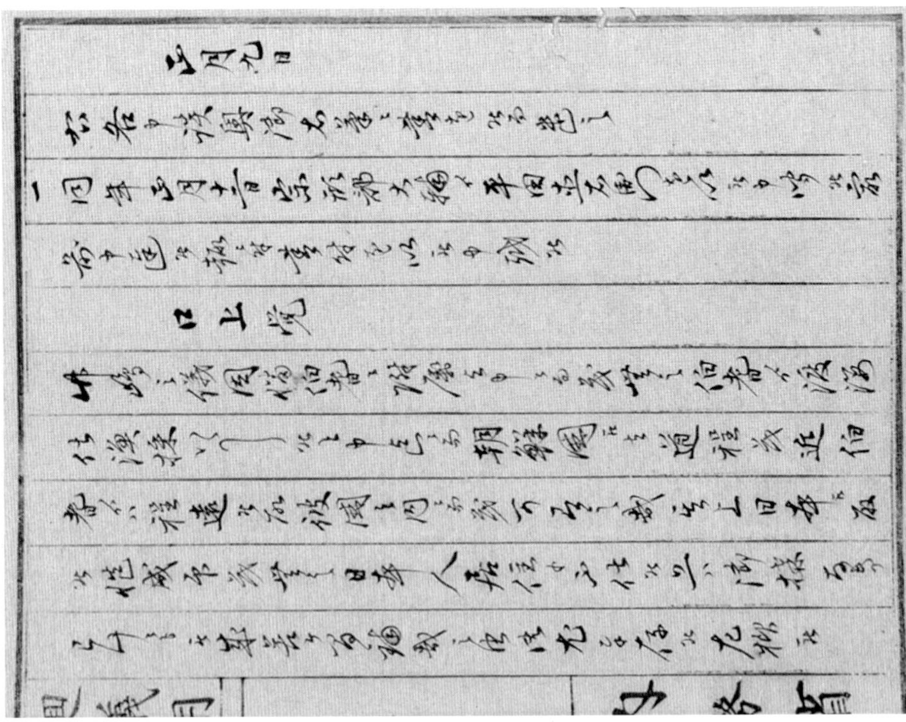

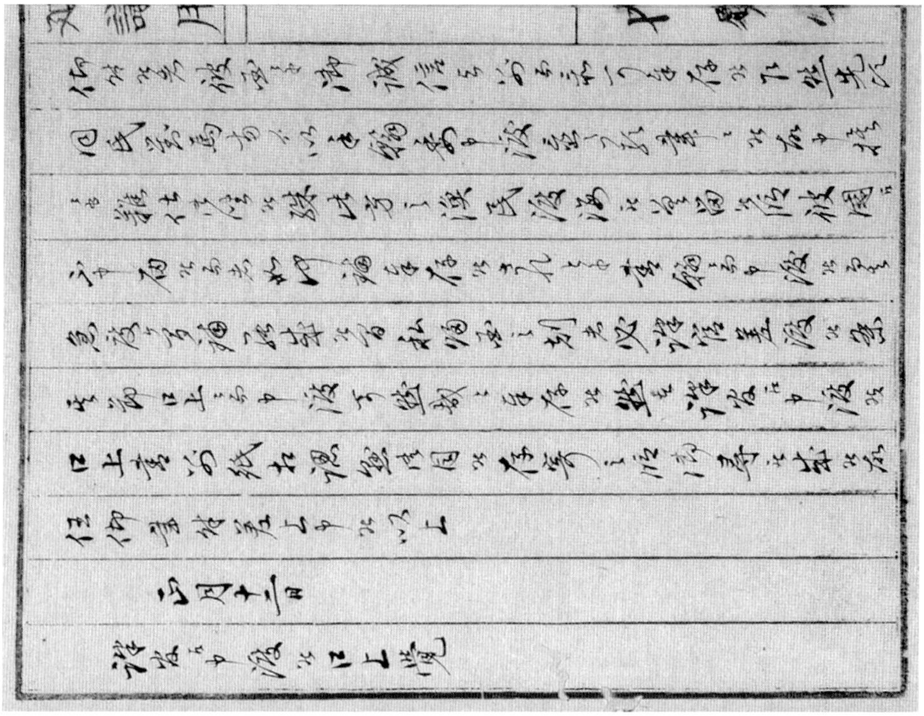

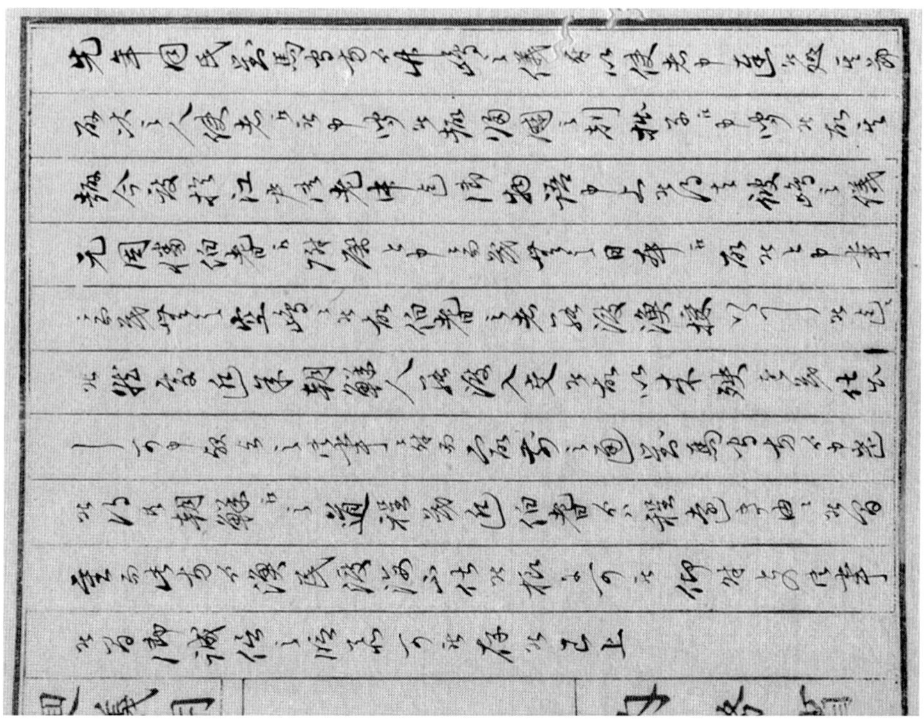

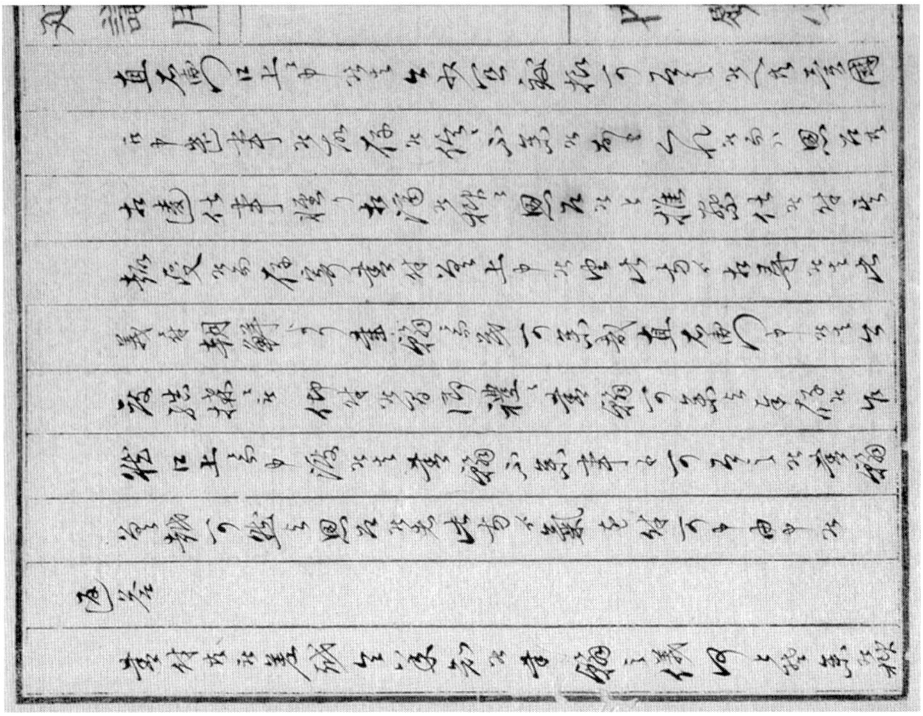

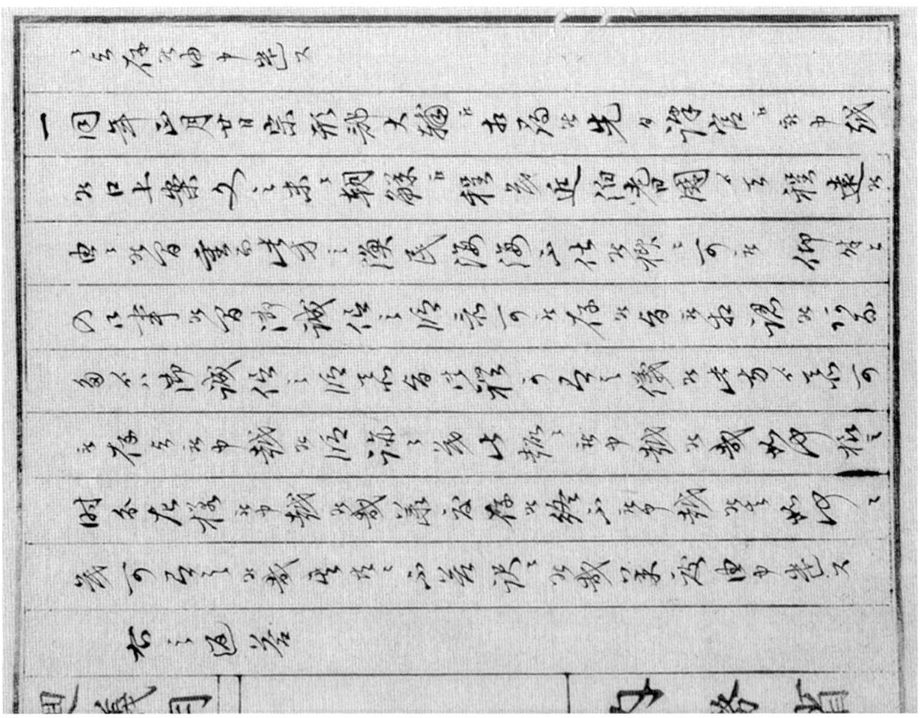

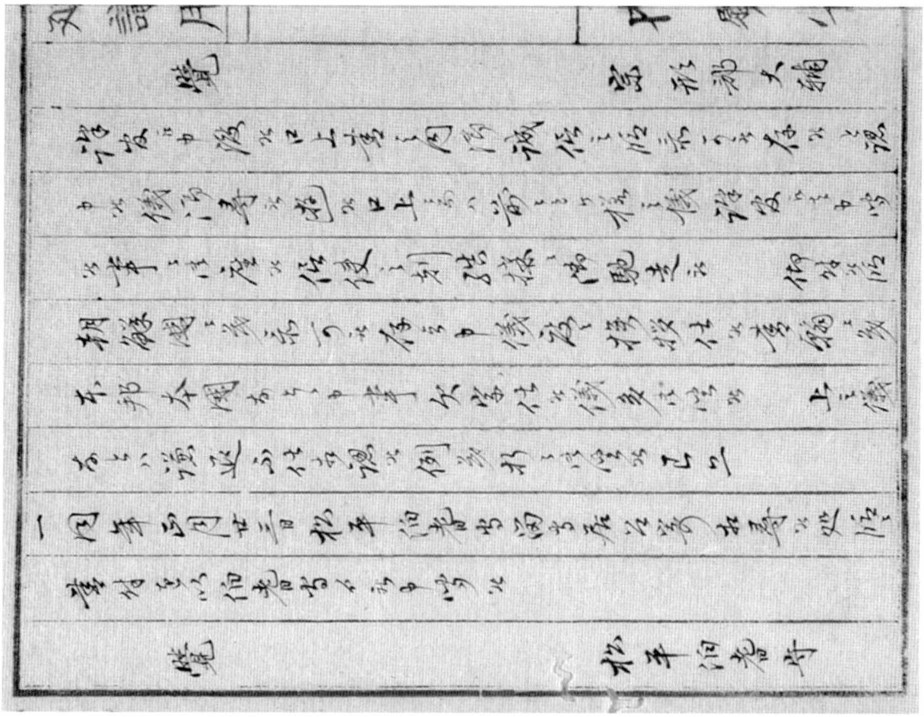

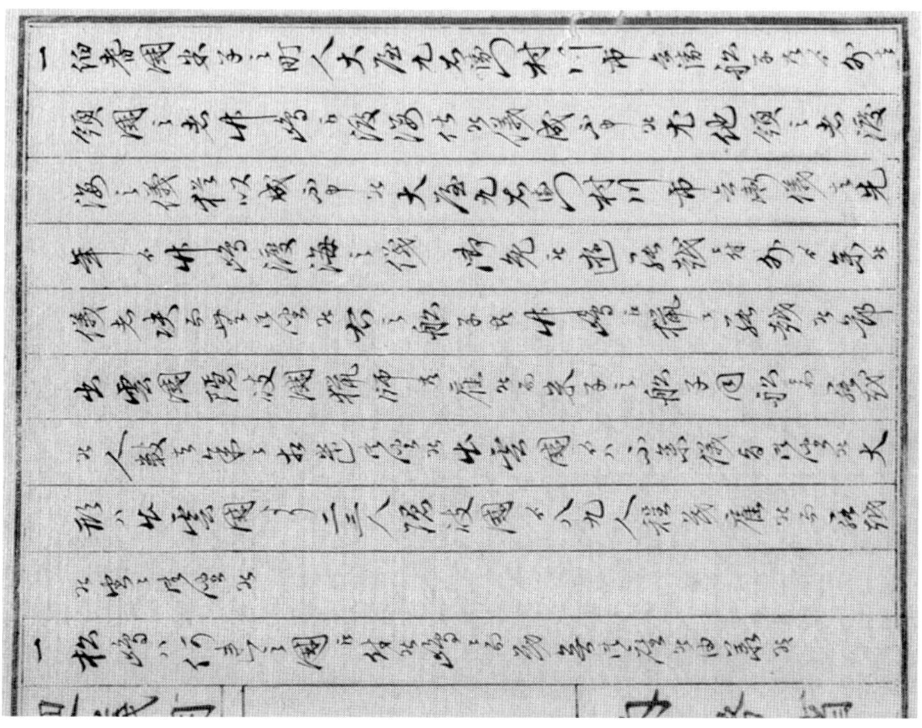

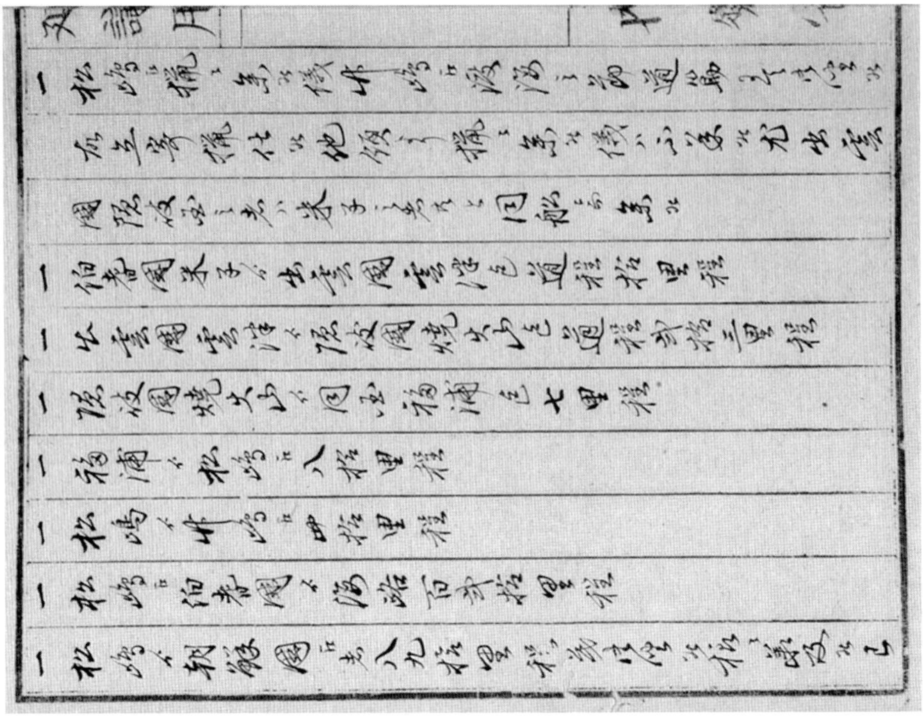

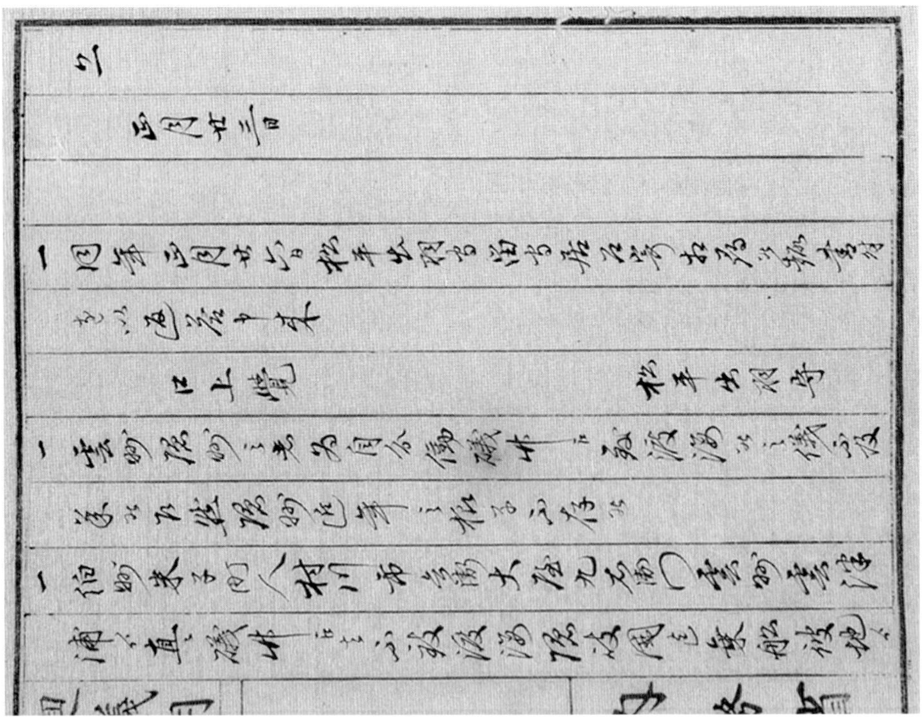

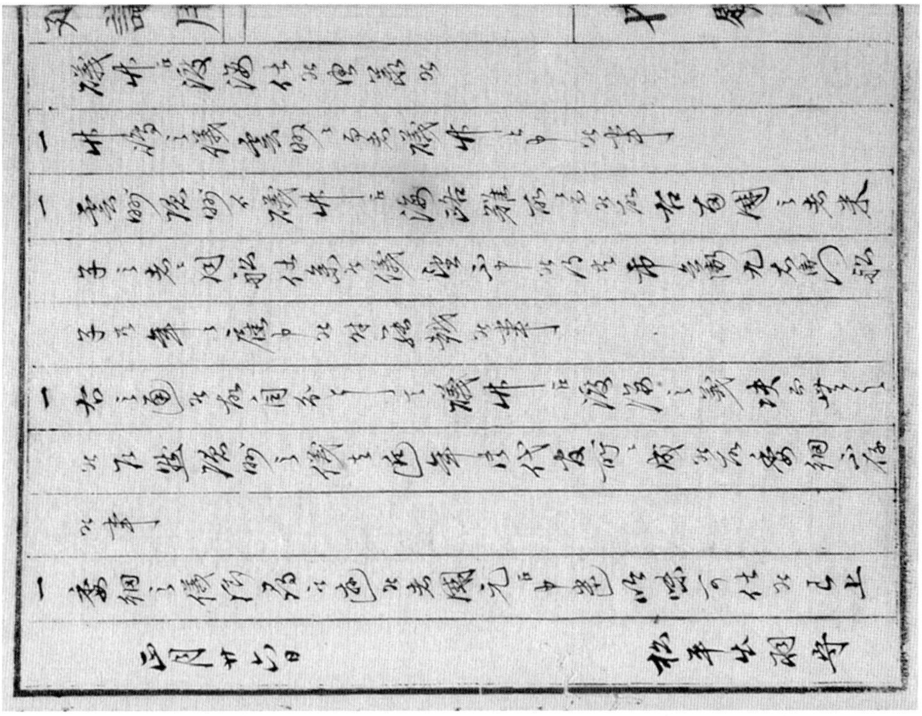

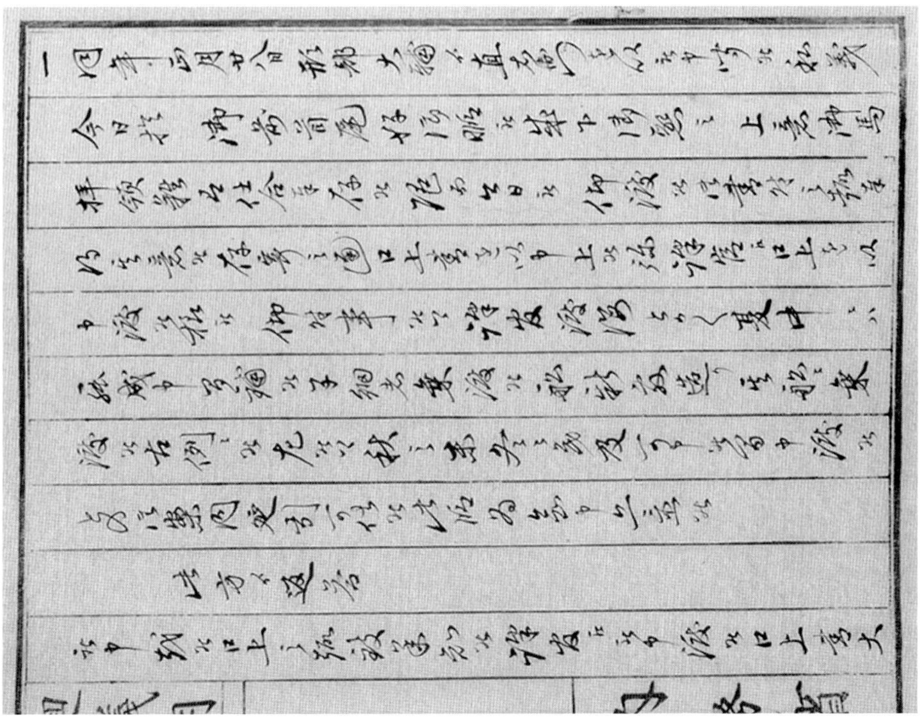

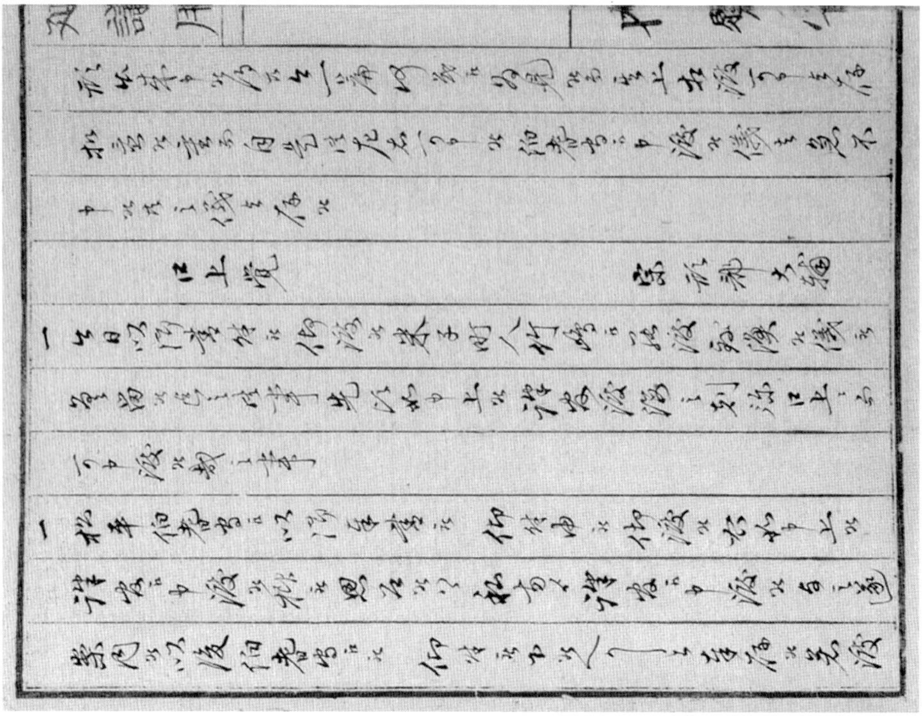

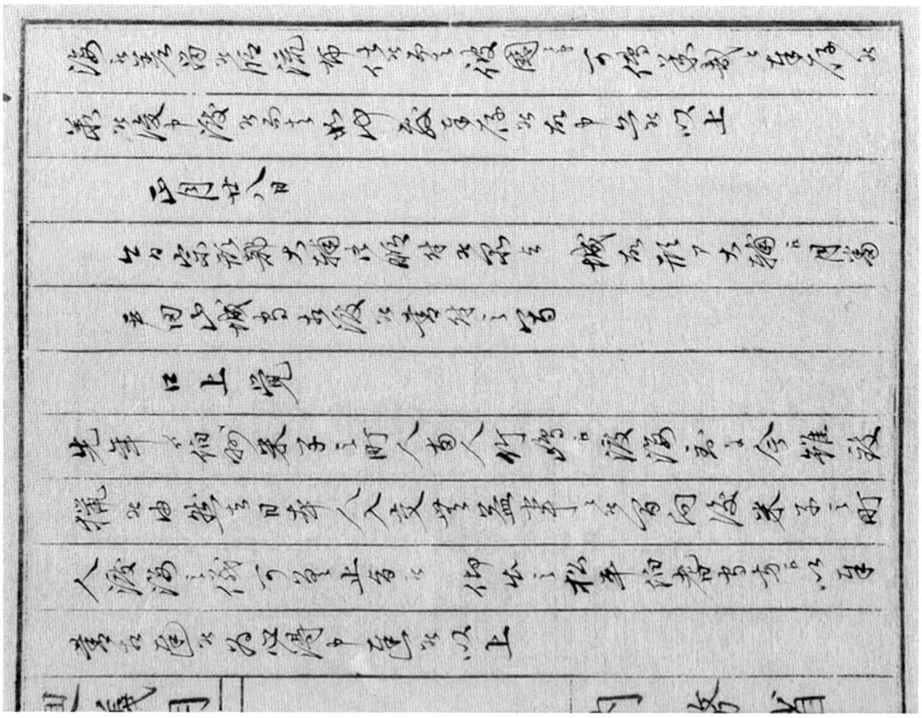

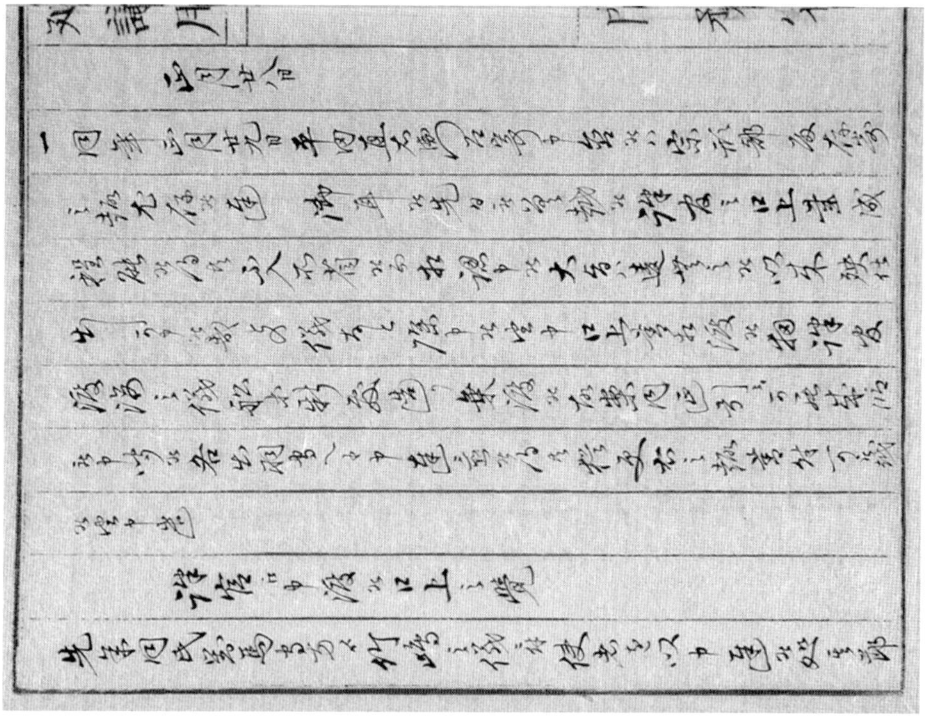

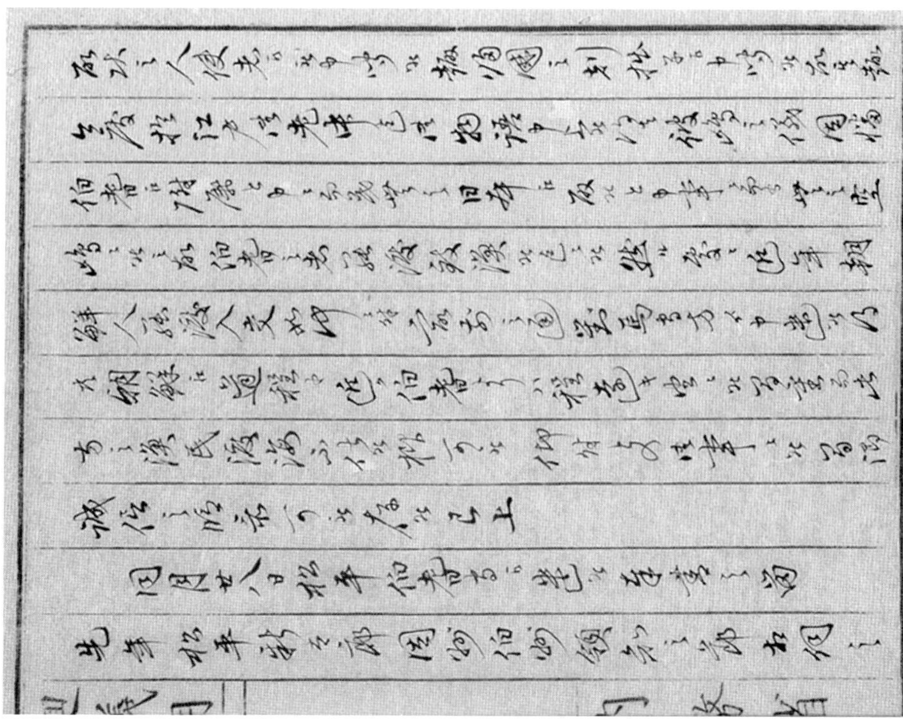

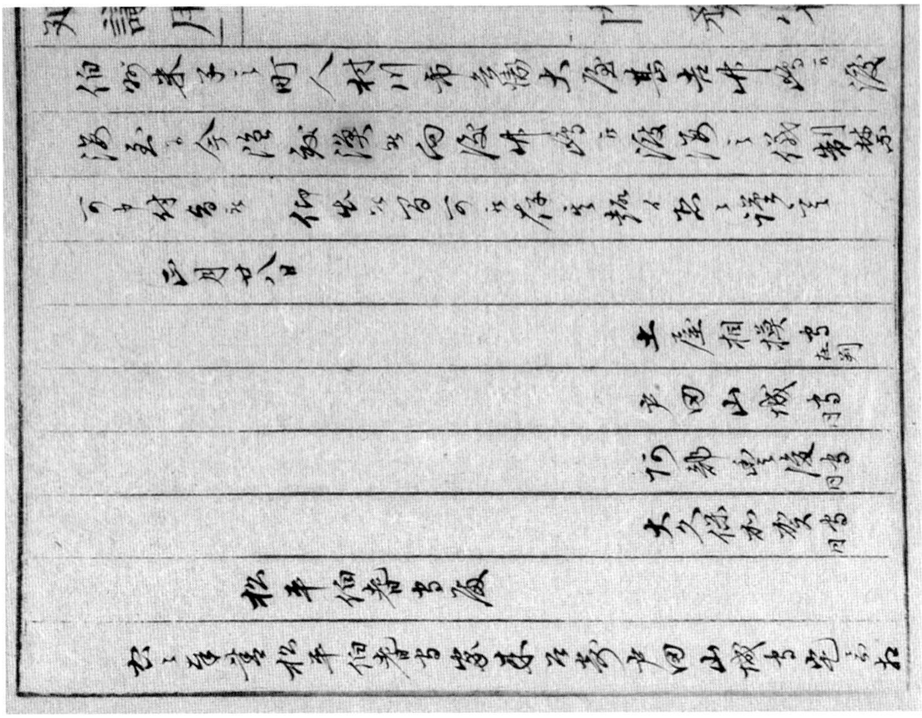

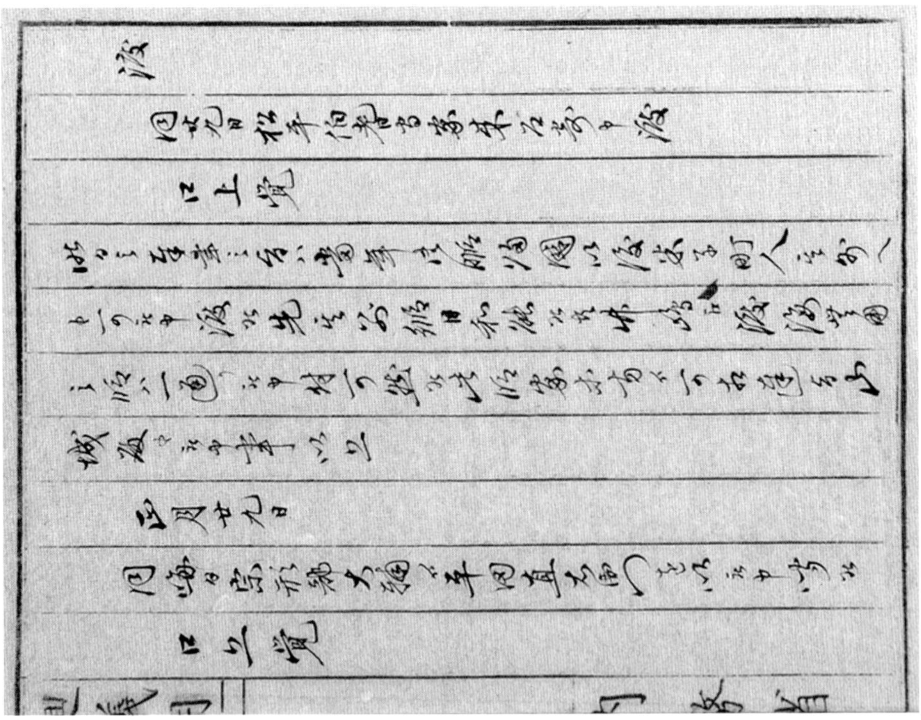

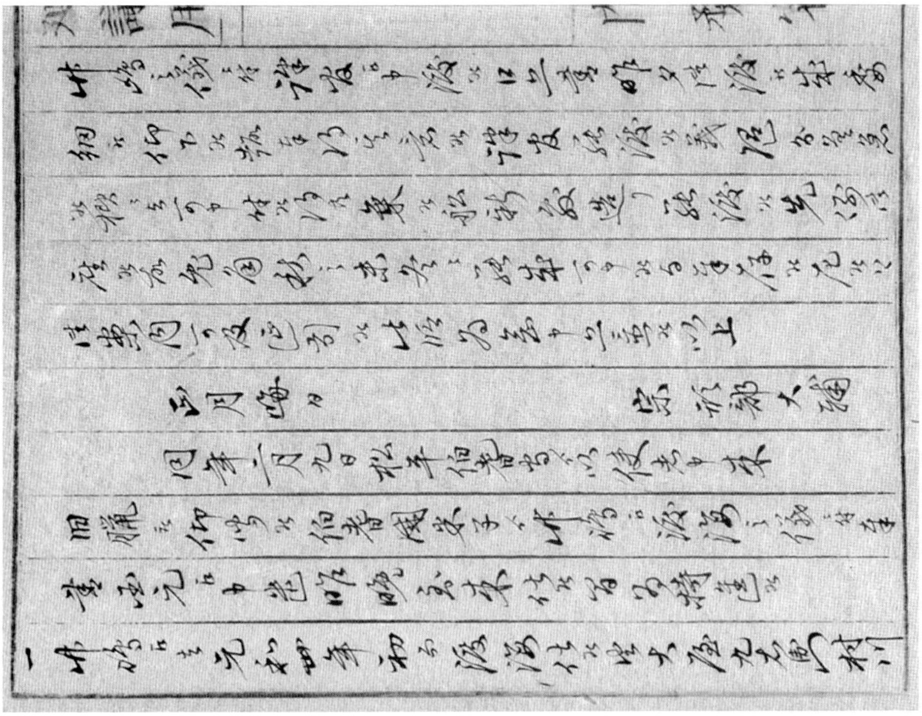

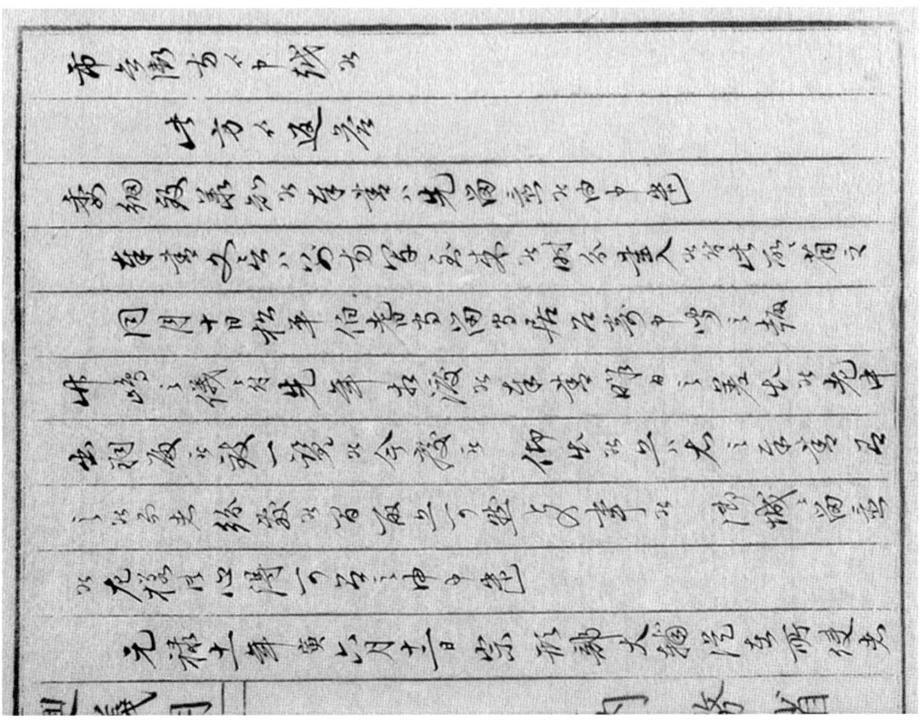

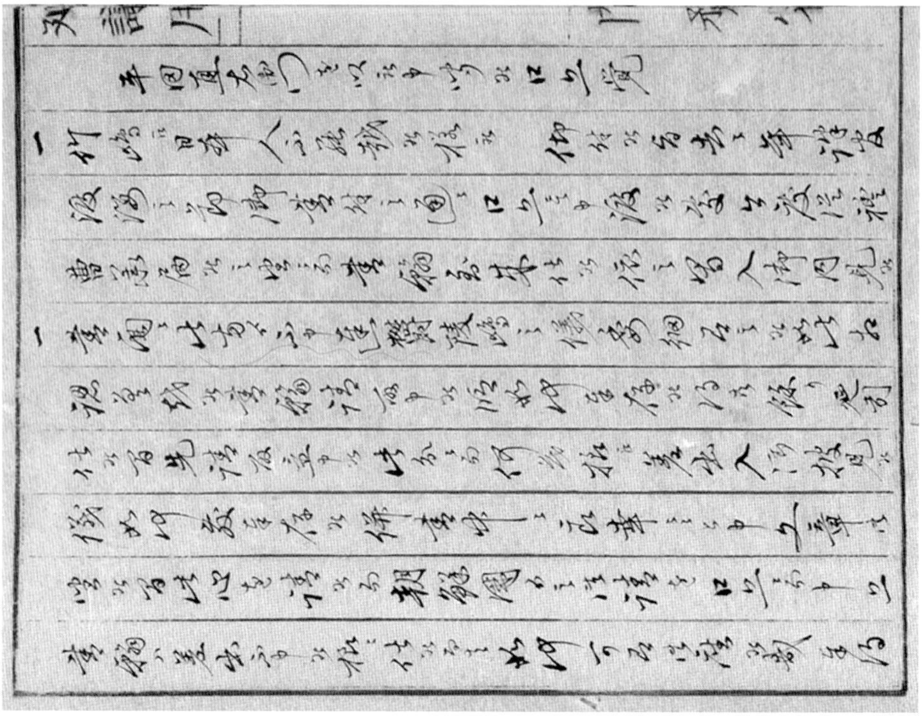

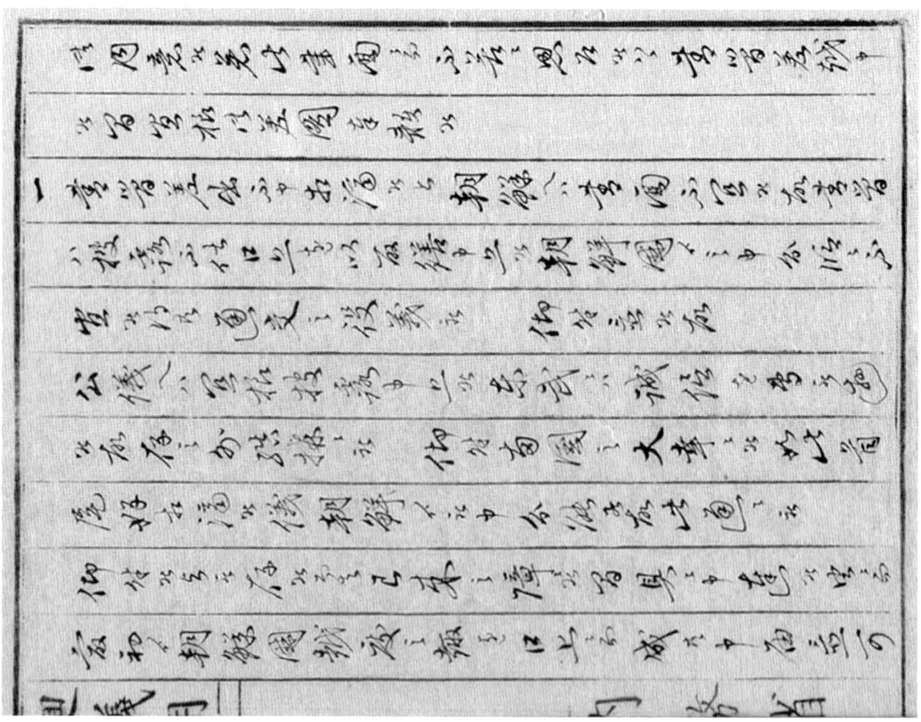

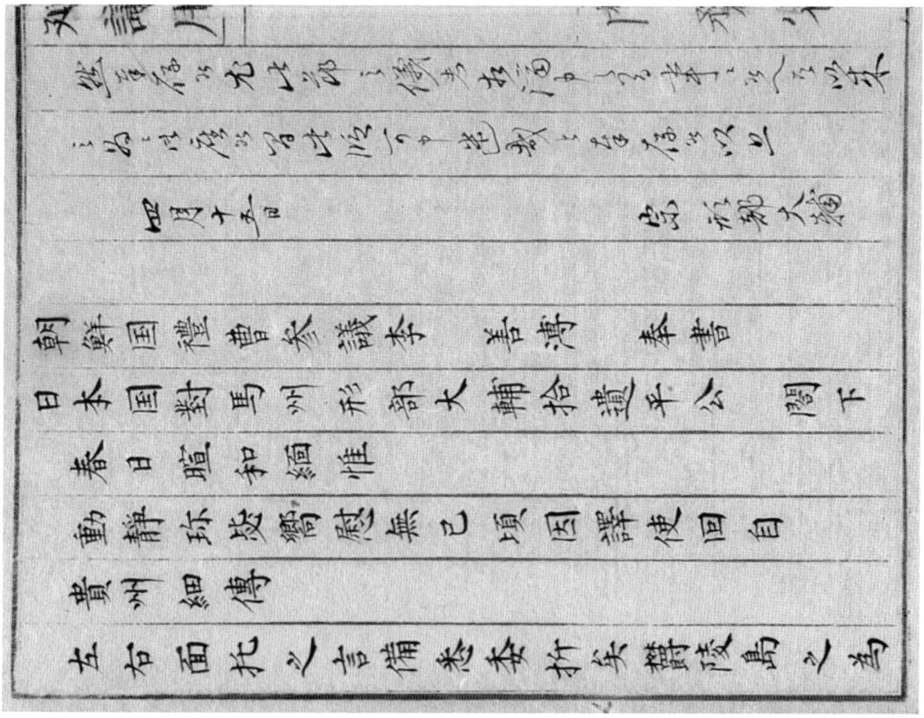

四月十五日

朝鮮国禮曹参議李善溥 奉書
日本国對馬州刑部大輔拾遺平公 閣下
春日臨和緬惟
動静珎毖嚮慰無已頃因譯使回自
貴州細傳
左右面托之言備悉委折矣鬱陵島之為

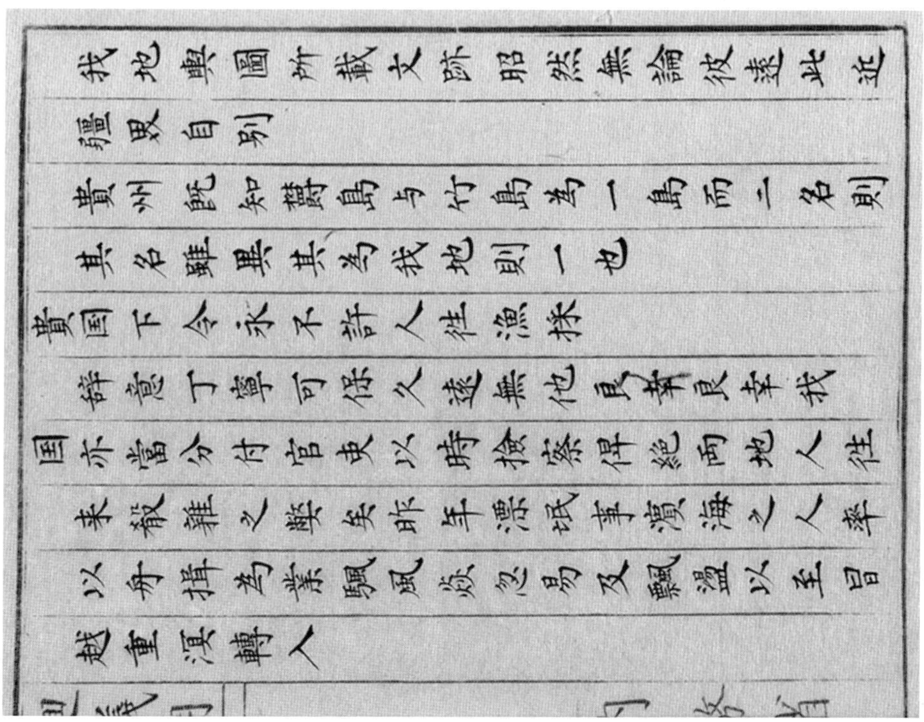

我地輿圖所載文跡昭然無論彼遠此近
疆界自別
貴州既知鬱島与竹島為一島而二名則
其名雖異其為我地則一也
貴国下令永不許人往漁採
辭意丁寧可保久遠無他良幸良幸我
国亦當分付官吏以時撿察俾絶兩地人往
来殺雜之弊矣昨年漂氓事濱海之人率
以舟楫為業颿風飄忽易及飄溢以至冒
越重溟轉入

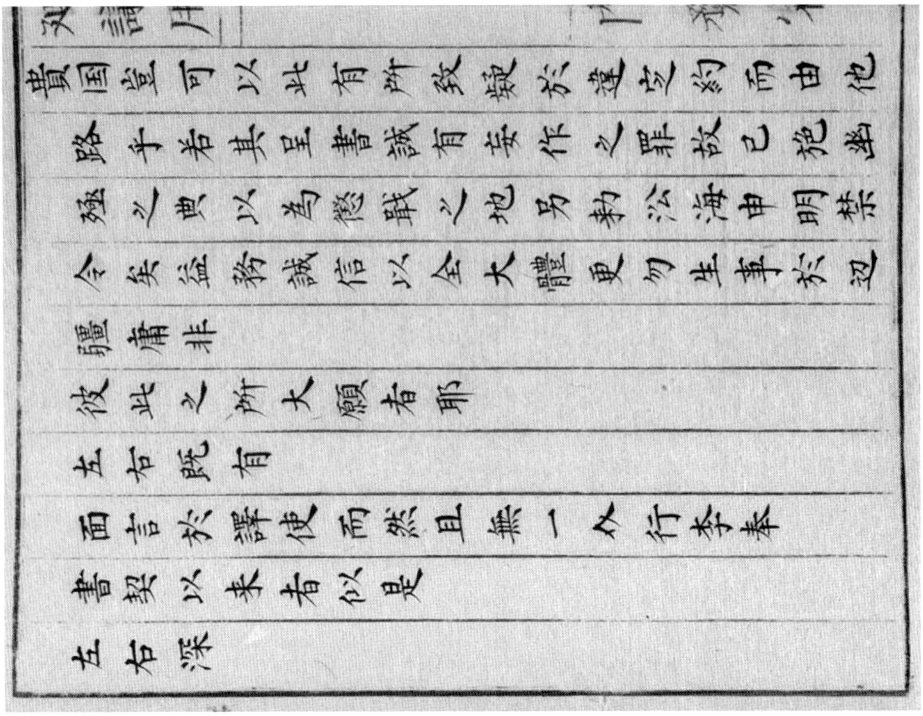
貴國豈可以此有所致疑於違定約而由他
路乎若其呈書誠有妄作之罪故已施幽
殛之典以為懲戢之地另勑沿海申明禁
令矣益務誠信以全大體更勿生事於邊
疆甯非
彼此之所大願者耶
左右既有
面言於譯使而然且無一个行李奉
書契以來者似是
左右深

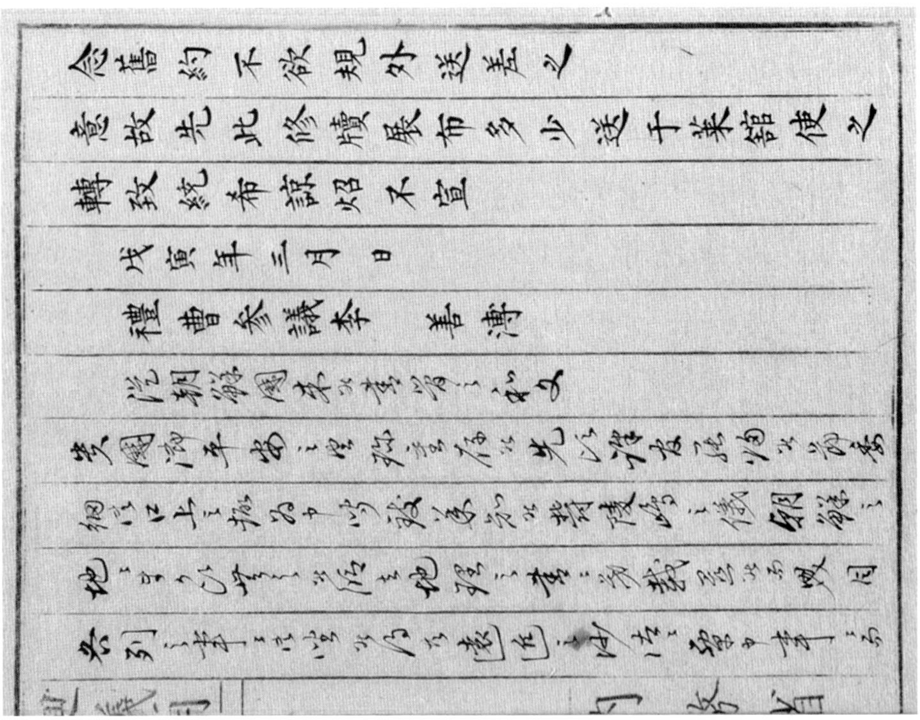
念舊約不欲規外送差之
意故先此修牘展布多少送于萊館使之
轉致統希諒照不宣
戊寅年三月 日
禮曹參議李 善溥
[illegible]
[illegible]
[illegible]
[illegible]
[illegible]

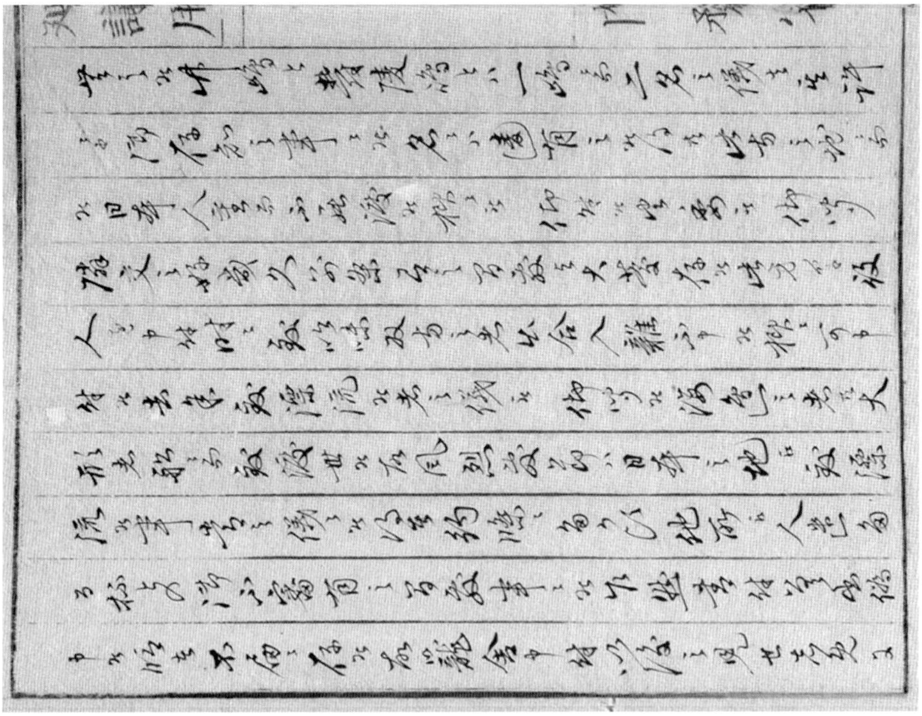

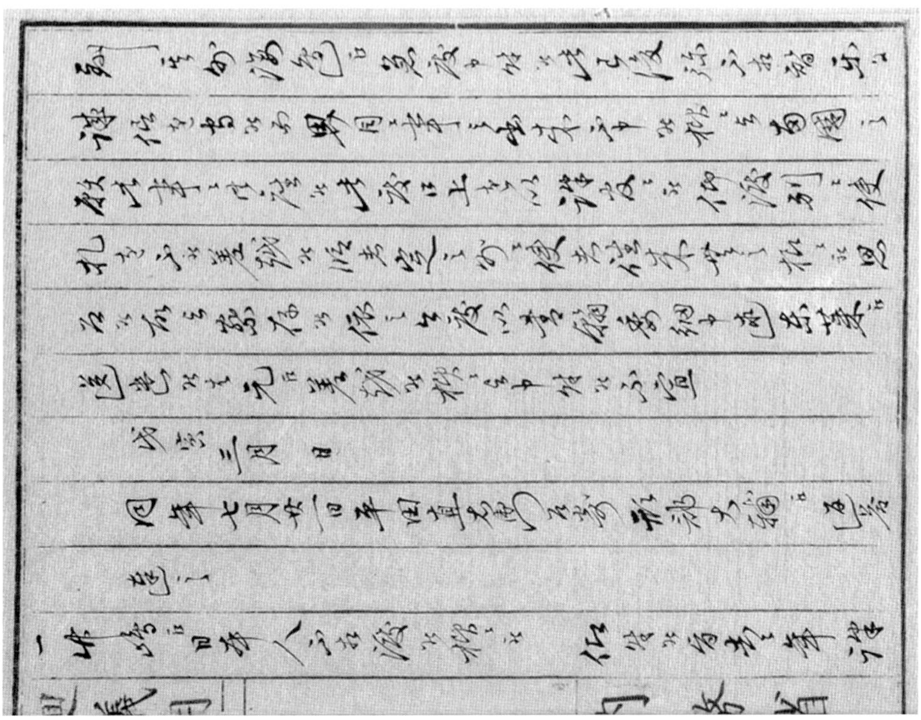

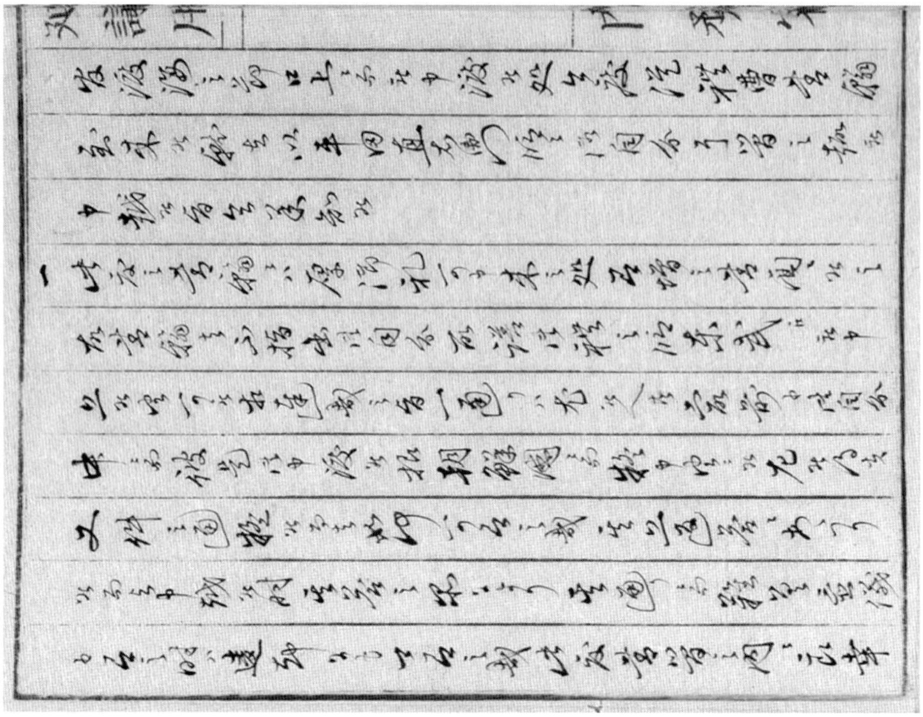

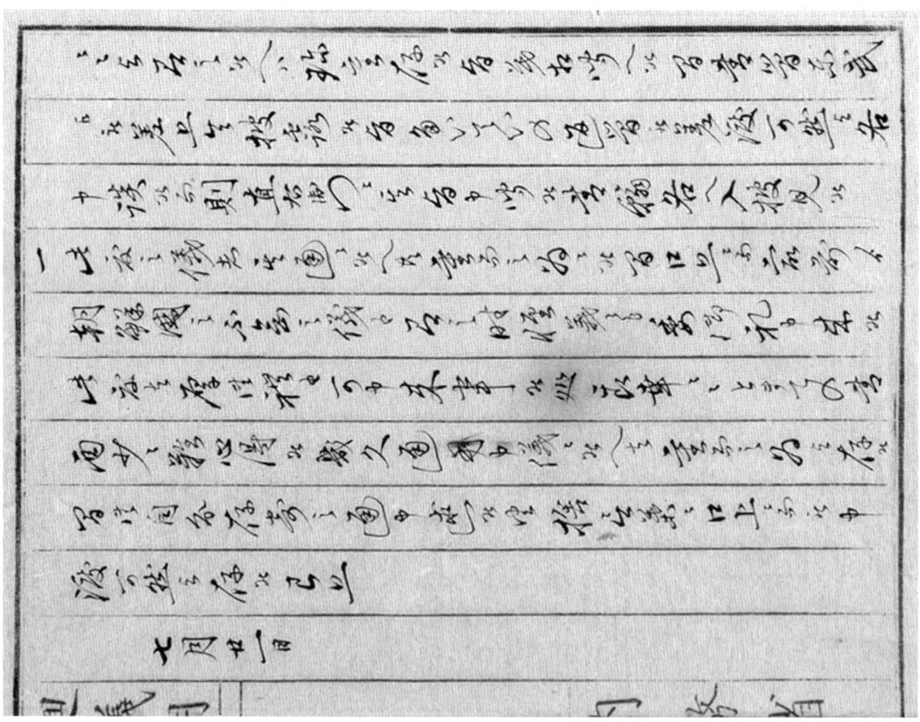

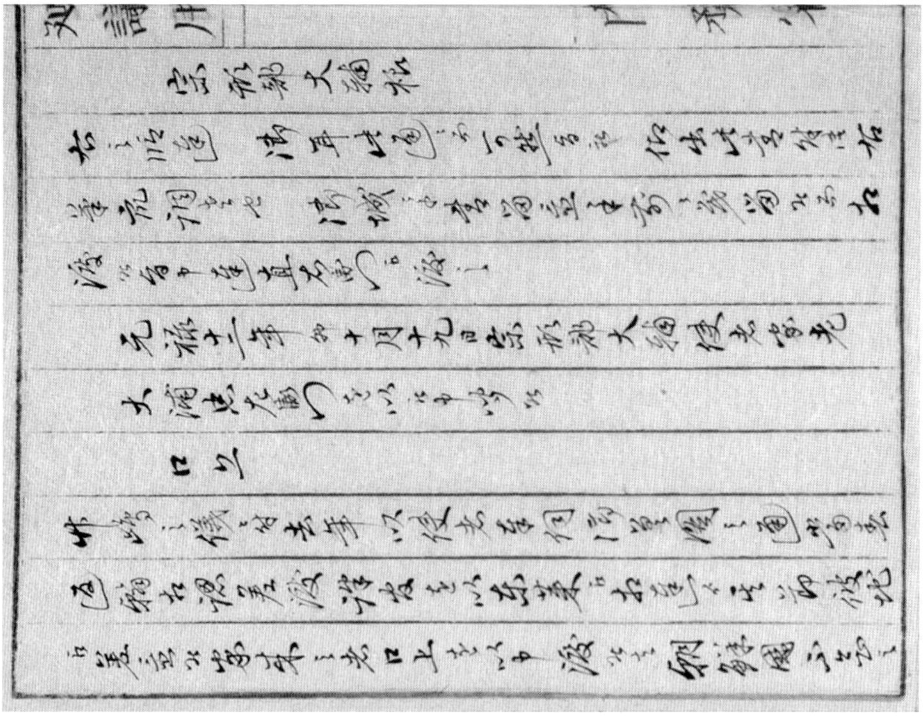

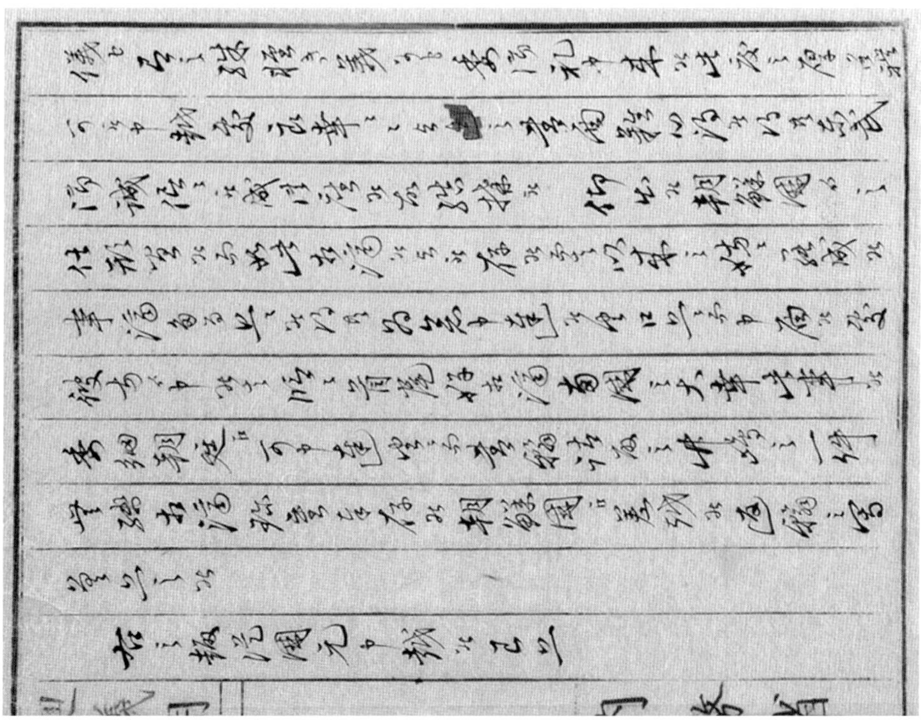

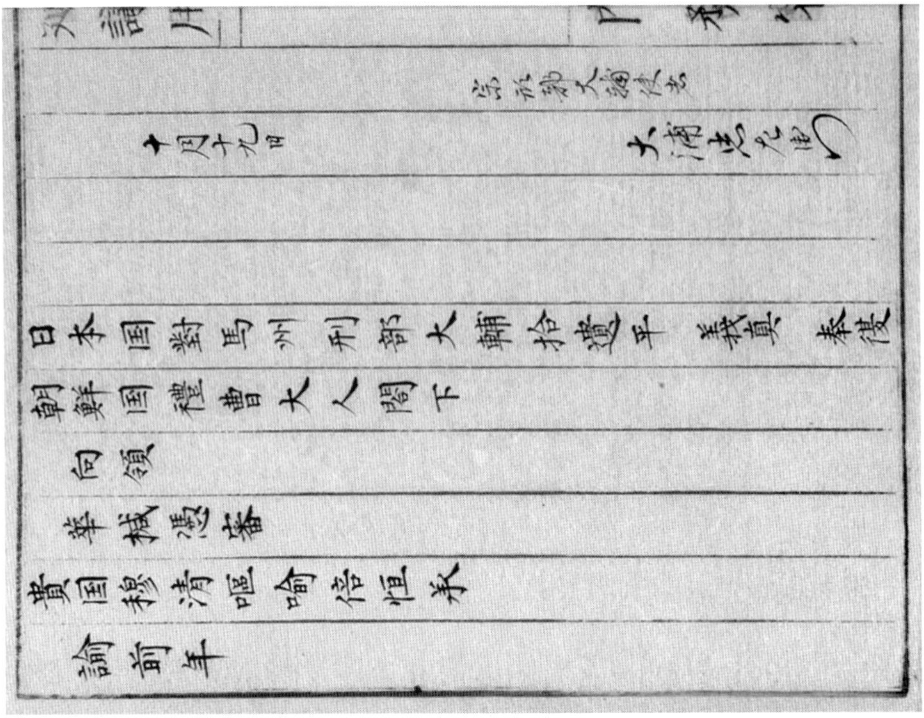
十月十九日
大浦忠左衛門
日本国對馬州刑部大輔拾遺平義真　奉復
朝鮮国禮曹大人閣下
向覆
華椷巡審
貴国穆清履喩倍恒
諭前年

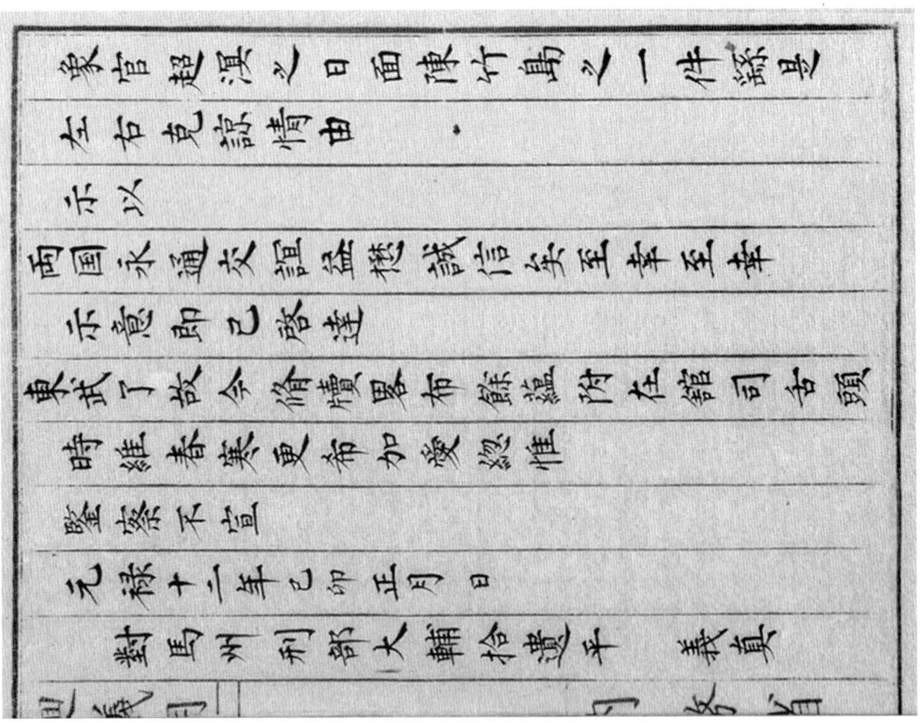
象官越溟之日面陳竹島之一件竊是
左右克諒情由
示以
両国永通交誼益懋誠信之至幸至幸
示意即已啓達
東武了故今備禮單布餘謹附在館司告頭
時維春寒更希加愛綏惟
鑒察不宣
元禄十二年己卯正月　日
對馬州刑部大輔拾遺平義真

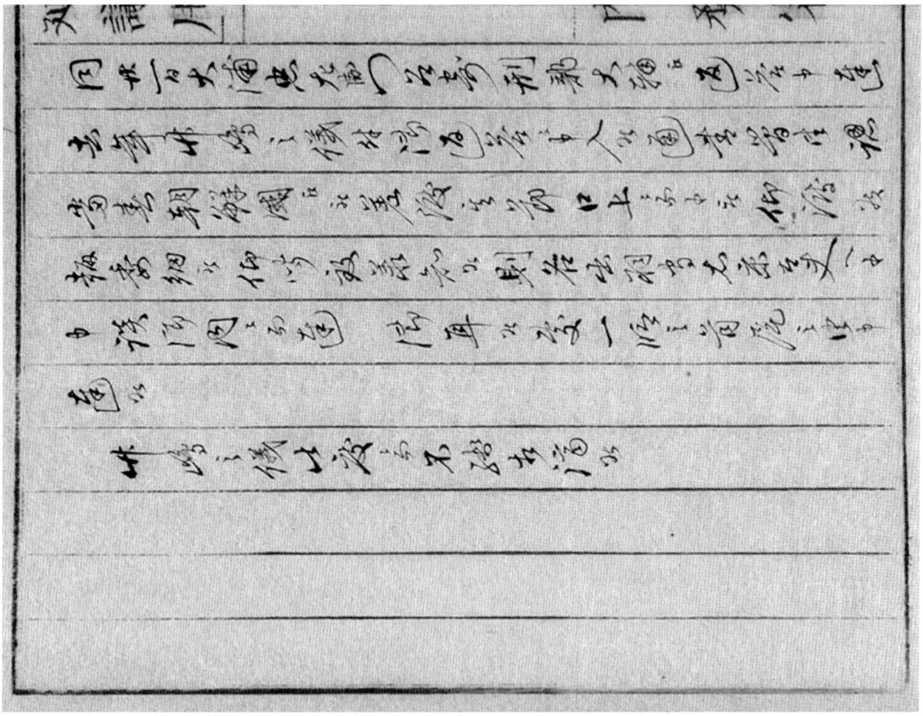

공문록 내무성지부 1
(公文錄 内務省之部 一)
1877년 3월[明治十年三月]

• 탈초 : 김강일
• 역주 : 김강일
• 교열 : 김관원

공문록 내무성지부 1

(公文錄 內務省之部 一)

明治十年三月內務省伺一

七等屬中澤重信整頓

메이지[明治] 10년(1877년) 3월 내무성 질의 1

7등속(七等屬) 나카자와 시게노부[中澤重信] 정돈

立案第二十號　　同廿七日來

明治十年三月廿日

大臣　　本局

　　參議

　　卿輔

別紙內務省伺日本海內竹嶋外一嶋地籍編纂之件、右ハ元祿五年朝鮮人入嶋以來舊政府該國ト往復之末、遂ニ本邦關係無之相聞候段申立候上ハ、伺之趣御聞置、左之通御指令相成可然哉、此段相伺候也。

입안 제20호　　동 27일 수신

메이지 10년(1877) 3월 20일

대신(大臣)　　본국(本局)

　　참의(參議)

　　경보(卿輔)

별지 내무성 질의의 일본해 내 죽도 외 1도 지적 편찬에 관한 건은, 겐로쿠[元祿] 5년(1692) 조선인이 섬에 들어온 이래 구(舊) 정부가 해당국(조선)과 교섭한 결과, 결국 우리나라(本邦, 일본)와 관계가 없다고 [내무성이] 보고한 것입니다. [내무성이] 질의한 취지를 바탕으로 다음과 같이 지령을 작성해도 되겠는지, 이에 문의합니다.

御指令案

伺之趣書面竹島外一嶋之義本邦關係無之義ト可相心得事

　　明治十年三月廿九日

지령안

질의한 죽도(울릉도) 외 1도(독도) 건은 우리나라와 관계가 없다는 점을 명심할 것.

메이지 10년 3월 29일

日本海內竹島外一島地籍編纂方伺

御省地理寮官員地籍編纂莅檢之爲、本縣巡回之砌、日本海中ニ在ル竹島調査之儀ニ付、別紙乙第二十八號之通照會有之候處、本島ハ永祿中發見之由ニテ故鳥取藩之時、元和四年ヨリ元祿八年マテ、凡七十八年間同藩領內伯耆國米子町之商大谷九右衛門、村川市兵衛ナル者舊幕府ノ許可ヲ經テ、每歲渡海島中ノ動植物ヲ積歸リ內地ニ賣却致シ候ハ已ニ確證有之、今ニ古書舊狀等持傳候ニ付、別紙原由之大畧圖面共相副不取旨致上申候。今回全島實檢之上、委曲ヲ具ヘ記載可致候處、固ヨリ本縣管轄ニ確定致候ニモ無之、且北海百余里ヲ懸隔シ、線路モ不分明尋常帆舞船等ノ能ク往返スヘキニ非ラサレハ、右大谷某村川某カ傳記ニ就キ追テ詳細ヲ上申可致候。而シテ其大方ヲ推案スルニ、管內隱岐國ノ乾位ニ當リ、山陰一帶之西部ニ貫附スヘキ哉ニ相見候ニ付テハ、本縣國圖ニ記載シ、地籍ニ編入スル等之儀ハ如何取計可燃哉。何分之御指令上伺候也。

縣令佐藤信寬代理

明治九年十月十六日　島根縣參事　境二郎

內務卿大久保利通殿

일본해 내 죽도 외 1도 지적 편찬 방법에 관한 질의

귀 성(내무성)의 지리료(地理寮) 관원이 지적 편찬을 점검하기 위하여 본 현[島根縣]을 순회했을 때, 일본해 안에 있는 죽도 조사의 건으로 별지 을(乙) 제28호와 같은 조회가 있었습니다. 이 섬은 에이로쿠[永祿, 1558~1569] 연간에 발견되었다고 하므로, 구 돗토리번[鳥取藩] 시절인 겐나[元和] 4년(1618)부터 겐로쿠 8년(1695)까지 대략 78년 동안 같은 번 영내(領內)인 호키노쿠니[伯耆國] 요나고[米子]의 상인 오야 신키치[大屋甚吉]와 무라카와 이치베[村川市兵衛]라는 자가 구 막부의 허가를 얻어서 매년 도해하여 섬의 동식물을 싣고 돌아와 내지에 매각하였다는 것은 이미 확실한 증거가 있습니다. 현재 고서나 옛 문서 등이 전해 오고 있는데, 별지에 원유의 대략과 도면을 함께 첨부하여 우선 말씀드립니다. 이번에 섬 전체를 실제로 조사한 뒤에 자세한 내력을 갖추어 기재해야 마땅하지만, 예로부터 본 현의 관할로 확정된 것도 아니고, 또한 북해(北海)로 백여 리나 멀리 떨어져 있고, 선로(線路)도 분명하지 않아 보통의 범선으로는 왕복할 수 없기 때문에, 상기 오야·무라카와의 전기(傳記)에 관하여 추가로 자세한 내용을 말씀드립니다. 대략적인 사항을 추측하건대, 관내의 오키노쿠니[隱岐國] 북서쪽에 해당하고, 산인[山陰] 일대의 서부에 부속하는 것으로 보인다면, 본 현의 국도(國圖)에 기재하여 지적(地籍)에 편입하는 문제를 어떻게 처리해야 하는지, 아무쪼록 지령을 바랍니다.

현령(縣令) 사토 노부히로[佐藤信寬] 대리

메이지 9년(1876) 10월 16일 시마네현 참사 사카이 지로[境二郎]

내무경(內務卿) 오쿠보 도시미치[大久保利通] 귀하

乙第貳拾八号

御管轄内隱岐國某方江當テ、從來竹島ト相唱候孤島有之哉ニ相聞、固ヨリ舊鳥取藩商船往復之線路モ有之趣、右ハ口演ヲ以テ調査方及御協議置候儀モ有之、加フルニ地籍編製地方官心得書第五條ノ旨モ有之候得共、尚爲念及御協議候條、右五條ニ照準而テ舊記古圖等御取調本省江御伺相成候。此段及御照會候也。

明治九年十月五日　　地理寮十二等出仕　田尻賢信

地理大屬　杉山榮蔵

島根縣

地籍編製係御中

을 제28호

귀 관할인 오키노쿠니 저쪽에 종래 죽도라고 불리는 고도(孤島)가 있다고 들었습니다. 예전부터 구 돗토리번의 상선이 왕복했던 선로도 있다고 하는데, 이에 대해서는 구두로 조사의뢰 및 협의를 해 두었습니다. 덧붙여 말씀드리면, 지적 편제에 관한 지방관 요령서[心得書] 제5조의 취지도 있습니다만, 만약을 위하여 협의를 부탁합니다. 이상의 문제는 위의 5조의 적용을 받습니다. 사정이 이러하니 옛 기록과 고지도 등을 조사하셔서 본 성(내무성)에 문의하시기 바라며, 이에 조회합니다.

메이지 9년(1876) 10월 5일　　지리료 12등 출사　다지리 겐신[田尻賢信]

지리대속(地理大屬)　스기야마 에이조[杉山榮藏]

시마네현[島根縣]

지적편제계(地籍編製係) 앞

磯竹島一ニ竹島ト稱ス隱岐國ノ乾位一百二拾里許ニ在リ、周回凡十里許、山峻嶮ニシテ平地少シ、川三條アリ、又瀑布アリ、然レトモ深谷幽邃樹竹稠密、其源ヲ知ル能ハス、唯眼ニ觸レ其多キ者植物ニハ五鬣松、紫栴檀、黄蘗、椿、樫、柊、桐、雁皮、梅、竹、マノ竹、胡蘿蔔、蒜、欵冬、蘘荷、獨活、百合、牛房、茱萸、覆盆子、虎杖、アオキバ、動物ニハ海鹿、貓、鼠、山雀、鳩、鴨、鵜、梟、鵜、燕、鷲、鵰、鷹、ナヂコアナ鳥、四十雀ノ類、其他辰砂岩緑青アルヲ見ル、魚貝ハ枚擧ニ暇アラス、就中海鹿鮑ヲ物産ノ最トス、鮑ヲ獲ルニタニ竹ヲ海ニ投シ、朝ニコレヲ上レハ鮑枝葉ニ着クモノ夥シ、其味絶倫ナリト、又海鹿一頭能ク數斗ノ油ヲ得ヘシ、次ニ一島アリ、松島ト呼フ、周回三十町許竹島ト同一線路ニ在リ、隱岐ヲ距ル八拾里許樹竹稀ナリ、亦魚獸ヲ産ス、永祿中伯耆國會見郡米子町商大屋 後大谷ト改ム 甚吉航シテ越後ヨリ歸リ、颶風ニ遇フテ此地ニ漂流ス、遂ニ全島ヲ巡視シ頗ル魚貝ニ富ルヲ識リ、歸國ノ日檢使安倍四郎五郎 時ニ幕命ニ因リ米子城ニ居ル 彼趣ヲ申出シ、以後渡海セント請フ、安倍氏江戸ニ紹介シテ許可ノ書ヲ得タリ、實ニ元和四年五月十六日ナリ。

기죽도(磯竹島)는 일명 죽도(竹島)라고 한다. 오키노쿠니 서북쪽[乾位] 120리에 있다. 둘레는 대략 10리이며, 산이 험준하고 평지가 적다. 개울물 세 줄기가 흐르고 폭포도 있다. 그러나 깊은 골짜기에는 나무와 대가 빽빽하여 그 근원을 알 수 없다. 다만 눈에 보이는 많은 것들 중 식물은 오엽송(五鬣松), 자전단(紫栴檀), 황벽(黃蘗), 참죽나무[椿], 떡갈나무[樫], 파초[柊], 오동나무[桐], 안피(雁皮),[1] 매화[梅], 대나무, 참대, 호나복(胡蘿蔔),[2] 달래[蒜], 관동(欵冬), 양하(蘘荷),[3] 독활(獨活),[4] 백합(百合), 우방(牛房), 수유(茱萸), 복분자(覆盆子), 호장(虎杖), 아오키바(アオキバ), 동물은 강치[海鹿], 고양이[貓], 쥐[鼠], 곤줄박이[山雀], 비둘기[鳩], 새매[鶻], 검은방울새[鶸], 물오리[鳧], 두견새[鵜], 제비[燕], 독수리[鷲], 수리[鵰], 매[鷹], 나지코(ナヂコ), 아나토리(アナ鳥), 박새[四十雀] 종류, 기타 진사(辰砂) 암록청(岩綠青)이 눈에 띈다. 어패류는 일일이 열거할 수 없을 만큼 많은데, 특히 강치와 전복이 으뜸가는 물산이다. 전복을 잡기 위해서는 저녁에 대나무를 바다에 던져두고 아침에 이것을 건져 올리면 가지와 잎에 전복이 많이 붙어 있으며 그 맛이 절륜하다고 한다. 또한 강치 1마리에서 여러 말의 기름을 얻을 수 있다.

다음으로 한 섬이 있는데 송도(松島)라고 부른다. 주위가 30정(町) 정도이며, 죽도와 동일한 선로에 있다. 오키[隱岐]와 80리 정도 떨어져 있다. 나무와 대는 드물고, 역시 물고기와 짐승을 잡을 수 있다. 에이로쿠(1558~1569) 연간에 호키노쿠니 아이미군[會見郡] 요나고마치의 상인 오야[大屋, 후일 大谷으로 개명] 신키치가 배를 몰고 에치고[越後]에서 돌아오는 도중 태풍을 만나 이곳에 표류하였다. 그가 섬 전체를 돌아본 후 어패류가 매우 풍부하다는 것을 알았고, 돌아온 날 검사관 아베 시로고로[安倍四郎五郎, 막부의 명령으로 이때 요나고성에 머물고 있었다]에게 그 취지를 알리고, 이후 도해를 신청하였다. 아베 씨가 에도[江戶]에 소개하여

1) 안피(雁皮) : 삼지닥나무.

2) 호나복(胡蘿蔔) : 당근(산형과의 두해살이풀).

3) 양하(蘘荷) : 생강과에 속하며, 줄기와 잎 모양이 생강과 흡사하게 생겼다. 양애 또는 양애깟 등으로도 부르며, 주로 제주와 남해안 일대에서 많이 자란다. 열대아시아가 원산지이고, 언제 우리나라에 들어왔는지는 알 수 없다.

4) 독활(獨活) : 바람에 움직이지 않는다고 하여 독활이라는 이름이 붙었으며, 땃두릅이라고도 한다.

허가서를 얻었다. 이것은 겐나 4년(1618) 5월 16일의 일이다.

從伯耆國米子竹島先年船相渡之由
候。然者如其今度致渡海度之段、米子
町人村川市兵衛、大屋甚吉申上付テ
達上聞候之處、不可有異儀之旨被仰
出間、被得其意渡海之儀可被仰付候。
恐々謹言

永井信濃守
五月十六日　　尚政
井上主計頭
政就
土井大炊頭
利勝
酒井雅樂頭
忠世

松平新太郎殿

호키노쿠니 요나고에서 죽도로 몇 년 전에 선박이 건너갔다고 합니다. 그리고 이번에도 그렇게 도해하고 싶다는 건에 관하여, 요나고의 조닌[町人] 무라카와 이치베·오야 신키치의 신청을 [쇼군께] 올렸는데, 이의(異儀)가 없다는 뜻을 분부하셨으므로, 도해 건은 그 뜻에 따라 도해하도록 지시하셨습니다.

삼가 말씀드립니다.

나가이[永井] 시나노노카미[信濃守]
5월 16일　　나오마사[尙政]
이노우에[井上] 가즈에노카미[主計頭][5]

마사나리[正就]

도이[土井] 오이노카미[大炊頭][6]

도시카쓰[利勝]

사카이[酒井] 우타노카미[雅樂頭][7]

다다요[忠世]

마쓰다이라 신타로[松平新太郎]님에게

當時米子同町ニ村川市兵衛ナル者アリ、大屋氏ト同シク安倍氏ノ懇親ヲ得ルカ故ニ兩家ニ命セラル、然レトモ本島ノ發見ハ大屋氏ニ係ル、此ヨリ每歲間斷ナク渡海漁獵セリ、幕府遠隈ノ地本邦版圖內ニ入ルヲ稱シ、船旗等ヲ與ヘ、殊ニ登營謁見セシメ屢葵章ノ服ヲ給ス、後甚吉島中ニ沒ス、墳墓今尙存スト云フ 元祿七年甲戌ニ至リ朝鮮人上陸スル者若干ナリ、其情測ル可ラス、且船中人數ノ寡少ナルヲ以テ歸リ是ヲ訴フ、明年幕命ヲ得武器ヲ載セテ到レハ、其人恐レテ遁レ去ル、殘ル者二人 アヒチャン、トラヱイ アリ、卽チ捕縛シテ歸ル命アリ、江戶ニ致シ本土ニ送還ス、同年彼國ヨリ竹島ハ朝鮮ニ接近ナルヲ以テ頻リニ其地ニ屬センコトヲ請フ、幕府議シテ日本管內タルヘキノ證書ヲ上ラハ、以後朝鮮ニ漁獵ノ權ヲ與フ可キノ命アリ、彼國此ヲ奉ス、此ニ因テ同九年丙子正月渡海ヲ禁制セラル。

당시 요나고의 같은 마을에 무라카와 이치베라는 사람이 있었다. 오야 씨와 마찬가지로 아베[安倍] 씨와 절친했으므로, 두 집안에 [죽도 도해] 허가가 나왔다. 그렇지만 이 섬(죽도)의 발견은 오야 씨와 관계가 있다. [두 집안은] 이때부터 매년 계속해서 죽도로 건너가 고기를

5) 가즈에노카미[主計頭] : 주계(主計, かずえ)의 책임자. 주계는 율령제(律令制)에서 조(調)·용(庸) 및 헌상물의 수량을 점검하고, 국비 지출 등을 담당하던 관청.

6) 오이노카미[大炊頭] : 대취료(大炊寮, おおいりょう)의 장관. 율령제에서 궁내성(宮內省)에 속하는 관청의 하나로, 제국의 쌀, 잡곡을 수납하여 각 관청에 분배하는 일을 관장함.

7) 우타노카미[雅樂頭] : 아악료(雅樂寮)의 장관. 아악(雅樂)·악인(樂人) 등에 관한 업무를 관장하고, 가무(歌舞)를 교습함.

잡았다. 막부는 멀리 떨어진 이곳이 우리나라의 판도에 들어간다고 하며 선박에 다는 깃발[船旗] 등을 내려주었고, 특히 [두 집안을] 막부로 올라오게 하여 알현하도록 하고, 어문(御紋)을 새긴 옷을 여러 차례 하사하였다. 그 후 오야 신키치는 이 섬에서 죽었다. (그 무덤은 지금도 있다고 한다.)

겐로쿠 7 갑술년(1694)에 이르러 섬에 상륙한 조선인이 약간 있었지만 그 상황은 알 수 없다. 게다가 [이쪽의] 승선 인원수가 적었기 때문에 돌아가서 이 사실을 호소하였다. 이듬해에 막부의 허가를 얻어서 무기를 가지고 섬으로 건너가니 조선인들이 겁을 먹고 도망쳤다. 남아 있던 두 사람(아비짱[안용복]과 도라에이[박어둔])을 포박하여 돌아갔다. 명령에 따라 에도 막부에 통지하고 조선으로 송환하였다. 같은 해에 조선으로부터 죽도는 조선에 가까이 있으므로 조선에 속한다는 요청이 자주 있었다. 막부에서 협의하여 일본 관내라고 할 수 있는 증서가 있으면, 이후 조선에 어로의 권리를 주어야 한다는 지시가 있었고, 조선은 이 명령을 받들었다. 이로 인하여 겐로쿠 9 병자년(1696) 정월에 죽도 도해를 금지하였다.

先年松平新太郎因州伯州領知ノ節
相窺之伯州米子之町人村川市兵衛
大屋甚吉竹島へ渡海至、于今雖致漁
候、向後竹島へ渡海之儀制禁可申付
旨被仰出之由可被存其趣候恐々
謹言

土屋相模守
正月廿八日　　戸田山城守
安部豊後守
大久保加賀守

松平伯耆守殿

몇 년 전 마쓰다이라 신타로가 인슈[因州, 因幡]와 하쿠슈[伯州, 伯耆]를 다스렸을 때, 영지

(領知)의 상태를 살피러 하쿠슈 요나고의 조닌 무라카와 이치베와 오야 신키치가 죽도에 도해하여 지금에 이르기까지 고기를 잡고 있었지만, 향후 죽도에 도해하는 것은 금지시켜야 한다는 분부가 내려졌다고 한다. 그 취지는 마땅히 지켜야 한다.

삼가 말씀드립니다.

정월 28일

쓰치야[土屋] 사가미노카미[相模守]
도다[戸田] 야마시로노카미[山城守]
아베[阿部] 분고노카미[豊後守]
오쿠보[大久保] 가가노카미[加賀守]

마쓰다이라 호키노카미님에게

元和四年丁巳ヨリ元祿八年乙亥ニ至テ凡七十八年ナリ　因ニ云フ隱岐國穩地郡南方村字福浦ノ弁才天女社ハ、當時大谷村川兩家海波平穩祈祀ノ爲ニ建立スル所ナリ、今ニ至テ本社修繕ヲ加フルニ當レハ必す之ヲ兩家ニ告ク　相傳フ當時柳澤氏ノ變アリ、幕府外事ヲ省ルコト能ハス、遂ニ爰[8]ニ至ルト云フ、今大谷氏傳フ所享保年間ノ製圖ヲ縮寫シ是ヲ附ス、尚兩家所藏ノ古文書等ハ他日謄寫ノ成ルヲ俟テ全備セントス。

겐나 4년(1618)부터 겐로쿠 8년(1695)에 이르기까지 대략 78년이 된다. (덧붙여 말하면 오키노쿠니 오치군[穩地郡] 미나미가타무라[南方村] 지후쿠우라[字福浦]의 벤자이텐여사[弁才天女社]는 당시 오야·무라카와 양가의 항해의 안전을 기원하기 위하여 건립된 곳이다. 지금은 이 신사를 수선하려고 할 때는 반드시 이 사실을 양가에 알린다.) 전하는 말에 당시 야나기사와 씨의 변[柳澤氏ノ變]이 있었고, 막부는 외사(外事)를 돌볼 수 없어서 마침내 여기에 이르렀다고 한다. 이제 오야 씨에게 전하는 교호[享保] 시대(1716~1730)에 제작한 지도를 축소하여 첨부한다. 그리고 양가에서 소장하는 고문서 등은 후일 등사(謄寫)되는 것을 기다려서 전부 갖추려 한다.

8) 『태정류전』에는 '爰'가 '玆'로 되어 있다.

一号

丙子 元祿九年正月二十八日

天龍院公御登城御暇御拜領被遊候上、於御白書院御老中御四人御列座ニ而、戸田山城守樣竹島之儀ニ付、御覺書壹通御渡被成、先年以來伯州米子之町人兩人竹島江罷越致漁候處、朝鮮人モ彼島江參致漁、日本人入交リ無益ノ事ニ後間、向後米子之町人渡海之儀被差留候与之御儀被仰渡候也。

同是ヨリ前、正月九日三澤吉左衛門方ヨリ直右衛門儀[9]御用ニ付罷出候樣ニ与之儀ニ付參上仕候處、豊後守樣御逢被成御直ニ被仰聞候者、竹島之儀中間衆出羽守殿右京大夫殿へも遂內談候。竹島元シカと不相知事ニ候、伯耆ヨリ渡リ漁イタシ來[10]候由ニ付、松平伯耆守殿へ相尋候處、因幡伯耆へ附屬与申ニ而も無之候、米子町人兩人先年之通リ船相渡度之由願出候故、其時之領主松平新太郎殿ヨリ案內有之、如以前渡海仕候樣ニ新太郎殿へ以封書申遣候、酒井雅樂頭殿、土井大炊頭殿、井上主計頭殿、永井信濃守殿連判ニ候故、考見候得ハ、大形台德院樣御代ニ而茂可有之哉与存候、先年与有之候得共年數ハ不相知候、右之首尾ニ而罷渡リ漁仕來候迄ニ而朝鮮之島ヲ日本へ取候与申ニ而も無之、日本人居住不仕候、道程之儀相尋候得者、伯耆ヨリハ百六拾里程有之、朝鮮へ者四十里程有之由ニ候、然者朝鮮國ノ鬱陵島ニ而も可有之候哉、夫共ニ日本人居住仕候歟、此方江取候島ニ候ハヽ、今更遣しカタき事ニ候得共、左樣之證據等も無之候間、此方ヨリ構不申候樣ニ被成如何可有之哉、又者對馬守殿ヨリ鬱陵島与書入候儀差除返簡仕候樣被仰遣返事無之內對馬殿死去ニ候故、右ノ返簡彼國江差置多累由ニ候、左候得者、刑部殿ヨリ蔚陵島ノ儀被仰越候ニ及申間敷歟、又ハ兎角竹島之儀ニ付一通リ刑部殿ヨリ書翰ニ而モ可被差越与思召候哉、右三樣之御了簡被成思召寄委可被仰聞候、蚫取ニ參リ候迄ニ而無益島ニ候處、此儀ムスホヽレ年來之通交絶申候モ如何ニ候、御威光或者武威ヲ以テ申勝ニイタし候而モ筋モナキ事申募リ候儀ハ不入事ニ候、竹島ノ儀元シカト不仕事ニ候、例年不忝候異國人罷渡候故、重而不罷越候樣ニ被申渡候樣ニ与相模守殿ヨリ被申渡候、元バツとイタシタル事ニ候、無益ノ儀ニ事おも々[マヽ]々れ候ても如何ニ存候、刑部殿ニハ御律儀ニ候間、始如此申置候處、今更ケ様ニ者被申間敷与之御遠慮も可有之歟与存候、其段ハ少も不苦候、我等宜[11]様ニ了簡可仕候間、思召ノ通り無遠慮可被仰聞候、其方達も存寄無遠慮可被申候、同し事を幾度も申進候段クドキ様ニ存候得共、異國江申遣候事ニ候故、度々存寄申遣候間思召寄幾度も被仰聞候様ニ与存候、御事繁内ニ候故、今少し筋道をも付候上ニ而達上聞可申与存候、右申渡候口上之趣其方覺之爲ニ書付遣候与之御事ニ而御覺書御直ニ御渡被成候故、請[12]取拝見仕候与[13]只今之御意之趣有增落着申候様ニ奉存候、左候ハヽ以來日本人者彼島江御渡被遊間敷与ノ思召ニ候哉与伺申候得者、如何ニも其通ニ候、重而日本人不罷渡候様ニ与思召候由御意被成候故、竹島之儀返し被遣候与申手ニ葉ニ而も無御座候哉と申上候得者、其段も其通りニ候、元取候島ニ而無之候上ハ返し候与申筋ニ而も無之候、此方ヨリ構不申以前ニ候 此方ヨリ誤りニ而候共、不被申事ニ候、右被仰遣候趣とハ少しくい違候得とも、事おもくれ可申より少しハくひ違ひ候とも、輕ク相濟申候方宜[14]候間、此段御了簡被成候様ニ与之御事故、とくと落着申候罷歸り刑部大輔へ可申聞よし申上候而退座仕ル。

1호

겐로쿠 9년(1696) 병자년 정월 28일

덴류인공[天龍院公][15]이 에도성[江戶城]에 등성하여 귀국을 허락받은 후, 백서원(白書院)[16]

---

9) 『태정류전』에는 없는 글자이다.

10) 『태정류전』에는 '來'가 '來リ'로 되어 있다.

11) 『태정류전』에는 '宜'이 '宜敷'로 되어 있다.

12) 『태정류전』에는 '請'이 '受'로 되어 있다.

13) 『태정류전』에는 '与'가 'ト'로 되어 있다.

14) 『태정류전』에는 '宜'가 '宜敷'로 되어 있다.

15) 덴류인공[天龍院公] : 쓰시마번의 3대 번주 소 요시자네[宗義眞, 1639~1694]. 덴류인[天龍院]은 계명(戒名).

16) 백서원(白書院) : 노송나무의 흰색 그대로 칠을 하지 않고 마무리한 오모테무키[表向き]의 서원. 에도성 내의 백서원이 유명하다. 쇼군가의 권위와 격식의 상징이며, 의식이 개최되는 장소.

에서는 로주[老中] 4인이 나란히 동석한 가운데 [로주] 도다 야마시로노카미님이 죽도(울릉도)에 관한 각서(覺書) 1통을 건네주셨다. 몇 년 전부터 하쿠슈 요나고의 조닌 두 명이 죽도로 건너가 고기를 잡고 있었는데, 조선인도 그 섬에 와서 고기를 잡고 있으니 일본인과 뒤섞이는 것은 무익한 일이므로 앞으로는 요나고 조닌의 도해를 금지한다고 지시하셨다.

같은 해, 이보다 전인 정월 9일 미자와 요시자에몬[三澤吉左衛門]님이 나오에몬[直右衛門]에게 용건이 있으니까 와 달라고 해서 찾아뵈었는데, [로주] 분고노카미[豊後守]님과 만난 자리에서 직접 말씀하시기를, 죽도 건에 대해서는 주겐슈[中間衆]인 데와노카미[出羽守]님과 우경대부(右京大夫)님과도 은밀히 상의했습니다. 죽도는 원래 확실하게 알지 못했던 곳입니다. 지금까지 호키구니의 사람들이 도해하여 어로를 해 왔다고 하는데, 마쓰다이라[松平] 호키노카미님에게 물었더니, 이나바[因幡]나 호키[伯耆]에 속한 섬도 아니라고 합니다. 요나고의 조닌 두 사람이 예년과 같이 도해하고 싶다고 청원하였기에, 당시의 영주 마쓰다이라 신타로님이 주선한 바, 이전처럼 도해할 수 있도록 신타로님에게 봉서(封書)를 건넸었습니다. 사카이 우타노카미님, 도이 오이노카미님, 이노우에 가즈에노카미님, 나가이 시나노노카미님이 연명으로 도장을 찍었으므로, 생각해 보면 대략 다이토쿠인[台德院][17]님의 시대였던 것으로 보이며 지난해라고 해도 언제인지 햇수[年數]는 분명하지 않습니다.

이상과 같은 사정으로 섬에 건너가서 어로를 해 왔으며, 조선의 섬을 일본이 취하려 한 것도 아닙니다. 섬에는 일본인이 살고 있지 않습니다. 섬까지의 거리를 물어보니, 호키에서부터는 160리 정도이고, 조선까지는 40리 정도라고 합니다. 그렇다면 조선국의 울릉도이지 않을까요? 아니면 일본인이 거주하고 있다거나 이쪽에서 차지한 섬이라면, 이제 와서 돌려주기는 어렵겠지만 그러한 증거도 없으므로 이쪽에서 지켜보면서 관여하지 않는 것은 어떨지요?

또한, 쓰시마 도주가 울릉도라고 써넣은 것을 삭제한 답서를 작성해 달라고 [울릉도는 조선령·죽도는 일본령이라는 표현에서 울릉도를 삭제하라고] 말씀하셨지만, [조선에서] 답장이 오기 전에 쓰시마 도주가 사망했기 때문에 그 답서는 조선에 그대로 보류된 채로 있게 되었다는 것입니다. 그렇다면, 형부대보님이 울릉도 건에 대해 더 이상 이야기하면 안 되는 것이 아닐지요? 또는 어찌됐든 죽도 건에 대해서는 대략 형부대보님이 서한을 보내야 한다고 생각하시는지요? 이상 위의 방안을 잘 생각하여 자세한 의견을 들려주기 바랍니다.

17) 다이토쿠인[台德院] : 에도막부의 2대 장군 도쿠가와 히데타다[德川秀忠, 1579~1632].

전복을 따러 가는 정도의 무익한 섬인데, 이것이 문제가 되어 지금까지의 통교가 끊어져도 괜찮은 것일지요? [쇼군의] 위광이나 무위(武威)를 내세워 무리하게 주장한다 해도 이치에 어긋나는 것을 우기는 것은 소용없는 일입니다.

죽도 건은 원래 분명하지가 않았었습니다. 예전에는 오지 않던 이국인이 건너왔기 때문에 앞으로는 건너오지 않도록 하라는 사가미노카미[相模守]님의 지시가 있었기에, 단지 금지했던 것입니다. 쓸모없는 일에 계속 관여하는 것도 고려해 볼 문제가 아닌지요? 형부대보님에게는 형률(刑律)이므로 처음에 이와 같이 말씀드려 두었는데, 이제 와서 이렇게 말할 수 없다는 염려도 있을 수 있겠지요. 그것은 조금도 거북한 일이 아닙니다. 우리들이 잘 고려해야 할 일이니, 의견을 기탄없이 들려주시기 바랍니다. 그쪽도 의견을 사양하지 말고 들려주시기 바랍니다. 같은 일을 몇 번이고 말하는 것이 집요하게 생각되겠지만, 다른 나라에 말을 전하는 것인 만큼, 종종 의견을 말씀드릴 테니 고견을 몇 번이고 들려주셨으면 합니다. 복잡한 일이기는 하지만 이제 조금 내용을 정리한 후 (쇼군께) 보고 드리고자 합니다.

앞에서 말한 구술 내용을 그쪽의 이해를 위해 문서로 작성해 주겠다고 하시면서 각서(覺書)를 곧바로 작성해 주시기에, 받아서 읽어보고, 지금 말씀하신 취지대로 결론이 난 것으로 생각됩니다. 그렇다면 이후 일본인은 그 섬에 건너가서는 안 된다는 말씀입니까?라고 여쭈었더니, 바로 그렇다. 향후 일본인은 도해하지 않도록 하라는 것이 쇼군의 뜻이라 하기에, 죽도를 돌려준다는 말씀은 아닌지요?라고 여쭈어 보았더니, 그것도 역시 그대로이다. 원래부터 우리가 취했던 섬이 아닌 이상 돌려준다고 하는 것도 이치에 맞지 않는 일입이다. 이쪽이 관여하기 이전의 일로서, 우리가 잘못해도 말할 수 없는 일입이다.

이상 위에서 전한 취지와는 조금 차이가 있지만, 일이 심각하게 되는 것보다 약간 차이가 있어도 가볍게 끝내는 것이 좋을 것이니 이 점을 잘 양해해달라는 것이었기에, 잘 납득했다고 말한 후 돌아가서 형부대보님께 보고하겠다고 말하고 퇴석했습니다.

二号

先太守因竹島事遣使於
貴國者兩度使事未了不幸早世由是召還使人不日上船

入
觀之時
問及竹島地狀方向據實具對因以其去
本邦太遠而去
貴國却近恐兩地人殽雜必有潛通私市等弊隨卽下
令永不許人往漁採夫釁隙生於細微禍患興於下賤古今
通病慮寧勿預是以百年之好偏欲彌篤而一島之微據
付不較豈非
兩邦之美事乎慈念
南宮應懇懃修書使本州代傳
盛謝爾譯使俟回掉之日口伸毋遺

2호

전 태수가 죽도 건으로 귀국에 사절을 파견한 것이 두 차례인데, 사절의 일이 마무리되기도 전에 불행하게 서거했으므로 이로 말미암아 사절을 소환했습니다.

[신 태수가] 얼마 지나지 않아 상선한 후 [에도성에서] 쇼군을 만났을 때, 죽도의 지상(地狀)과 방향에 대해 문의하여 사실에 근거하여 대답했습니다. 죽도가 우리나라로부터의 거리는 심히 멀고, 귀국으로부터의 거리는 도리어 가깝습니다. 또한 아마도 두 나라 사람들이 뒤섞이게 되면 잠통(潛通)과 사시(私市) 등의 폐단이 반드시 있을 것입니다. 따라서 곧 명령을 내려 영구히 사람들(일본인)이 [죽도에] 가서 고기 잡는 것을 허락하지 않았습니다. 무릇 틈이 벌어지는 것은 작고 사소한 일에서 생기고, 불행과 근심은 아랫것들[下賤]로부터 비롯되는 것이 고금의 통병(通病)이니, 미리 하지 못하게 막는 것이 오히려 낫다고 생각합니다. 이로써 1백년의 우호를 더욱 돈독히 하고자 하며, 한 섬의 사소한 일로 다투어 견주지 않으니 어찌 두 나라의 아름다운 일이 아니겠습니까. 생각하건대 남궁(南宮 : 조선의 예조)에서는 정성스럽게 서한을 작성[修書]하여, 본주(本州 : 쓰시마)에게 [조선 측의] 큰 감사를 대신 [에도에] 전하게 해야 할 것이며, 이를 역사(譯使 : 문위행)가 귀국하는 날 구두로 빠짐없이 말하겠습니다.

三号

朝鮮國禮曹參議李　善溥　奉書

日本國對馬州　刑部大輔拾遺平公　閤下

春日暄和緬惟

動靜珎毖嚮慰無已頃因譯使回自

貴州細傳

左右面托之言備悉委折矣鬱陵島之爲我地輿圖所載文

跡照然無論彼遠此近疆界自別

貴州旣知鬱島與竹島爲一島而二名則其名雖異其爲我

地則一也

貴國下令永不許人往漁採

辭意丁寧可保久遠無他良幸良幸我

國亦當分付官吏以時檢察俾絶兩地人往來殽雜之弊矣昨

年漂氓事濱海之人率以舟楫爲業颶風焱忽易及飄盪以

至冒越重溟轉入

貴國豈可以此有所致疑於違定約而由他路乎若其呈書誠

有妄作之罪故已施幽極之典以爲爲懲戢之地另勅沿海

申明禁令矣益務誠信以全大體更勿生事於邊彊庸非

彼此之所大願者耶

左右旣有

面言於譯使而然且無一介行李奉

書契以來者似是

左右深

念舊約不欲規外送差之

意故先此修牘展布多少送于萊館使之轉致統希

諒炤不宣

戊寅年三月　日
　禮曹參議李　善溥

3호

조선국 예조참의 이선부(李善溥)는 일본국 쓰시마 형부대보 습유 다이라 공 각하께 서계를 올립니다.

봄 날씨가 화창한데 멀리서 동정이 편안하시다는 소식을 듣고 위안됨이 그지없습니다. 근래에 역사가 귀주(쓰시마)로부터 돌아와 각하께서 [역관을] 직접 대면하여 부탁하신 말씀을 자세히 전했기에 곡절을 두루 잘 알게 되었습니다. 울릉도가 우리의 땅임은 여도(輿圖 : 『동국여지승람』)에 실려 있어서 문헌의 증거가 분명하니, 그쪽(일본)으로부터는 멀고 이쪽(조선)에서는 가깝다는 것을 논하지 않더라도 강계(疆界)는 저절로 판별됩니다. 귀주(대마도)는 이미 울릉도와 죽도가 한 섬이면서 두 개의 이름을 갖고 있었다는 것을 알고 있었으니, 그러한즉 그 이름이 비록 다를지라도 그것이 우리나라의 영토임은 매한가지입니다.

귀국이 명령을 내려 사람들(일본인)로 하여금 고기잡이하러 가는 것을 영구히 허락하지 않기로 하였다니, 그 말뜻이 확실하여 오랫동안 보전되지 않을 까닭이 없다고 생각합니다. 실로 다행스럽고 다행스러운 일입니다. 우리나라에서도 또한 마땅히 관리에게 분부하여 때때로 검사하고 시찰하도록 하여 두 나라 사람들이 뒤섞이는 폐단을 끊도록 할 것입니다.

작년에 표류한 백성들의 일을 말하자면, 바닷가에 사는 사람들은 대개 배 타는 일을 업으로 하는데, 큰 바람이 홀연히 일어나면 바람에 배가 쉽게 흔들리기에 경계를 넘어 먼 바다로 나가 귀국까지 흘러 들어가는 데 이르렀던 것이니, 어찌 이 일로써 정해진 규약을 어기고 다른 길을 통했다고 의심할 수 있겠습니까? 만약 그 올린 글처럼 참으로 멋대로 한 죄가 있고, 이미 유극(幽極)의 법도[18]를 시행하였으니 징계할 것이 있다고 생각하면 별도로 연해에

---

18) 유극(幽殛)이란 유폐와 사형을 의미하며, 여기서는 엄한 형벌을 가했다는 비유로 보인다. 『조선왕조실록』 숙종 22년(1696)의 안용복 관련 기사를 중심으로 정리해 보면, 돗토리번에서 강원도 양양현(襄陽縣)으로 귀환한 후 안용복은 강원감사(江原監司) 심평(沈枰)에 의해 체포되었다. 심평의 장계(狀啓)에 따라 비변사(備邊司)에서 안용복을 비롯한 일행 11인을 경옥(京獄)에 나치(拿致)하여 추문(推問)에 들어갔다. 조사 결과에 따른 조정의 중론은 '법금(法禁)을 두려워하지 않고 다른 나라에서 일을 일으켰으므로 죄를

칙령을 내려 금령(禁令)을 분명히 밝히겠습니다. 더욱 성실하게 큰 원칙을 온전하게 하도록 힘써서 다시는 변경에서 사건이 일어나지 않게 하는 것이 어찌 그쪽과 이쪽에서 크게 바라는 바가 아니겠습니까?

각하께서 이미 문위행 역관을 대면하고 말씀하셨으나, 그러나 또 한 사람의 행장에도 서계를 받아 가지고 온 것이 없으니, 아마 이것은 각하께서 깊이 옛 규약을 생각하여 규정 외의 사절을 보내지 않으려는 뜻인 것 같습니다. 그렇기에 우선 이 편지를 써서 대략의 뜻을 펼쳐서 동래의 왜관에 보내 전하도록 했으니 그리 아시기 바랍니다. 이만 그칩니다.

무인년(1698) 3월

예조참의 이선부

四号

日本國對馬州刑部大輔拾遺平　義眞　奉復

朝鮮國禮曹大人　閣下

向領

華椷憑審

貴國穆清嘔喩倍恒承

諭前年

象官超溟之旧[19]面陳竹島之一件繇是

左右克諒情由

示以

兩國永通交誼益懋誠信矣至幸至幸

용서할 수 없다. 또 저 나라에서 표해인(漂海人)을 보내는 것은 반드시 대마도에서 하는 것이 규례인데 곧바로 그곳에서 내보냈으니, 이것을 명백히 언급하지 않을 수 없다.'는 이유로 처벌해야 한다는 의견이 강했고, 사형을 주장하는 중신도 있었다. 그러나 최종적으로는 사형에 반대하는 의견이 채택되어 안용복은 1697년 유배형에 처해졌다. 본문의 서계는 1698년 3월부로 작성되었기 때문에 안용복이 이미 1697년 유배형에 처해진 사실을 "이미 유극(幽殛)의 법도를 시행하였으니"라고 표현한 것으로 추정된다.

示意卽已啓達
東武了故今修牘略布餘縕附在館司舌頭時維春寒更希
加愛總惟
鑒察不宣
元祿十二年己卯正月　日
對馬州刑部大輔拾遺平　義眞

4호

일본국 쓰시마 형부대보 습유 다이라노 요시자네[平義眞]는 조선국 예조 대인 각하께 받들어 답합니다.

지난번 서신을 받고 귀국이 화평하시다는 것을 알게 되어 기쁜 마음이 배가 되었습니다. 깨우침을 받들고 지난해 상관(象官)[20]이 바다를 건너온 날에 면대하여 죽도에 관한 일을 개진하였고, 이로 말미암아 위에서 사정을 잘 양해함으로써 두 나라가 영원히 우호를 통할 뜻을 더욱 성실하게 보이게 되었습니다. 지극히 다행하고 다행한 일입니다. 보여주신 뜻은 이미 에도에 계달(啓達)하였습니다. 그러므로 지금 쓰는 편지에는 나머지 내용을 대강 펼쳐서 관사(館司)[21]의 혀끝에 붙여 두도록 하겠습니다. 지금 쌀쌀한 봄날에 더욱 몸을 아끼시기를 바라며 생각하여 살펴주시기를 바랍니다. 이만 줄입니다.

겐로쿠 12년(1699) 기묘 정월　일

쓰시마주 형부대보 습유 다이라노 요시자네

---

19) 『태정류전』에는 '旧'가 '舊'로 되어 있다.
20) 역관.
21) 왜관(倭館)의 관수(館守).

口上之覺

一 竹島之儀ニ付、數年來何角与被申通候處、存之外公儀へ能被聞召分候而、宜被仰付候故、其段譯官ニ被申渡候處、御聞居候ニ而御書翰被差渡候、御書面不宜候得共、刑部大輔殿御心ヲ被盡候而首尾好相濟、今度返翰被差渡候、竹島之一款此度ニ而無殘所相濟、朝鮮國之御望之通ニ相濟、兩國之大幸此事候、元來竹島之儀貴國ヨリ數年被捨置、其上段々不念成儀有之故、八十四年日本人渡り來り候故、先年因州之者貴國之漁民ヲ召捕罷歸東武へ申上候ニ付、貴國之漁民重而不罷渡樣ニ可申遣之旨被仰出候、依之先對馬守殿ヨリ以使者申達候、其御返翰ニ被得其意候、竹島へ罷越候段不居ニ候故、則罪科ニ申付候、以來之儀迄堅申付候与之御返翰ニ候得共、紛敷御文章有之故、其儘差置候而者以來又出入可有之事之端与存候故、再使者差渡候處、其後者右之御書面与振替り日本人犯越侵涉仕候間不被渡候樣ニ可申付之旨御認被差下候上、對州へも不申越候而使者存寄之趣申達候而御返翰受取不申之內不幸ニテ對馬守殿被相果候故、使者其儘歸國仕候、乍然竹島ノ儀貴國ノ鬱陵島ニ紛無ノ樣ニ承及候通具ニ申聞候付、幸刑部大輔殿參府被仕候時節故、於東武被申上候ハ竹島ノ儀朝鮮國ヨリ數年捨置、其後御居可申時分モ度々不念仕候故、おのづと日本之屬島之樣ニ成來候故、被仰越候段ハ御尤千萬ニ奉存候得共、元來朝鮮國之地ニ紛無之輿地圖ニも慥ニ有之候、誠信を以通交仕事ニ候間、此段御聞分被遊日本人渡海被差止被下候ハ御誠信之至と別而忝可奉存由、內々私迄願被申候通禮儀正しく誠を以御老中迄被申上候得ハ、則達上聞被聞召分候而夫程ニ被申事ニ候ハ隣交之好ニ候間、向後日本人渡海を可被差留由被仰出候、幸譯官招可申由申上置候故、譯官罷渡候節右之趣面談ニ而委細可申渡候旨御差圖故、先年譯官へ口上ニ而申達候、然上ハ今度ハ厚く御禮も可有之与存候處、可保久遠無他良幸良幸与迄ニ而御禮之心も無之、御文章不宜候而御不誠信成御仕形と存候、貴國被欠檢點候上御不念多候處、手前を被顧候心ハ曾而無之、剩非をも飾殊被仰越候趣も前後之主意も違ひ一々首尾不都合ニ候、此段眞直ニ被申上候ハヽ、不首尾成のみならす、事茂調不申、其上以來迄東武之思召も惡敷朝鮮國之御爲行ニ宜間敷候得共、刑部大輔殿役目之事ニ候故、東武へハ禮を盡し誠を以朝鮮國ヨリの被申分尤与被思召候様ニ色々御心を被盡候而被仰上候故首尾能相濟、貴國ニハ御心遣も無之竹島國籍ニ歸し申候段、偏ニ刑部大輔殿隣交之間ニ御心を被盡候故ニ而候、今度之儀朝鮮國之被成掛又者被仰越様理ニ當り候ニ付相濟候与思召候而ハ、以來迄之御了簡違ニ可罷成候、一々ニハ不申候得共、御存之事ニ候間跡先得与御思慮被成候ハヽ御得心可被成候、

구상각서

一. 죽도에 대하여 수년간 이런저런 말씀을 해 오셨는데 의외로 쇼군께서 그 말씀을 나쁘게 듣지 않으시고 좋게 처리하라고 지시하셨으므로 그 점을 조선 역관에게 전달하였습니다. 그래서 역관이 조정에 말씀드리고 조정에서 서신을 보내주셨습니다. 그 서신의 내용이 좋지 않았지만 형부대보님이 애써 처리하셔서 일이 잘 마무리되었으므로 이번에 회신을 보냅니다.

죽도 건[竹島一款]은 이것으로 모두 끝났고 조선국의 희망대로 되었으니 두 나라 모두에게 큰 다행입니다. 원래 죽도는 귀국이 여러 해 동안 버려두었고, 게다가 점점 잊혀지고 있던 섬이었으므로 84년간 일본인이 건너오게 되었습니다. 그래서 몇 년 전에 인슈[因州] 사람이 귀국의 어민을 잡아 와서 에도에 보고했는데, [에도에서는] 귀국 어민이 거듭해서 도해하는 일이 없도록 사람을 보내 조선에 알리라는 명령을 내리셨습니다. 이에 따라 전 쓰시마노카미님이 사자를 보내 그 말을 전했습니다. 이에 대한 회신에 "그 뜻은 잘 알겠습니다. 죽도에 건너가는 것은 나쁜 짓이므로 그들을 벌하겠습니다. 앞으로도 죽도에 도해하면 벌을 받는다고 엄하게 지시하겠습니다"라는 내용이 있었습니다. 그런데 [그 내용 중에] 애매모호한 의미의 문장이 들어 있어서 그대로 두면 장래에 또 다시 [양국 간에] 분쟁이 일어날 소지가 있다고 생각하여 다시 사자를 보냈습니다. 그 뒤에는 위의 서신으로 내용을 바꾸어 "일본인이 국경을 범하고 있으니 도해하지 않도록 지시하라"는 취지로 꾸며서 내려 보냈고, 사자는 쓰시마로 알리지도 않고 자신이 생각하는 바를 말씀드렸습니다. 그런데 이에 대한 회신을 받기 전에 불행히도 전 쓰시마노카미님이 돌아가셨기 때문에 그냥 귀국하고 말았습니다. 그러나 들은 대로 죽도가 귀국의 울릉도임에 틀림없다는 말을 남김없이 전달하였고, 다행히 형부대보님이 에도 참부[江戶參府]를 하셔야 할 때였으므로 에도에서 그 말을 보고하였습니다. 즉, "죽도는 조선이 수년간 버려두었고, 그 후 종종 보고가 있어야 함에도 마음을 쓰지 않고 있었으므로 자연히 일본에 속한 섬처럼 되어 왔습니다. 따라서 귀국의 말씀은 지극히 당연하다고 생각하지만, 원래 죽도는 조선국의 땅임에 틀림없고, 여지도(輿地圖)에도 분명히 그렇게 나와 있습니다. [귀국과는] 성신(誠信)으로 통교를 해 왔으므로 이 점을 이해하셔서 일본인의 도해를 금지시켜 주면 귀국의 성신으로 생각하여 매우 감사하겠다는 말을 나에게 은밀히 하였습니다. 그래서 이 말을 성심 성의껏 예의바르게 로주[老中]님에게 말씀드렸더니 로주님이 다시 막부에 전달하였는데 이를 쇼군께서 좋게 여겨, "조선에서 그렇게 말했다면 이웃 나라로서의 친분도 있으니 향후 일본인의 도해를 금지시키라"고 하명하셨습니다. 마침 "조선의 역관을 초대하라고 일러두었으니 역관이 오면 위의 취지에 대하여 면담하고 상세히 일러주도록 하라"는 지시가 있었습니다. 그래서 지난 번 역관이 왔을 때 그 취지를 말해주었습니다. 그러므로 이번에는 조선에서 두텁게 사례를 해 올 것으로 생각하였습니다. 그러나 "앞으로 영원히 그런 일이 없도록 해 주십시오"라는 말만 했을 뿐, 사례를 해 오지도 않았고 문장의 내용도 좋지 않아 불성신(不誠信)한 태도라고 생각했습니다.

귀국은 그 섬에 대해 조사해 보려는 마음이 없었을 뿐만 아니라 알지도 못하고 있었습니다. 그런데도 지금껏 자신의 그러한 점에 대해 반성해 보려는 마음이 전혀 없이 자신의 잘못을 숨기고만 있으며, 보내 온 서신의 취지에도 내용에도 일관성이 없습니다. 이에 대해 직접적으로 말씀드리면 일이 잘 마무리되지 않을 뿐 아니라 조선국과의 사이도 나빠질 것입니다. 더욱이 에도에서도 좋지 않게 생각하게 될 것입니다. 조선국의 장래를 생각한다면 좋지 않은 일이기에 이 일의 담당이신 형부대보님이 에도에 갖은 예를 다하여 조선이 말하고 있는 바를 들어주시도록 성심성의껏 말씀드렸기 때문에 일이 잘 마무리된 것입니다. 귀국이 거들떠보지 않던 죽도를 귀국에게 돌려준 사람이 바로 형부대보님입니다. 그가 이웃나라로서의 친분을 지키기 위하여 정성을 기울였기 때문입니다. 이번 일을 조선이 이룬 일이라거나 혹은 조선이 도리에 맞는 말을 하였기 때문에 이루어진 일이라고 생각하시면 앞으로도 계속 잘못 생각하시는 것이 될 것입니다. 이미 알고 계실 터이니 일일이 말하지는 않겠지만 일의 전후를 잘 살펴보시면 깨닫게 될 것입니다.

一 御書翰之內ニ竹島之儀首尾好被仰出候段、以使者可申遣儀ニ候處、譯官へ申含遣候段約條之外ニ使者遣間敷与ノ了簡ニ而可有之由被仰聞候、公儀ヨリ爲被仰出事ニ候故、以使者可申越事与思召段御尤ニ存候、被仰聞候通リ公儀ヨリ被仰出儀ハ何とても態使者を以參判江申達候例ニ而候得とも、右之通兼テ譯官相招可申之由被申上置候故、幸譯官招可申之由ニ候、左候ハヽ其節譯官へ面談ニ而申含候得者、以使者申渡候同前ニ聢与仕タル事与

東武ニ者被思召候而其通被仰付候、依之任御差圖譯官へ口上ニ而申含候歲條之外ニ使者遣間敷与之心入ニ而者無之候、用事有之節ハ使者遣不申候而不叶事ニ候、此段も御了簡与ハ相違仕候間、以來之爲と存是又申入置候、左樣御心得可被成候、

一. 죽도 건이 잘 마무리되었다고 쓴 서신을 사자를 보내 전달해야 하지만, 조선 역관에게 그냥 말로만 전한 것은, 약조에서 규정한 일 이외에 사자를 보내서는 안 된다고 생각했기 때문입니다. 막부에서 지시하는 일이므로 사자를 보낼 것이라고 생각하셨다는데 지당하십니다. 역관에게 들으신 대로 막부로부터 나온 말씀은 어쨌든 사자를 시켜 참판에게 전달하는 것이 관례이나, 앞서 말씀드린 바와 같이 이미 역관을 초대하라는 말씀을 해 두었기 때문에 다행히 사자를 불러들일 수 있었다고 합니다. 그리고 에도에서는 역관이 왔을 때 역관을 만나 말하면 그것이 사신을 불러 전달한 것과 똑같다고 생각하고 있었기 때문에 그렇게 하라고 명령하신 것입니다. 이에 지시에 따라 역관에게 말했던 것입니다. 약조 외의 규정에 사신을 파견해서는 안 된다는 생각은 없습니다. 용무가 있을 때는 사신을 파견하지 않으면 안 됩니다. 이러한 생각도 귀국의 생각과는 다르니 장래를 위하여 이에 대한 것도 역시 말씀드리는 바이니 명심해 주시길 바랍니다.

右之條々最早首尾好事濟申タル上ニ又々申達候段不入事之樣ニ候得共、我等役目ニ付最初ヨリ兩國思召入之樣子具ニ見聞仕候處、貴國之御心入と對州之心入とくひ違ひ有之候故、以來共ニ御了簡違等候而ハ幾久敷不申通候テ不叶事候處、左候

而ハ大切ニ被存候、以後之爲ニ候間、我等存候通之譯能々東萊迄申居朝廷方へも慥ニ轉達仕候樣ニㇳ被申越候故如此候、以上、

위 건(죽도 건)은 이미 잘 마무리되었으므로 다시 말할 필요는 없지만, 우리의 임무였으므로 처음부터 두 나라가 어떤 방식으로 생각하는지 자세히 살피고 있던 바, 귀국과 쓰시마가 생각하는 방식이 서로 달랐습니다. 이래서는 앞으로도 계속 서로 소통이 이루어지지 않을 것이며, 그렇게 되어서는 큰일이라고 생각합니다. 앞으로의 일을 생각해서 하는 말이니 우리들이 생각하는 바를 그대로 동래부에 잘 보고해 주시길 바라며 조정에도 확실하게 전달될 수 있도록 하라는 말씀이 있었습니다. 이상입니다.

嶋地第六百六十四号

日本海內竹島外一島地籍編纂方伺

竹島所轄之儀ニ付、島根縣ヨリ別紙伺出取調候處、該島之儀ハ元祿五年朝鮮人入島以來別紙書類ニ摘採スル如ク、元祿九年正月第一號舊政府評議之旨意ニ依リ二号譯官ヘ達書三号該國來柬四号本邦回答及ヒ口上書等之如ク、則元祿十二年ニ至リ夫々往復相濟本邦關係無之相聞候得共、版圖ノ取捨ハ重大之事件ニ付、別紙書類相添爲念此段相伺候也。

內務卿 大久保利通 代理

明治十年三月十七日　　內務少輔 前島密

右大臣 岩倉具視殿

도지 제664호

일본해 내 죽도 외 1도의 지적 편찬 방법에 관한 문의

죽도 관할 건에 대하여 시마네현으로부터 별지 질의서로 문의가 있어서 조사한 바, 해당

섬은 겐로쿠 5년(1692) 조선인이 섬으로 건너온 이래, 별지 서류에 기록한 바와 같이 겐로쿠 9년(1696) 정월 제1호 구 정부가 평의한 취지에 따라, 제2호 역관에게 보내는 서한, 제3호 해당국에서 온 서한(來柬), 제4호 본국 회답 및 구상서 등 겐로쿠 12년에 이르러 각 서한의 왕래가 끝났고, 우리나라는 관계가 없다고 들었습니다만, 판도(版圖)의 취사는 중대한 일이므로 별지 서류를 첨부하여 다짐삼아 이 문제를 문의합니다.

내무경 오쿠보 도시미치 대리

메이지 10년(1877) 3월 17일　내무소보(內務少輔) 마에지마 히소카[前島密]

우대신(右大臣) 이와쿠라 도모미[岩倉具視] 귀하

伺之趣竹島外一島之儀本邦關係無之儀ト可相心得事
明治十年三月二十九日

문의한 죽도 외 1도 건은 우리나라와 관계가 없다는 점을 명심할 것.
메이지 10년(1877) 3월 29일

磯竹島略圖　(지도 생략)

기죽도 약도[磯竹島略圖]　(지도 생략)

| 참고문헌 |

堀和生, 「一九O五年日本の竹島領土編入」, 『朝鮮史研究会論文集』 24, 朝鮮史研究会, 1987.

漆崎英之, 「「태정관지령」 부속 지도 「기죽도약도(磯竹島略圖)」 발견 경위와 그 의의」, 『독도연구』 제14호, 영남대학교 독도연구소, 2013.6.

유미림 · 박지영 · 심경민, 『1877년 태정관 지령에 관한 연구』, 한국해양수산개발원, 2014.

이성환 · 송휘영 · 오카다 다카시, 『일본 태정관과 독도』, 도서출판 지성인, 2016.

정태만, 「『조선국교제시말내탐서』 및 『태정관지령』과 독도」, 『독도연구』 제17호, 영남대학교 독도연구소, 2014.12.

정태만, 『태정관 지령이 밝혀주는 독도의 진실』, 조선뉴스프레스, 2012.

「日本海内竹島外一島ヲ版圖外ト定ム」, 『太政類典』, 明治10年(1877).

「日本海内竹島外一島地籍編纂方伺」, 『公文録』 内務省之部, 明治10年(1877.3.17.).

「日本海内竹島外一島地籍編纂方伺」, 『公文録』 付属地図, 明治10年(1877.3.17.).

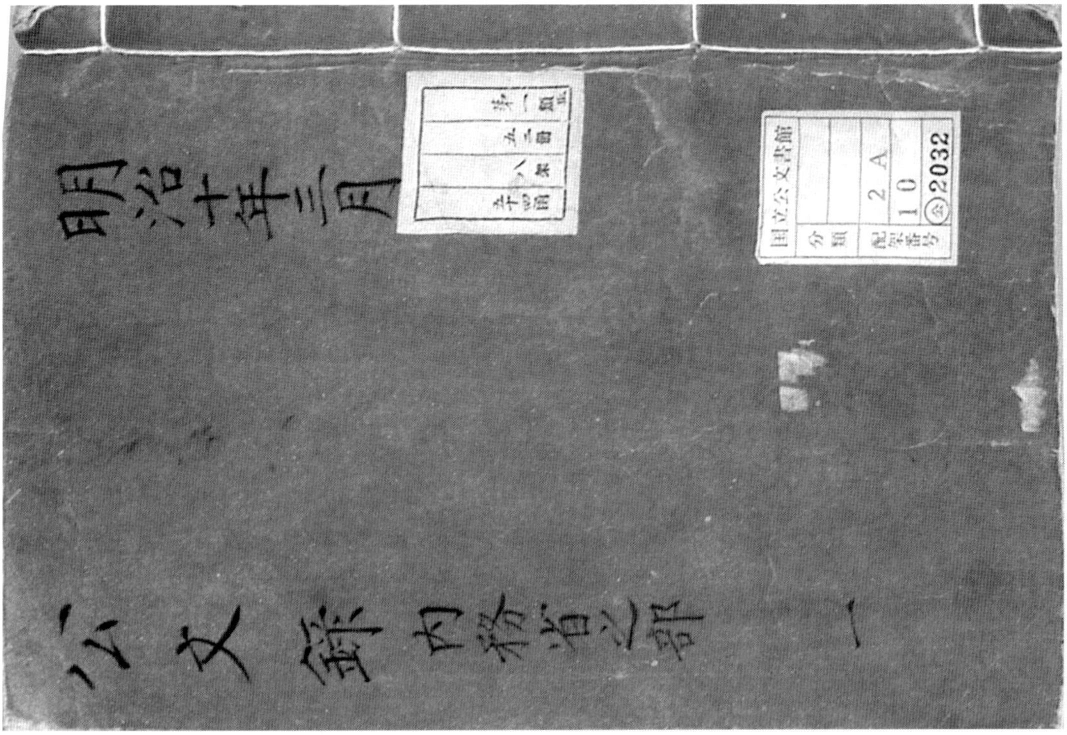
明治十年三月
公文錄 内務省之部 一

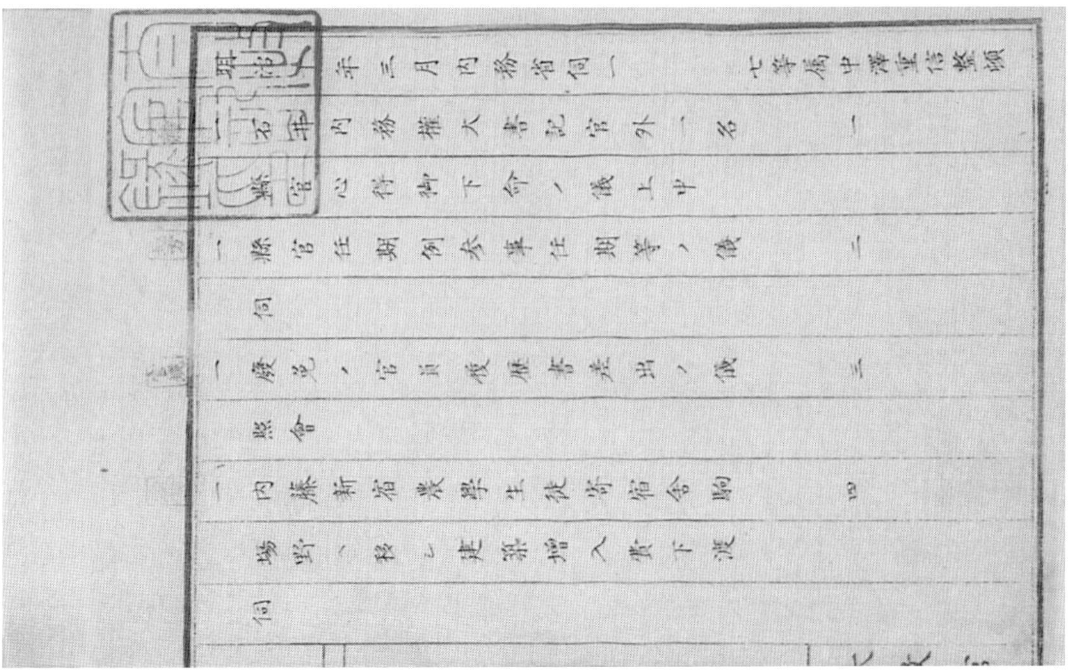

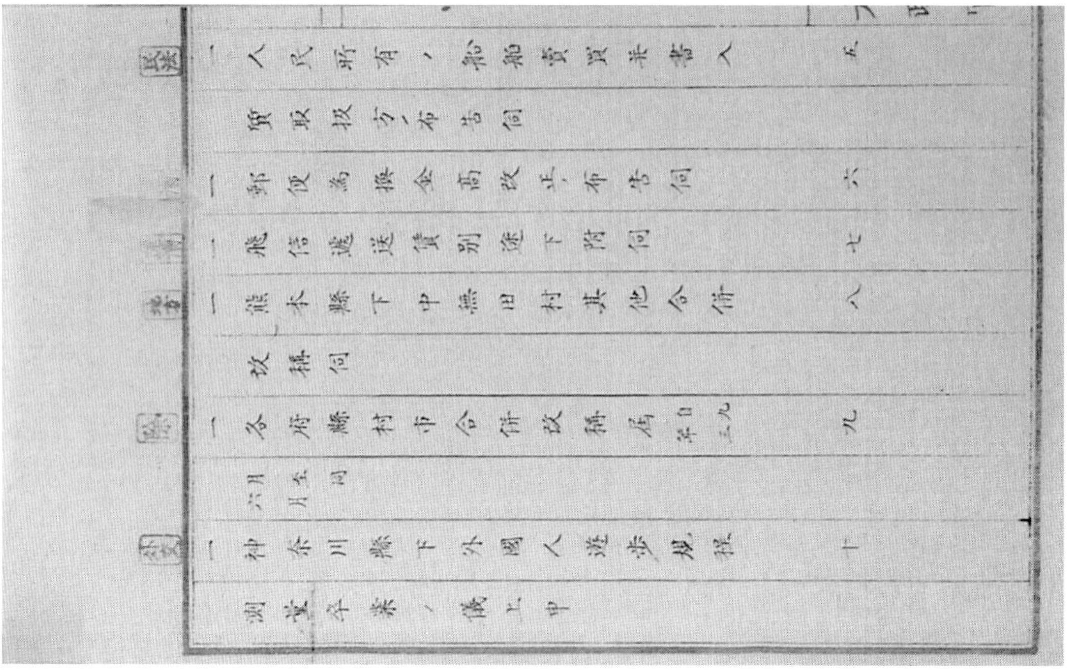

一 人民所有ノ船舶売買並書入 五
質取扱方ヲ布告伺
一 郵便為換金高改正布告伺 六
一 飛信逓送賃別途下附伺 七
一 熊本縣下中無田村其他合併 八
改称伺
一 各府縣村市合併改称届 九
六月五日同
一 神奈川縣下外國人遊歩規程 十
測量全案ノ儀上申

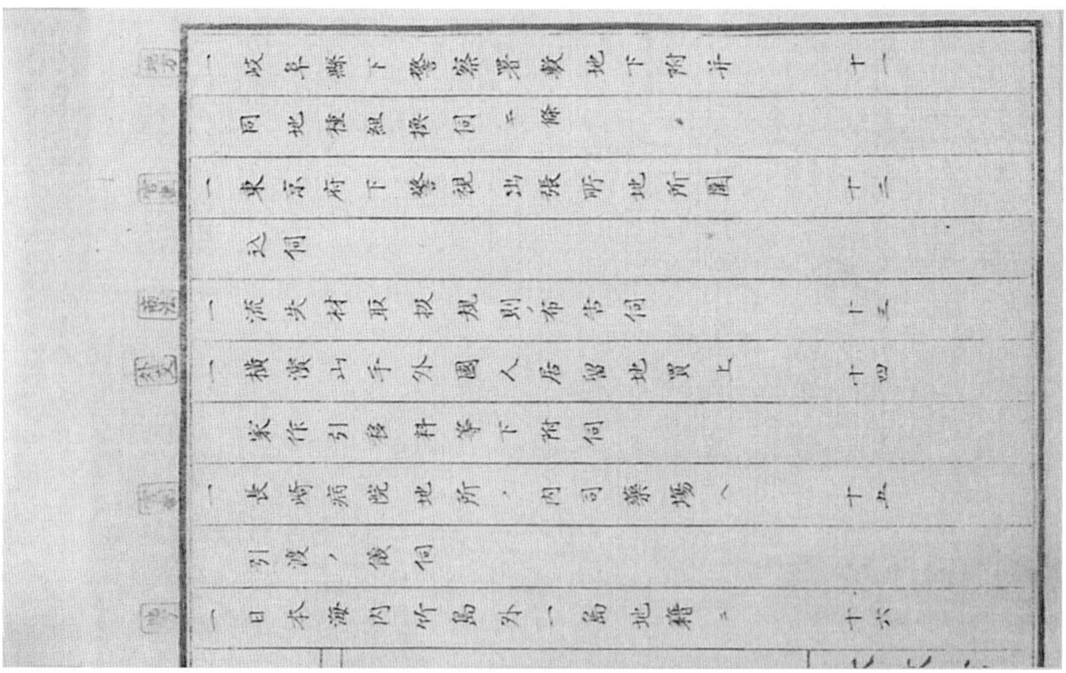

一 岐阜縣下警察署敷地下附并 十一
同地接續換伺二條
一 東京府下警視出張所地所囲 十二
込伺
一 流失材取扱規則布告伺 十三
一 横濱山手外國人居留地買上 十四
家作引移料等下附伺
一 長崎病院地所ノ内司薬場ヘ 十五
引渡ノ儀伺
一 日本海内竹島外一島地籍ニ 十六

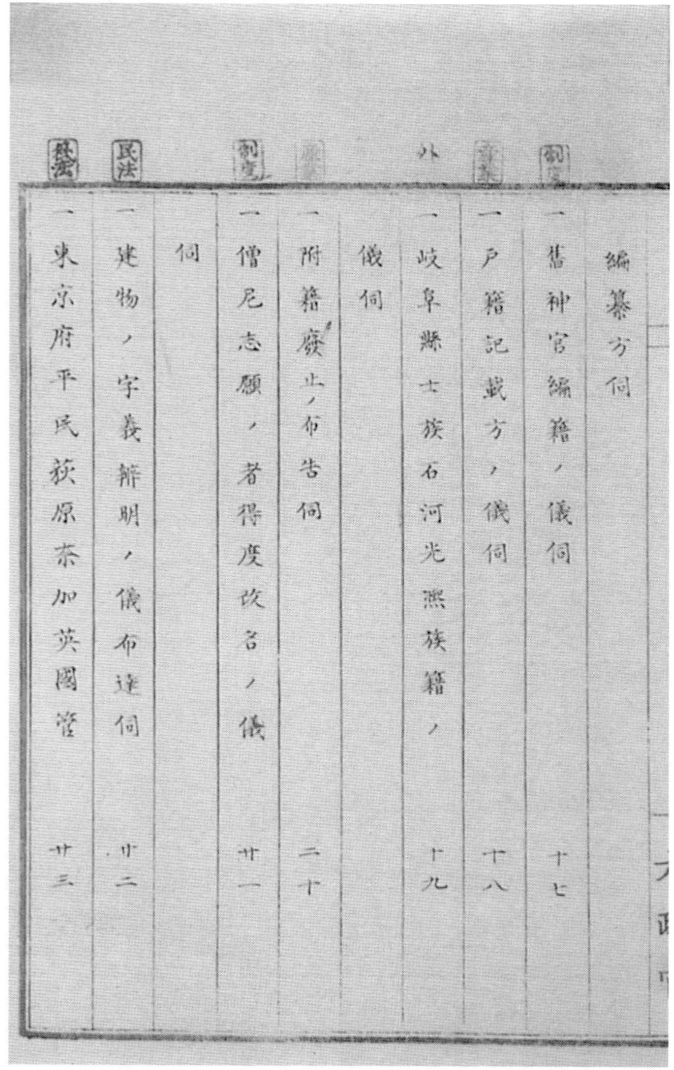
編纂方伺
一 舊神官編籍ノ儀伺 十七
一 戸籍記載方ノ儀伺 十八
一 岐阜縣士族石河光煕族籍ノ 十九
儀伺
一 附籍廢止ノ布告伺 二十
一 僧尼志願ノ者得度改名ノ儀 廿一
伺
一 建物ノ字義辨明ノ儀布達伺 廿二
一 東京府平民荻原茶加英國管 廿三

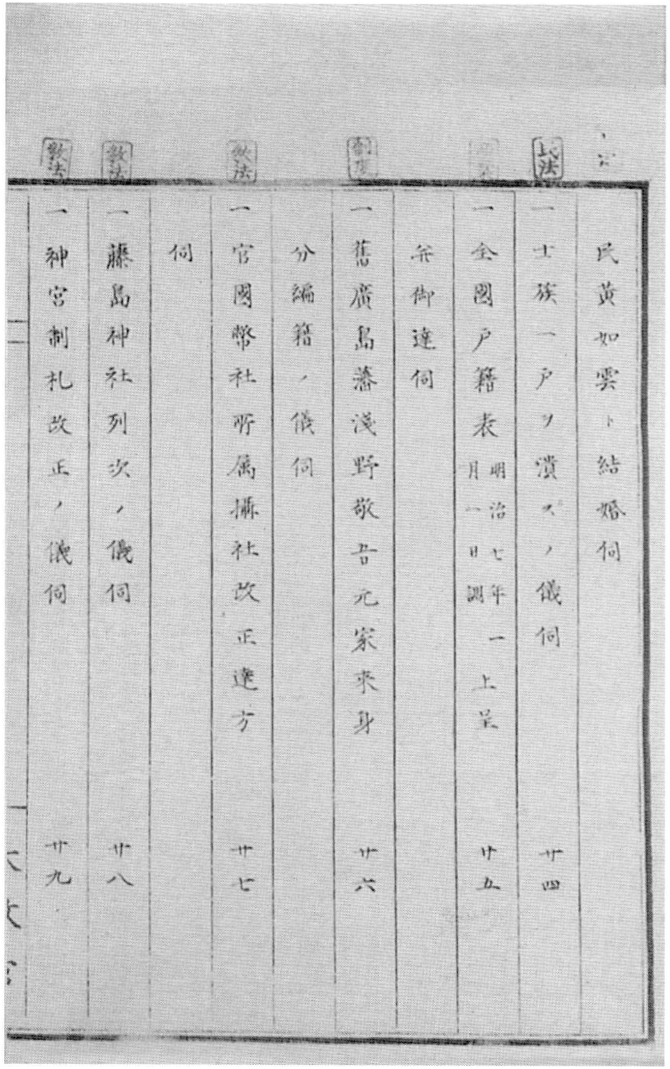
民黄如雲ト結婚伺
一 士族一戸ヲ潰スノ儀伺 廿四
一 全國戸籍表 明治七年一月一日調 上呈 廿五
并御達伺
一 舊廣島藩淺野敬吉元家來身 廿六
分編籍ノ儀伺
一 官國幣社所屬攝社改正達方 廿七
伺
一 藤島神社列次ノ儀伺 廿八
一 神宮制札改正ノ儀伺 廿九

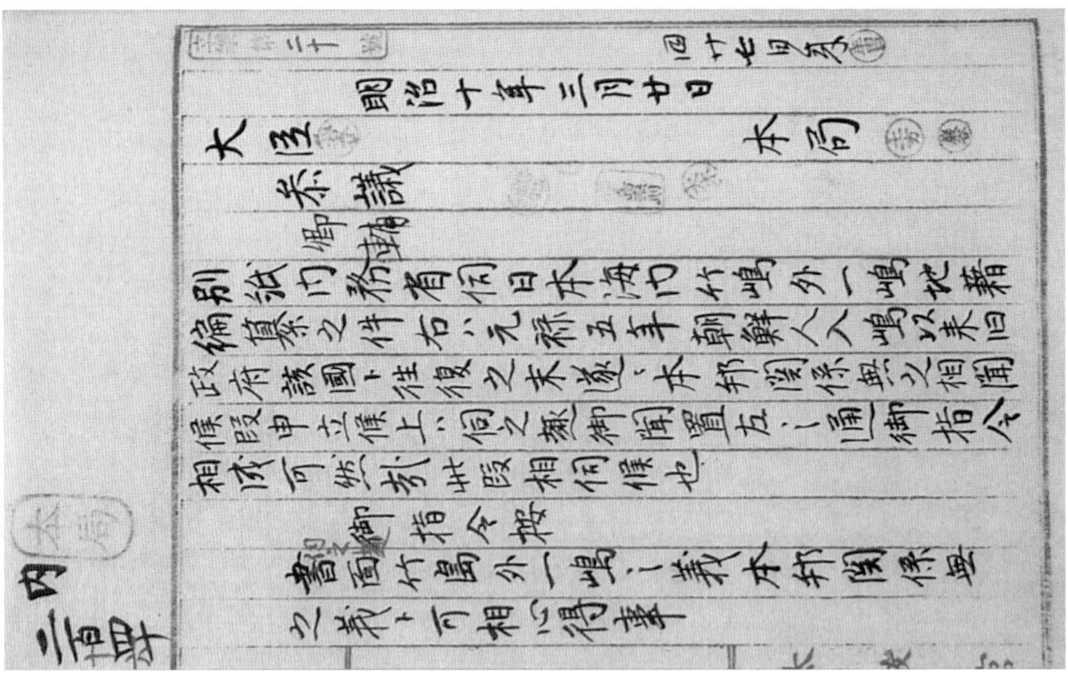

明治十年三月廿日

大臣

参議

本局

別紙内務省伺日本海内竹島外一島地籍編纂之件右ハ元禄五年朝鮮人入島以来旧政府該国ト往復之末遂ニ本邦関係無之相聞候段申立候上ハ伺之趣御聞置左之通御指令相成可然哉此段相伺候也

御指令按

書面竹島外一島之義本邦関係無之義ト可相心得事

明治十年三月廿九日

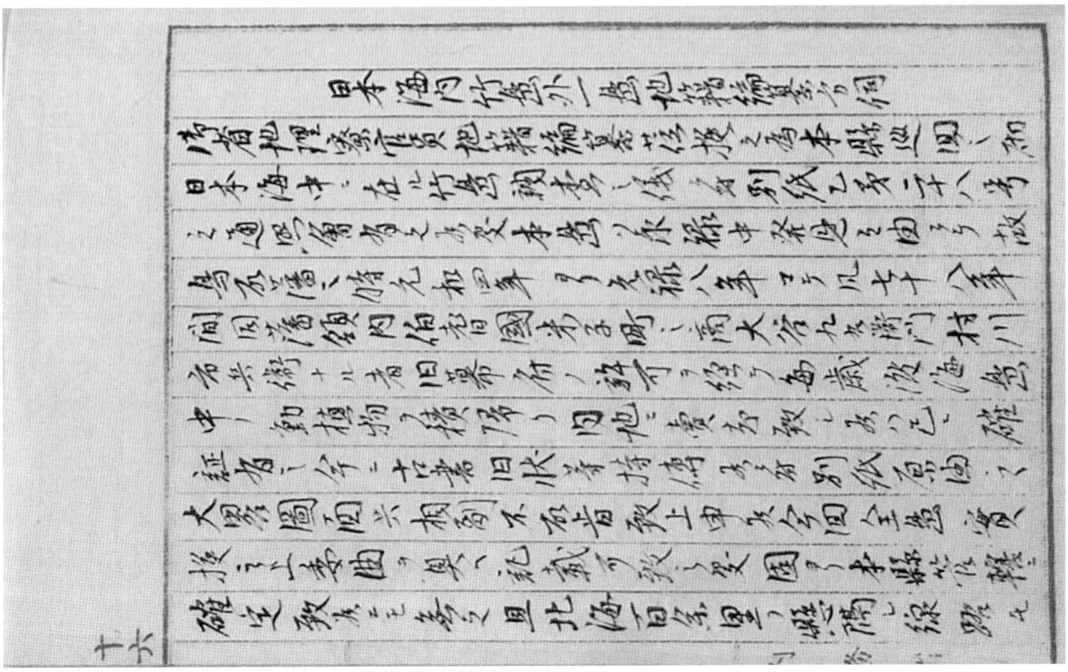
日本海内竹島外一島地籍編纂方伺

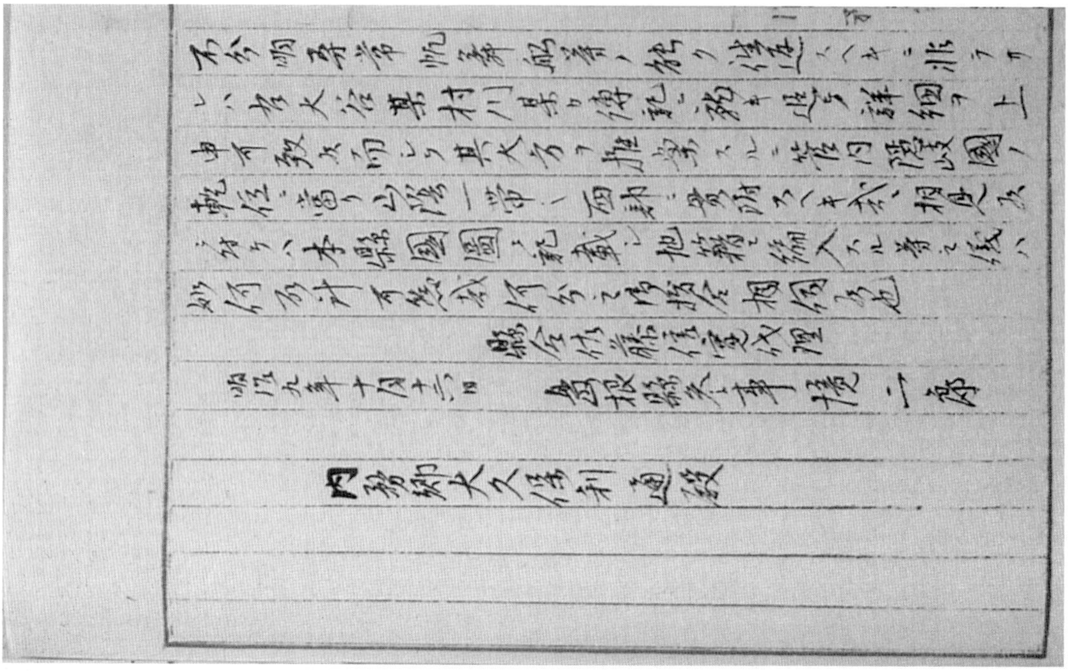

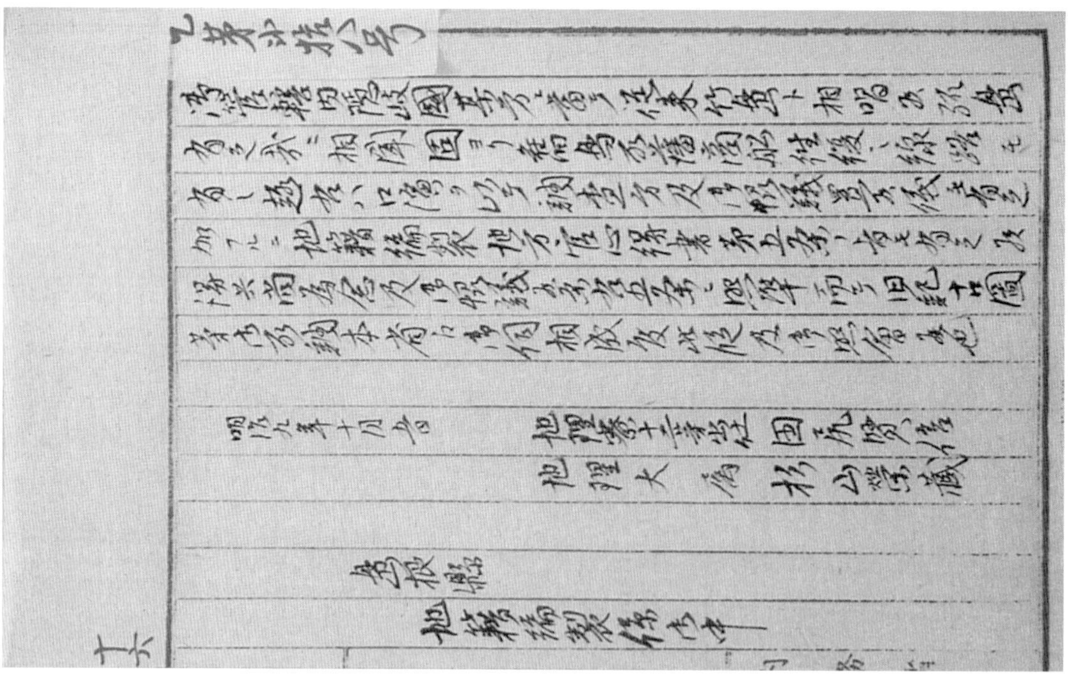

十六

磯竹島一ニ竹島ト稱ス隱岐國ノ乾位一百二拾里許ニ
在リ周囬凡十里許山峻嶮ニシテ平地少シ川三條アリ
又瀑布アリ然レトモ深谷幽邃樹竹稠密其源ヲ知ル能
ハス唯眼ニ觸レ其多キ者植物ニハ五鬣松 紫栴 擅
黄蘗 椿 樫 桧 桐 雁皮 栂 竹 マノ竹 胡
蘿蔔 蒜 欵冬 蘘荷 獨活 百合 牛旁 茱萸
覆盆子 虎杖 アヲキバ 動物ニハ海鹿 猫 鼠
山雀 鳩 鴨 鸕 鳬 鶏 燕 鷲 鵰 鷹 ナゲコ
アナ鳥 四十雀ノ類 其他辰砂岩緑青アルヲ見ル
魚貝ハ枚挙ニ暇アラス就中海鹿鮑ヲ物産ノ最トス鮑
ヲ獲ルニタニ竹ヲ海ニ投シ朝ニコレヲ上レハ鮑枝葉
ニ着クモノ夥シ其味絶倫ナリト又海鹿一頭能ク數斗

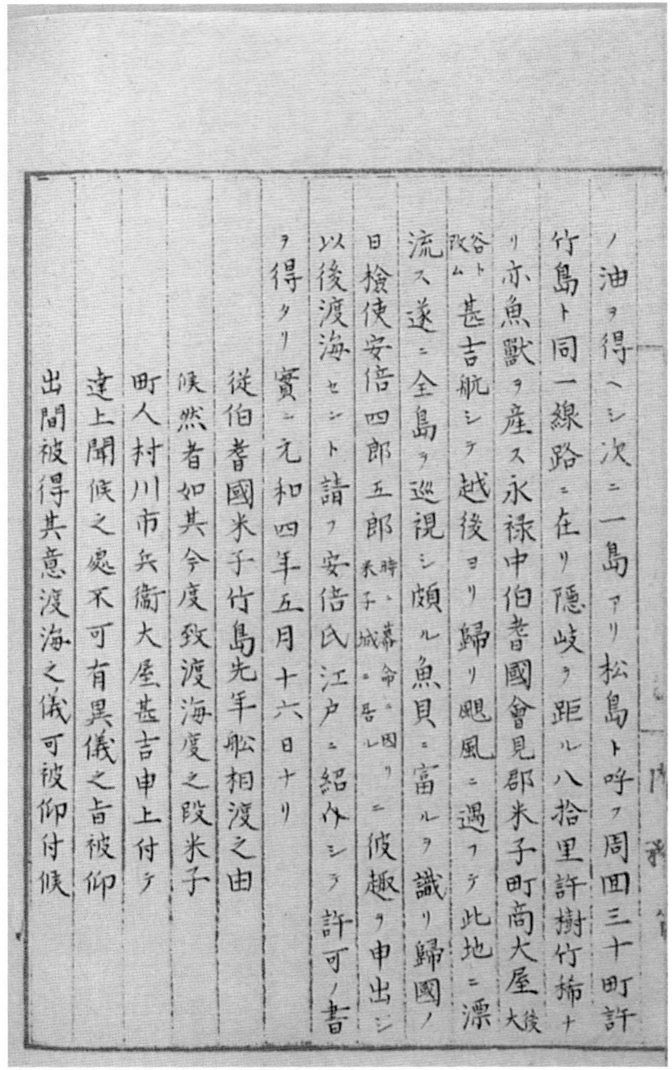
ノ油ヲ得ヘシ次ニ一島アリ松島ト呼フ周囲三十町許
竹島ト同一線路ニ在リ隠岐ヲ距ル八拾里許樹竹稀ナ
リ亦魚獣ヲ産ス永禄中伯耆國會見郡米子町商大屋（後大谷ト改ム）甚吉航シテ越後ヨリ帰リ颶風ニ遇フテ此地ニ漂
流ス遂ニ全島ヲ巡視シ頗ル魚貝ニ富ルヲ識リ帰國ノ
日検使安倍四郎五郎（時ニ幕命ニ因リ米子城ニ居ル）ニ彼趣ヲ申出シ
以後渡海セント請フ安倍氏江戸ニ紹介シテ許可ノ書
ヲ得タリ實ニ元和四年五月十六日ナリ

従伯耆國米子竹島先年船相渡之由
候然者如其今度致渡海度之段米子
町人村川市兵衛大屋甚吉申上付テ
達上聞候之處不可有異儀之旨被仰
出間被得其意渡海之儀可被仰付候

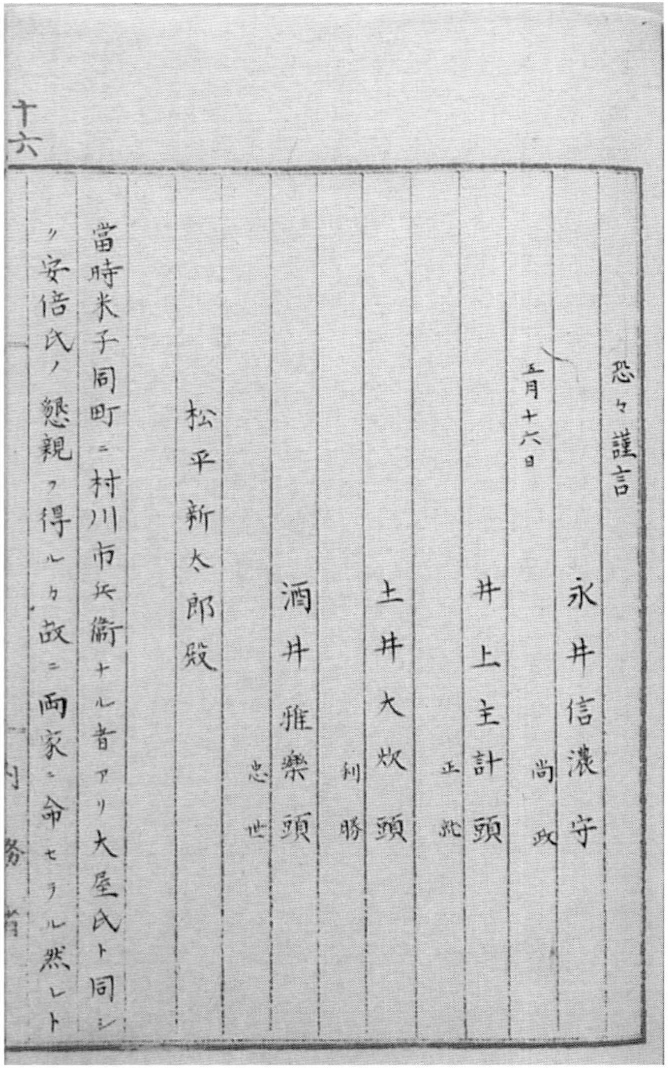
十六

恐々謹言

五月十六日

永井信濃守 尚政

井上主計頭 正就

土井大炊頭 利勝

酒井雅樂頭 忠世

松平新太郎殿

當時米子同町ニ村川市兵衛ナル者アリ大屋氏ト同シ
ク安倍氏ノ懇親ヲ得ルタ故ニ両家ニ命セラル然レト

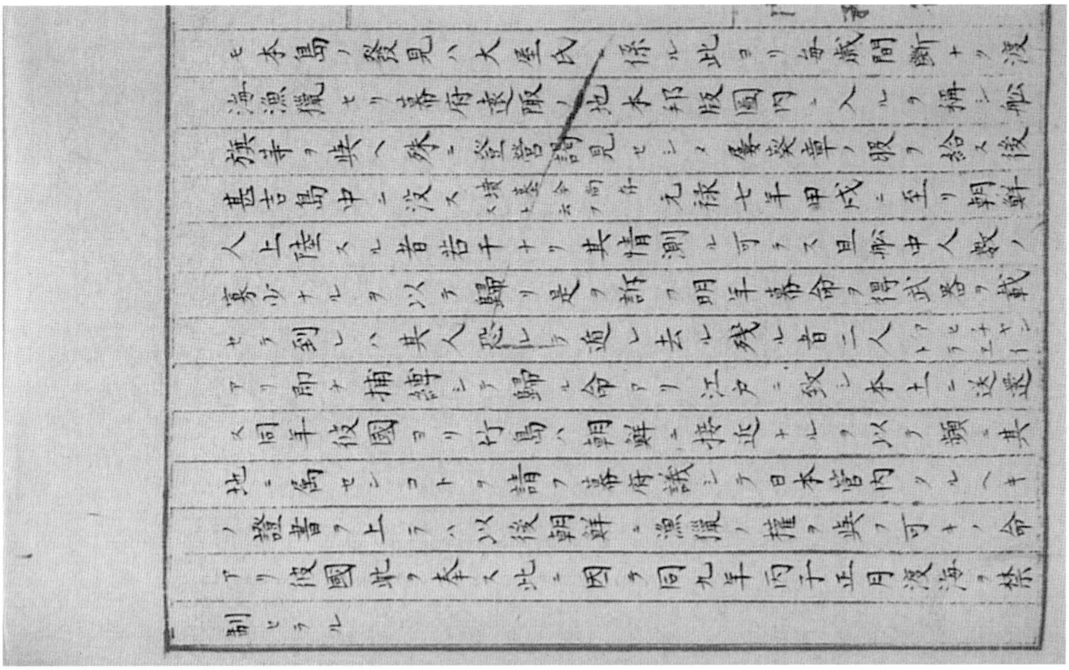

モ本島ノ發見ハ大屋氏ニ係ル此ヨリ毎歳間斷ナク渡
海漁獵セリ幕府遠賑ノ地本邦版圖内ニ入ルヲ稱シ船
旗等ヲ與ヘ殊ニ登營謁見セシメ褒奬章ノ服ヲ給ス後
甚吉島中ニ沒ス墳墓今尚存スト云フ元祿七年甲戌ニ至リ朝鮮
人上陸スル者若干ナリ其情測ル可ラス且船中人數ノ
寡少ナルヲ以テ歸リ是ヲ訴フ明年幕命ヲ得武器ヲ載
セテ到レハ其人恐レテ逝レ去ル残ル者二人アヒナヤン トラヘイアリ
アリ即ナ捕縛シテ歸ル命アリ江戸ニ致シ本土ニ送還
ス同年彼國ヨリ竹島ハ朝鮮ニ接近ナルヲ以テ頗ル其
地ニ属セシコトヲ請フ幕府議シテ日本管内タルヘキ
ノ證書ヲ上ラハ以後朝鮮ニ漁獵ノ權ヲ與フ可キノ命
アリ彼國此ヲ奉ス此ニ因テ同九年丙子正月渡海ヲ禁
制セラル

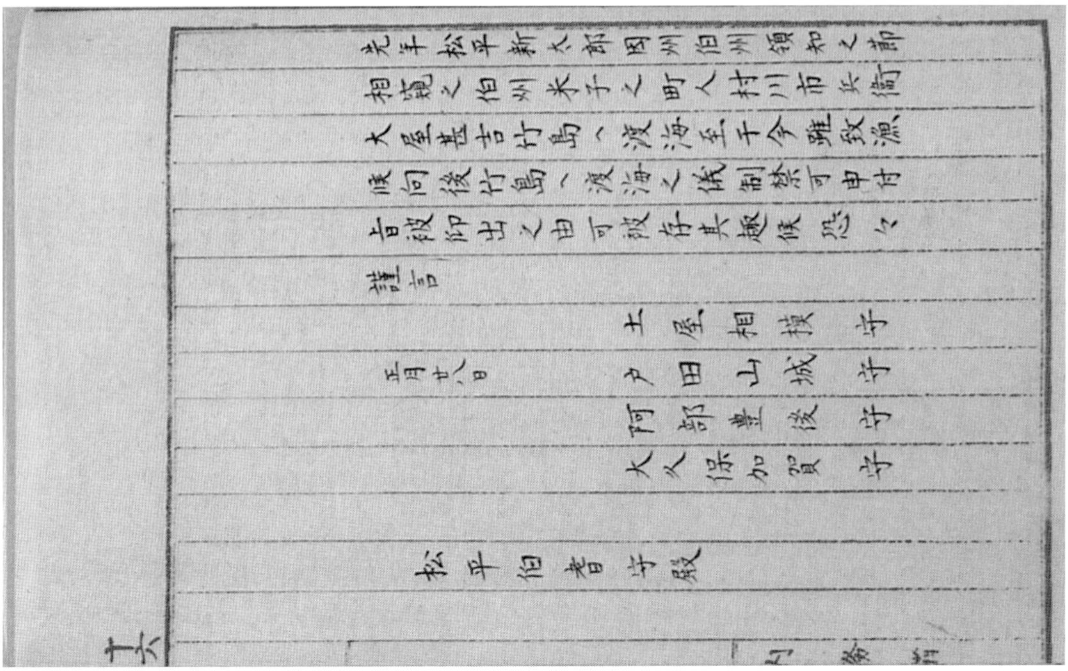

十六

先年松平新太郎因州伯州領知之節
相窺之伯州米子之町人村川市兵衛
大屋甚吉竹島へ渡海至于今雖致漁
候向後竹島へ渡海之儀制禁可申付
旨被仰出之由可被存其趣候恐々
謹言

正月廿八日

土屋相模守
戸田山城守
阿部豊後守
大久保加賀守

松平伯耆守殿

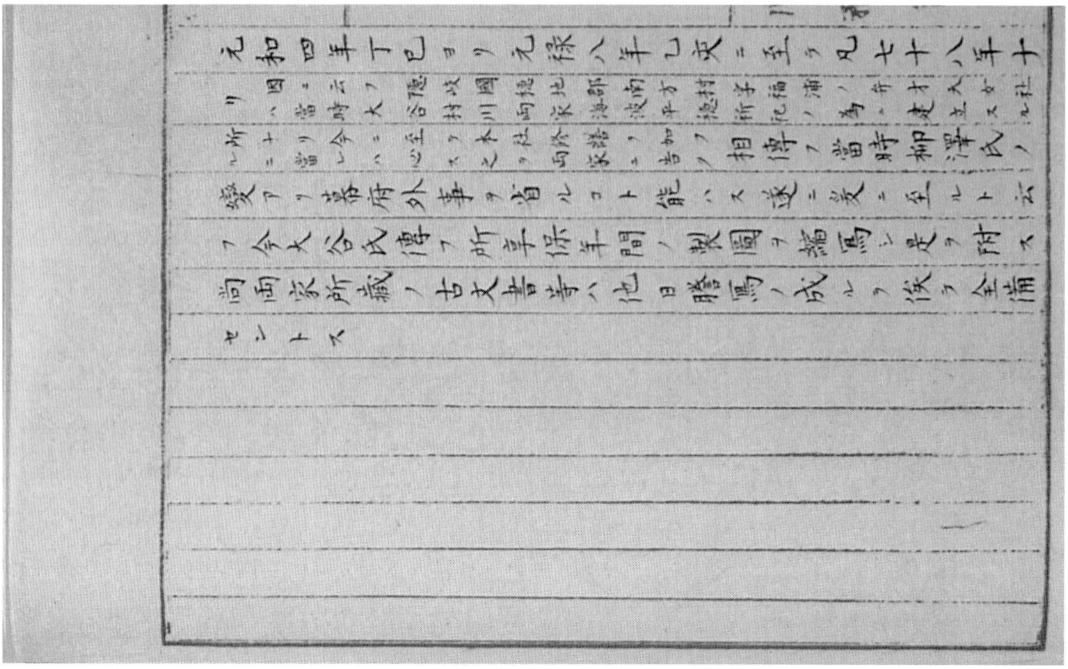

元和四年丁巳ヨリ元禄八年乙亥ニ至ル凡七十八年十[illegible]

[illegible]相傳フ當時柳澤氏ノ

變アリ幕府外事ヲ省ルコト能ハズ遂ニ茲ニ至ルト云

フ今大谷氏傳フ所享保年間ノ製圖ヲ謄寫シ是ヲ附ス

尚両家所藏ノ古文書等ハ他日謄寫ノ成ルヲ俟テ全備

セシトス

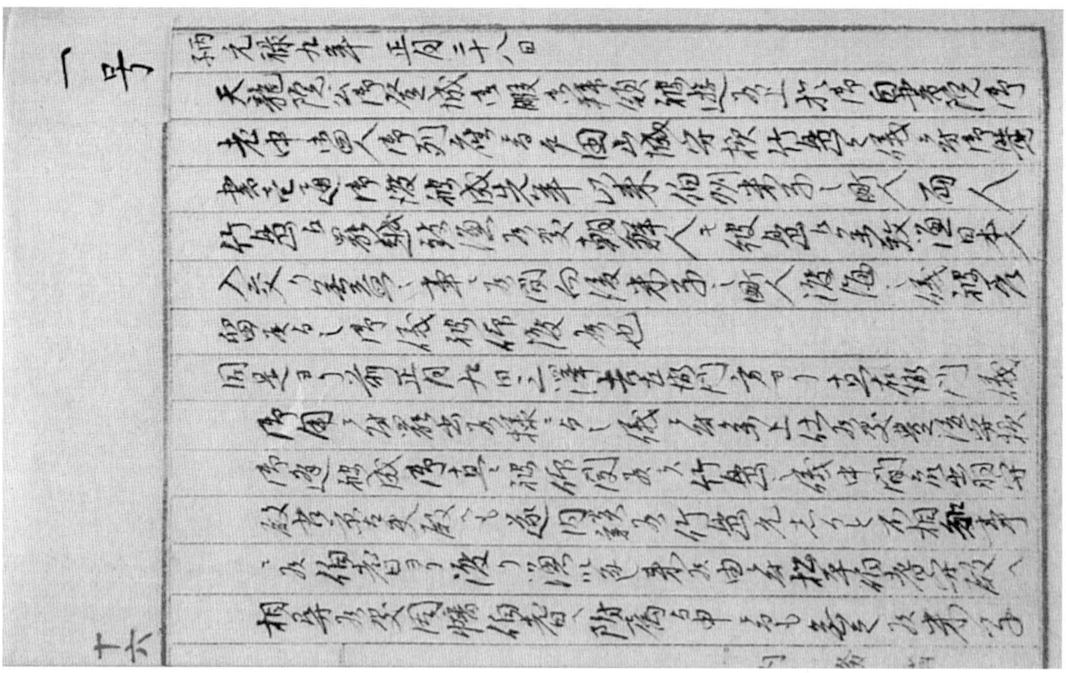

同元禄九年正月二十八日

[illegible]

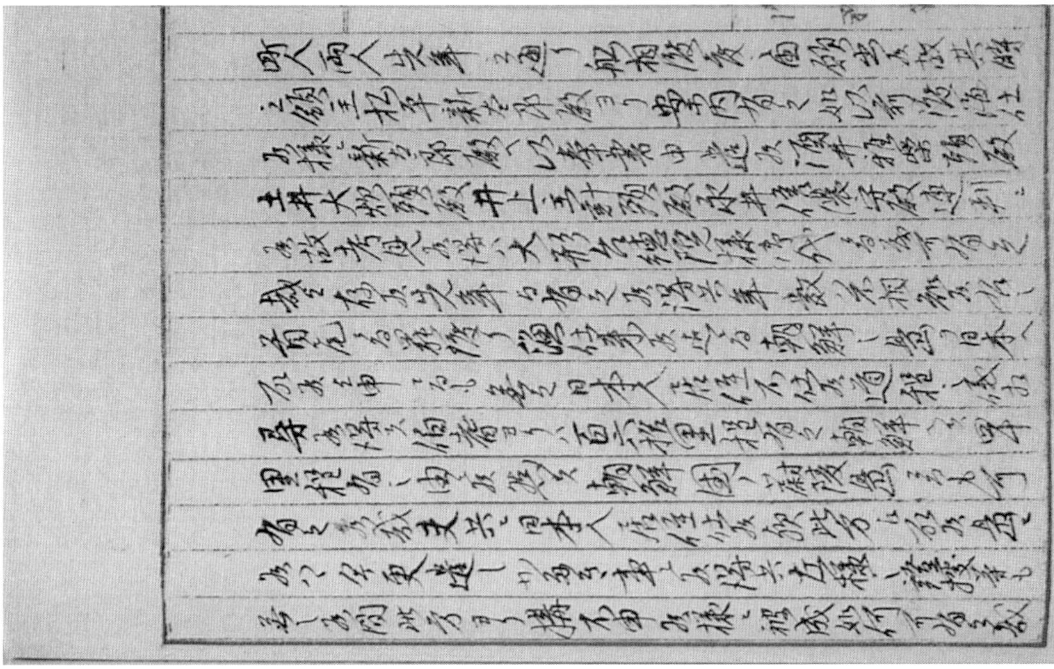

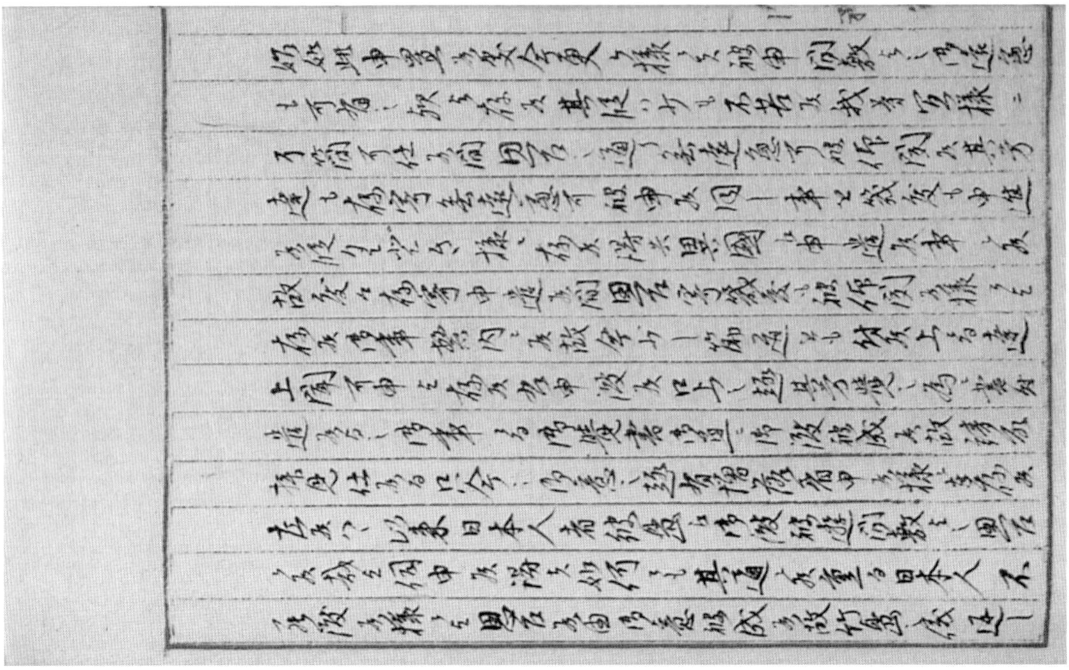

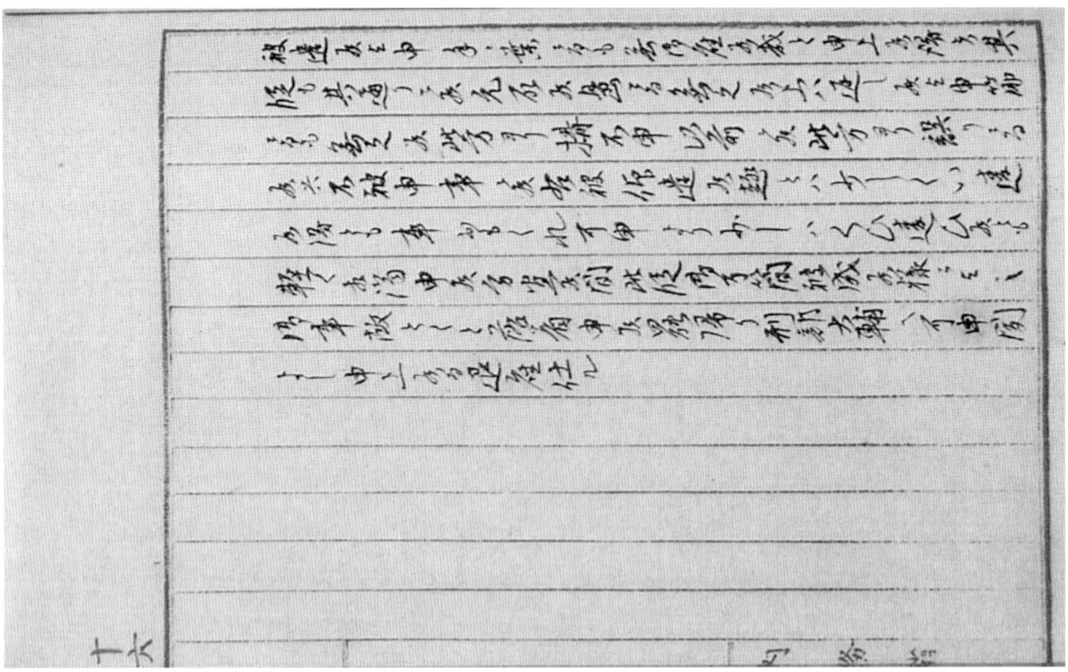

三号

先太守因竹島事遣使於

貴國者兩度使事未了不幸早世由是召還使人不日上都

入

覲之時

問及竹島地状方向據實具對因以其去

本邦太遠而去

貴國却近恐兩地人敍雜必有潜通私市之弊随即下

令永不許人往漁採大凡釁隙生於細微禍患興於下賤古今

通病慮之寧勿預是以百年之好偏欲彌篤而一島之微遂

付不較豈非

兩邦之美事乎茲念

南宮應[illegible]修書使來州代傳

十六

益謝兩譯使俱回禪之日口申虔達

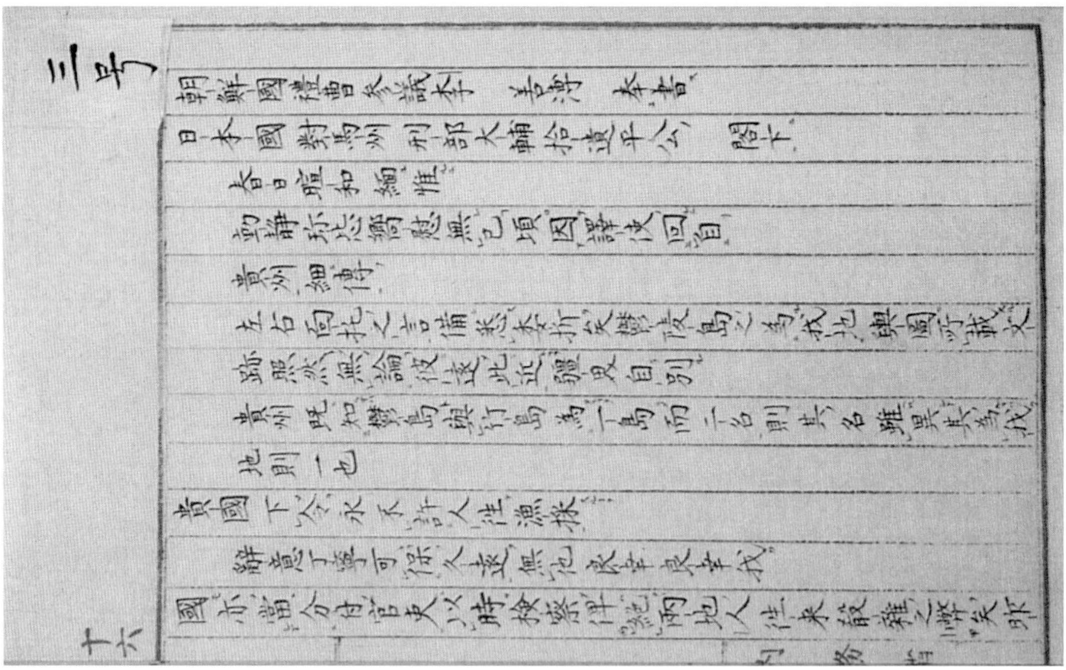
三号
朝鮮國禮曹參議李 善溥 奉書
日本國對馬州刑部大輔拾遺平公 閤下
春日漸和 緬惟
動靜珍迪 欣慰無已 頃因譯使回
貴州細傳
左右面托之言 備悉本末 竹島之爲我地 輿圖所載 文
跡照然 無論彼遠此近 疆界自別
貴州既知鬱島與竹島爲一島而二名 則其名雖異 其爲我
地則一也
貴國下令 永不許人往漁採
辭意丁寧 可保久遠無他 良幸良幸
國亦當分付官吏 以時搜察 俾絶兩地人往來殺雜之弊矣 非
十六

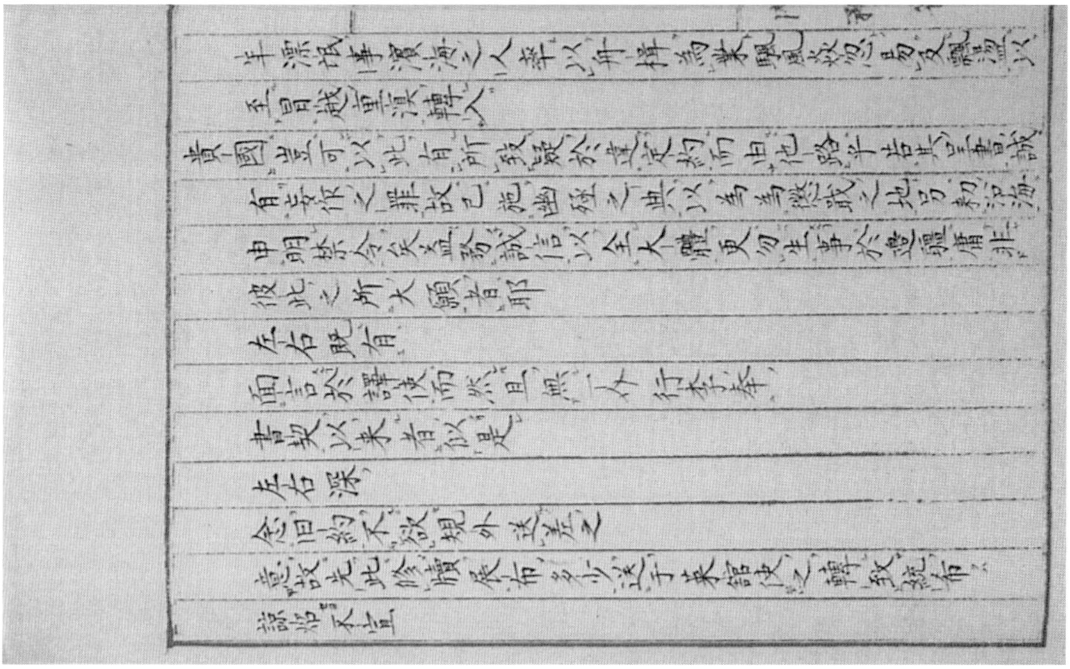

本港依事濱海之人幸以舟楫爲業興風波汲易及漂溺以
至冒越重洋轉入
貴國豈可以此有所致疑於違定約而由他路乎若其言語
有意妄作之罪設已施幽僻之地以爲窮懲就之地另約浮海
申明禁令俾令各盡務誠信以全大體更勿生事於邊疆庸非
彼此之所大願者耶
左右既有
面言於譯使而然且照一本行移于本
書契以來者似是
左右深
念旧約不欲規外送差之
意故先此修牘展布多少送于來館使之轉致統希
諒照不宣

戊寅年三月　日
禮曹參議李　善溥

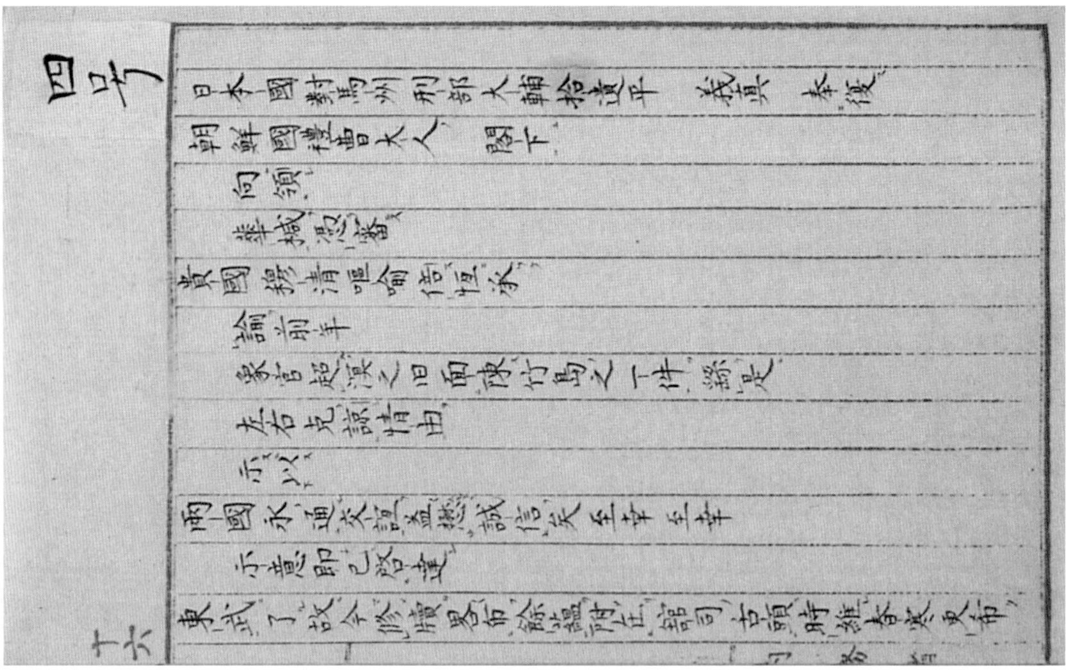

四号

日本國對馬州刑部大輔拾遺平 義真 奉復
朝鮮國禮曹大人 閣下
向領
華緘 恩審
貴國勝清[illegible]命信恒承
諭前年
家臣起漢之回面陳竹島之一件諒是
左右克諒情由
亦以
兩國永通交誼益懋誠信矣至幸至幸
示意即已啓達
十六 東武了故今修牘畧布餘蘊陳述節司吉頭時維春寒更希

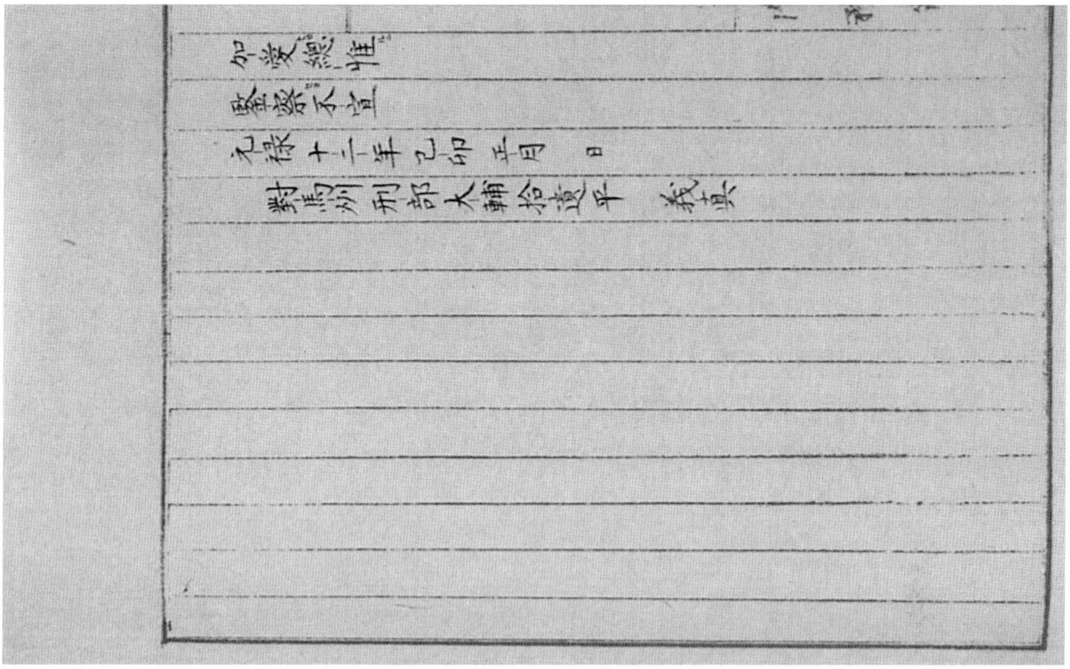

加愛護惟
鑒察不宣
元祿十二年己卯正月　日
對馬州刑部大輔拾遺平　義眞

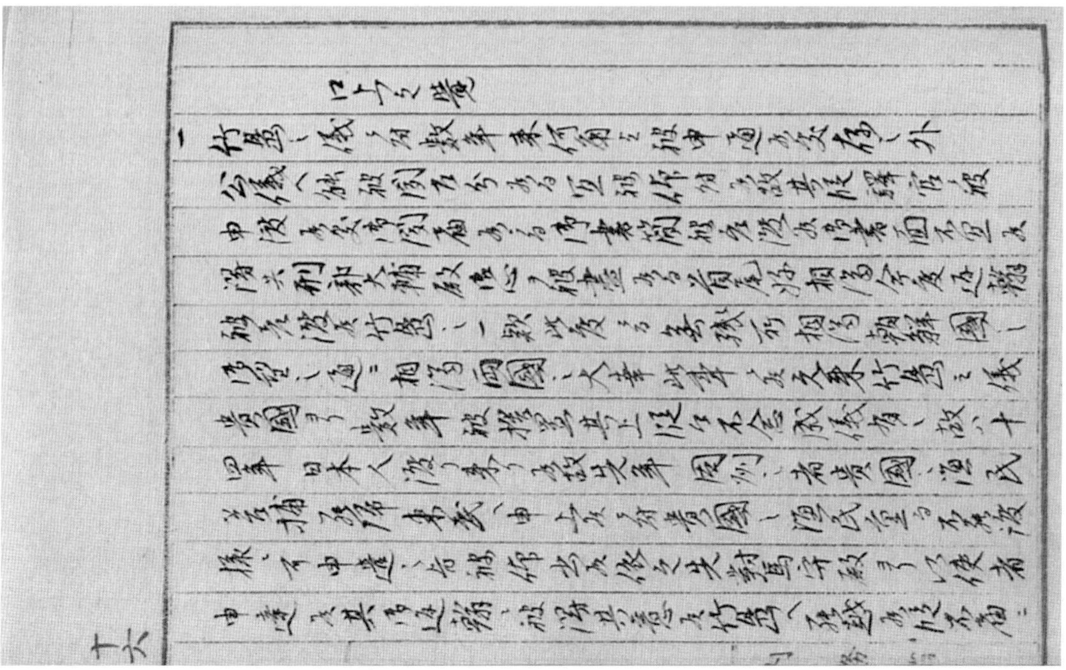

口上之覺

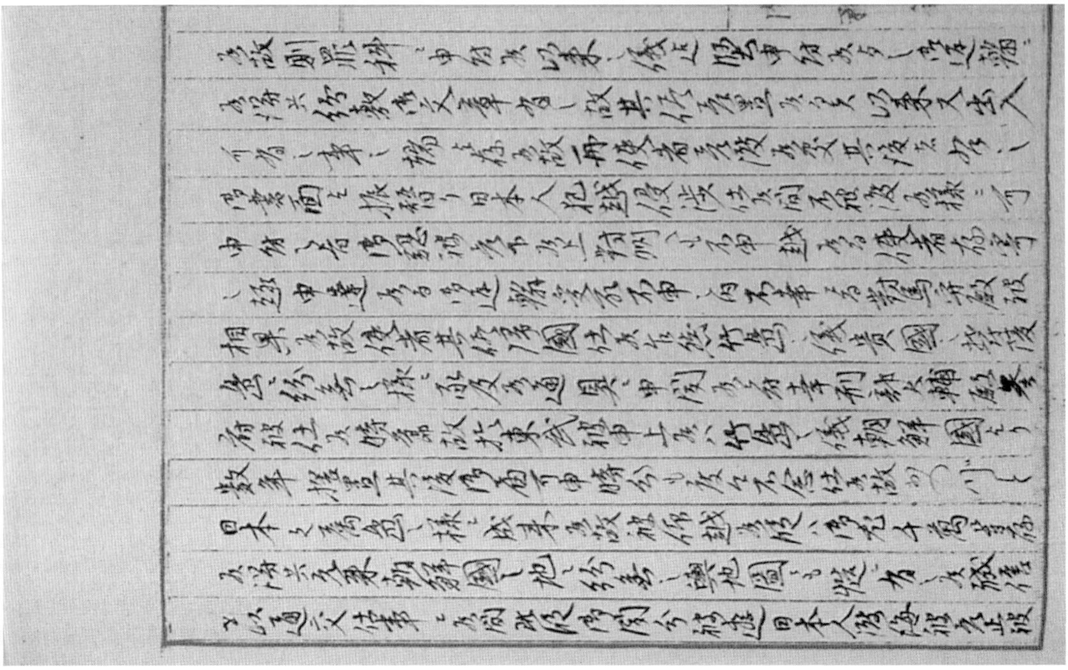

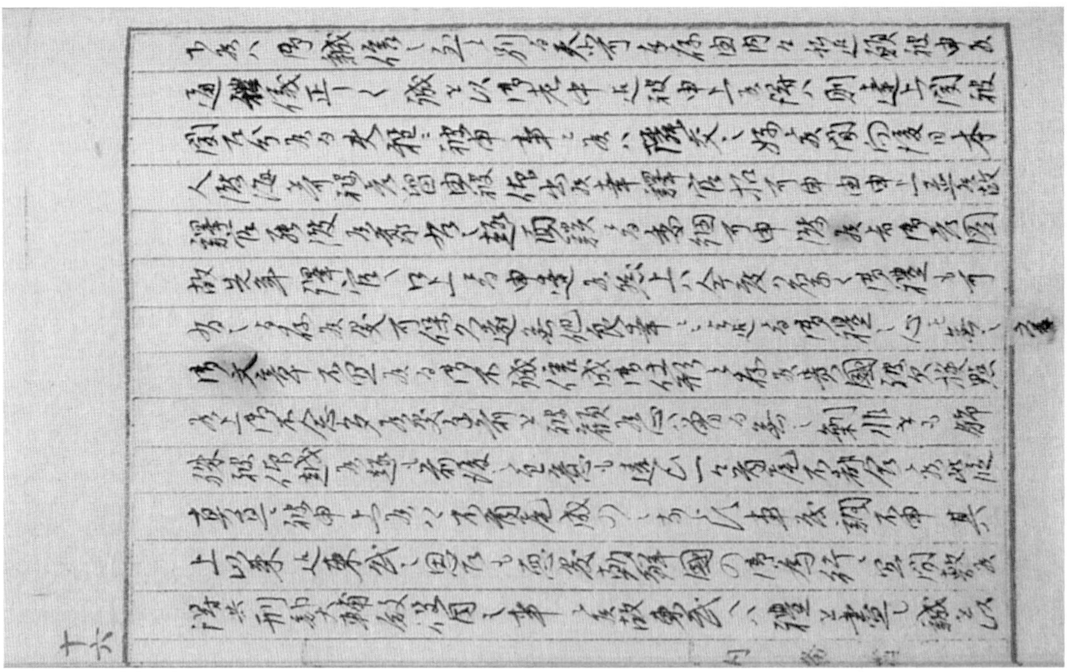

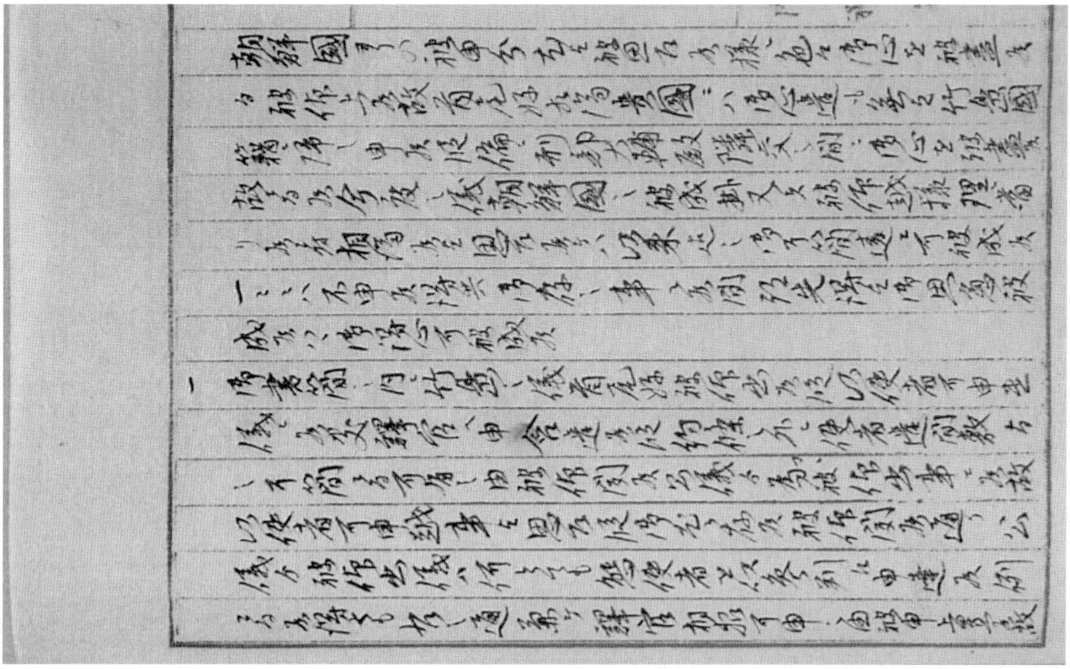

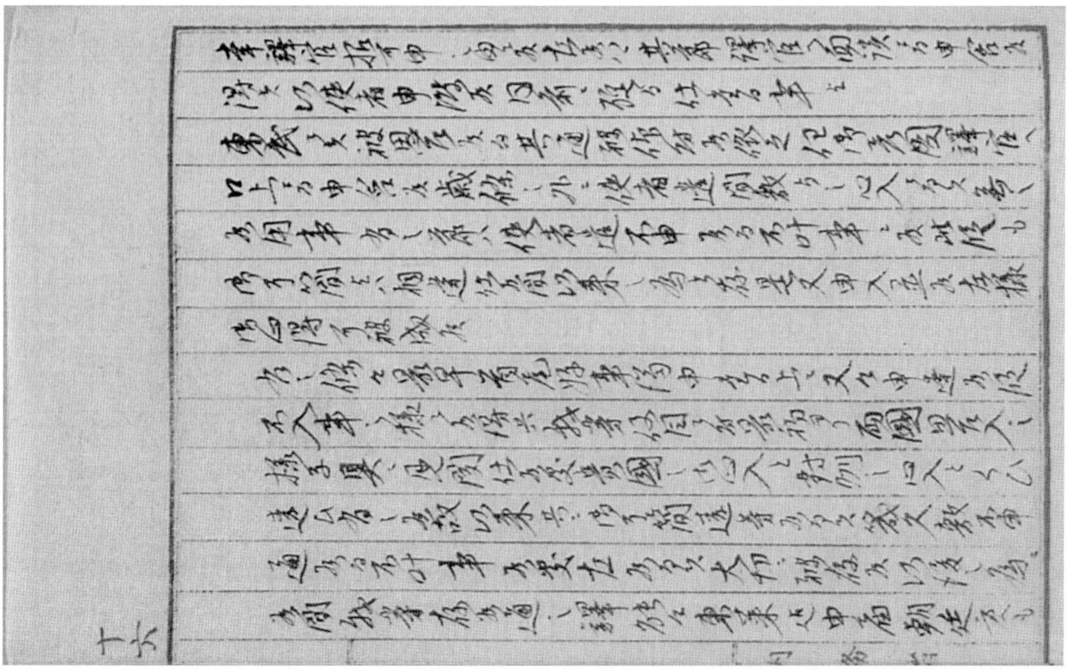

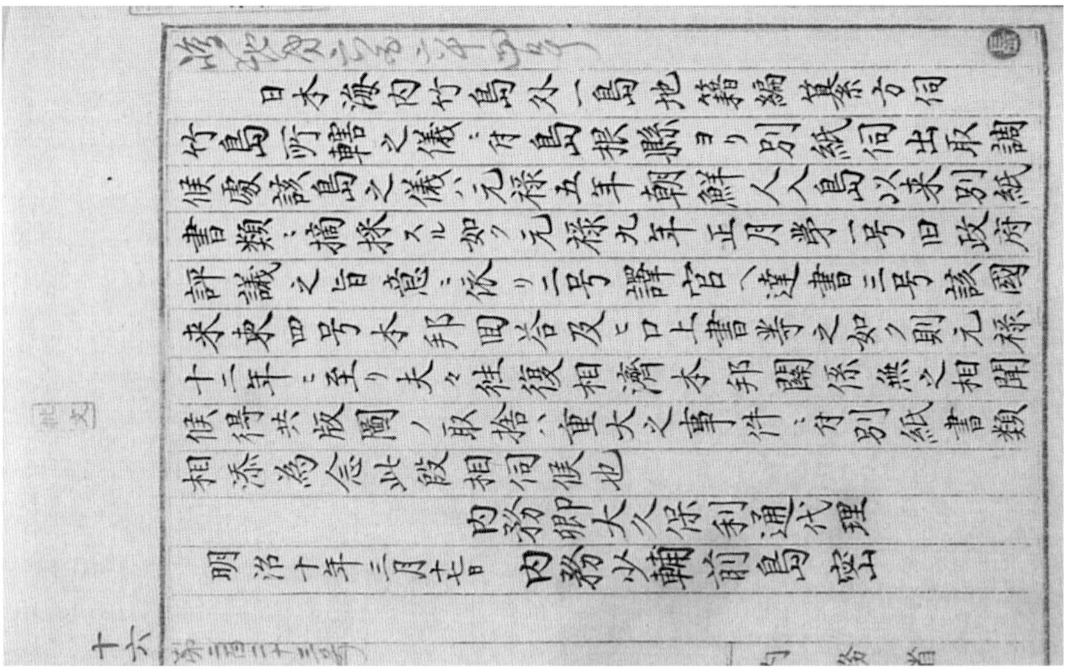

日本海内竹島外一島地籍編纂方伺

竹島所轄之儀ニ付島根県ヨリ別紙伺出取調候処該島之儀ハ元禄五年朝鮮人入島以来別紙書類ニ摘採スル如ク元禄九年正月第一号旧政府評議之旨意ニ依リ二号訳官ヘ達書三号該国来柬四号本邦回答及ヒ口上書等之如ク則元禄十二年ニ至リ夫々往復相済本邦関係無之相聞候得共版図ノ取捨ハ重大之事件ニ付別紙書類相添為念此段相伺候也

内務卿大久保利通代理

明治十年三月十七日　内務少輔前島密

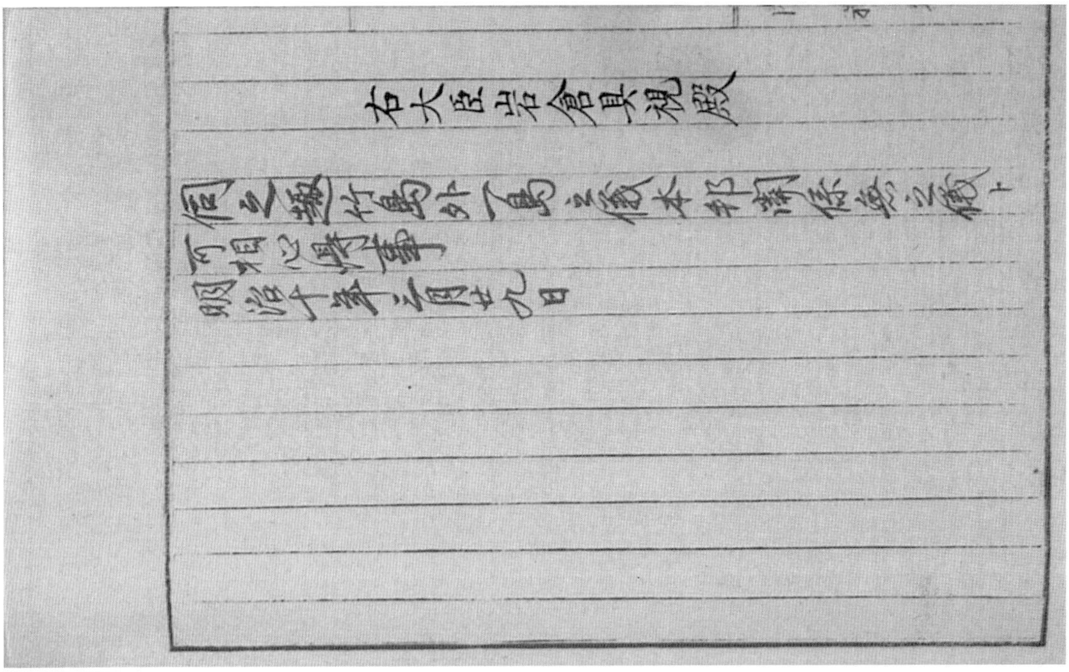

右大臣岩倉具視殿

伺之趣竹島外一島之儀本邦関係無之儀ト
可相心得事
明治十年三月廿九日

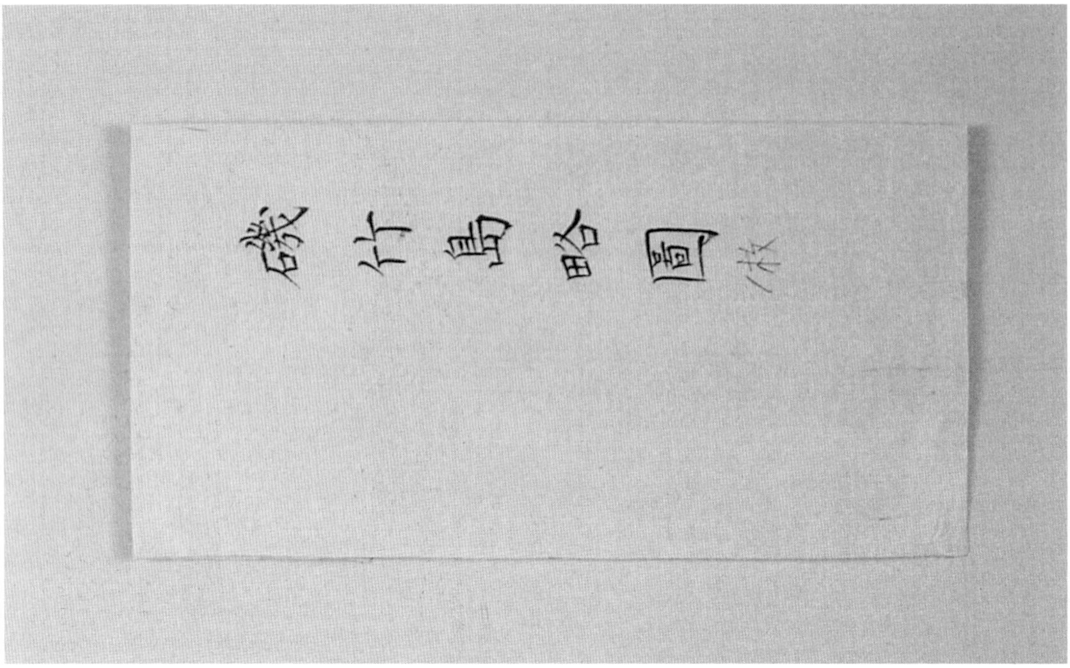
磯竹島略圖

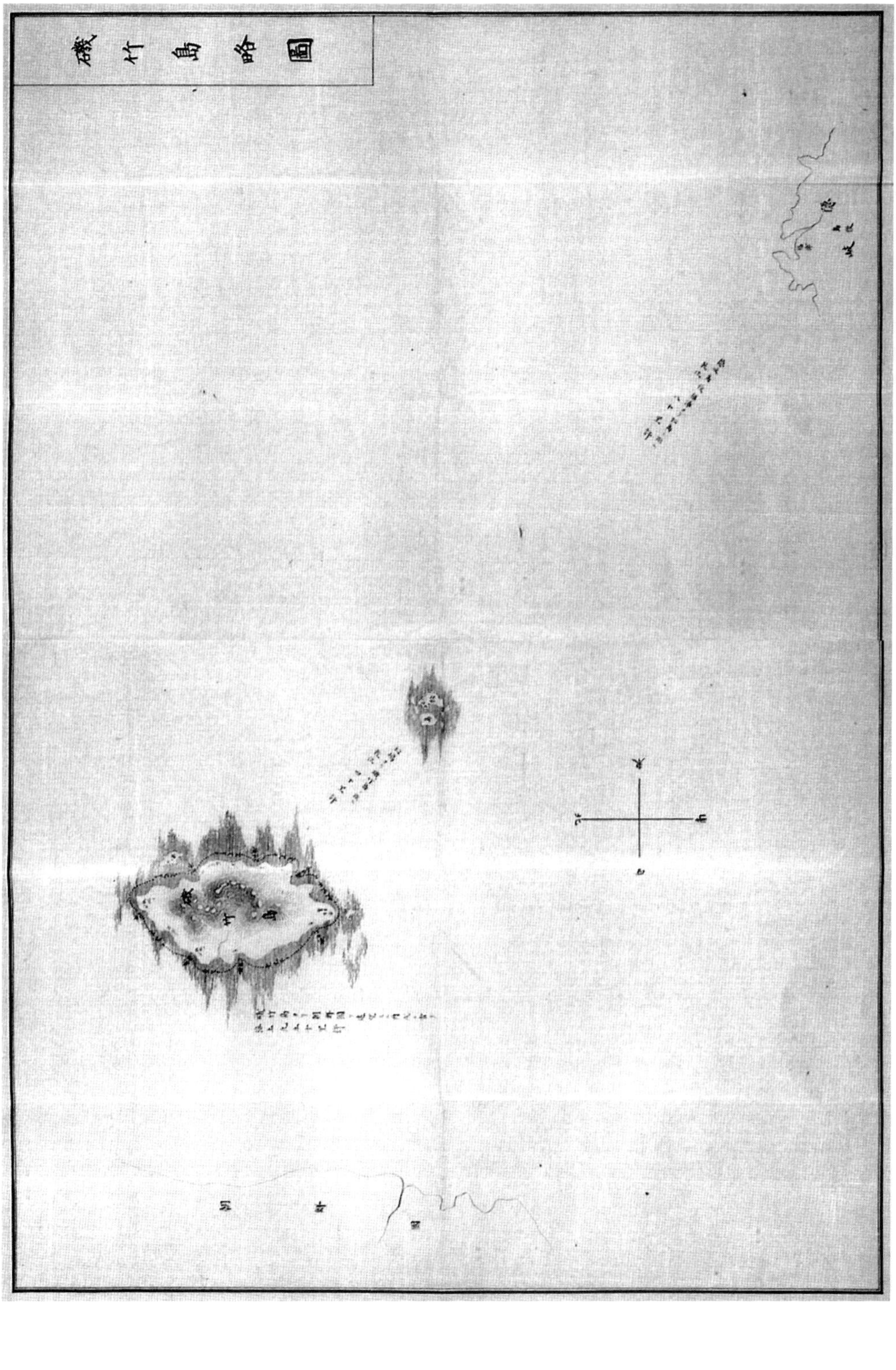
礒竹島略圖

태정류전 제2편 제96권
(太政類典 第二編 第九十六卷)

1871년 8월부터 1877년 12월까지
[自明治四年八月 至同十年十二月]

• 탈초 : 김강일
• 역주 : 김강일
• 교열 : 김관원

태정류전 제2편 제96권

(太政類典 第二編 第九十六卷)

太政類典第二編第九十六卷索引

第三類

地方二

行政區二

태정류전 제2편 제96권 색인

제3류(類)

지방 2

행정구(行政區) 2

太政類典第二編第九十六卷

自明治四年八月
至同十年十二月

第三類
地方二
行政區二

태정류전 제2편 제96권

메이지 4년(1871) 8월부터 동 10년(1877) 12월까지

제3류

지방 2

행정구 2

三月二十九日

日本海內竹島外一島ヲ版圖外ト定ム

內務省伺

竹島所轄ノ儀ニ付、島根縣ヨリ別紙伺出取調候處、該島ノ儀ハ元祿五年朝鮮人入島以來別紙書類ニ摘採スル如ク、元祿九年正月第一号舊政府評議ノ旨意ニ依リ二号譯官へ達書三号該國來柬四号本邦回答及ヒロ上書等ノ如ク、則元祿十二年ニ至リ夫々往復相濟、本邦關係無之相聞候ヘトモ版圖ノ取捨ハ重大ノ事件ニ付、別紙書類相添爲念此段相伺候也。 三月十七日 內務

伺ノ趣竹島外一島ノ儀本邦關係無之儀ト可相心得事　三月二十九日

3월 29일

일본해 내에 있는 죽도와 다른 한 섬을 판도외(版圖外)로 정한다

내무성 질의

죽도 관할 건에 대하여 시마네현[島根縣]으로부터 별지 질의서로 문의가 있어서 조사한 바, 해당 섬은 겐로쿠 5년(1692) 조선인이 섬으로 건너온 이래, 별지 서류에 기록한 바와 같이 겐로쿠 9년(1696) 정월 제1호 구 정부가 평의한 취지에 따라, 제2호 역관에게 보내는 서한, 제3호 해당국에서 온 서한[來柬], 제4호 본국 회답 및 구상서 등 겐로쿠 12년에 이르러 각 서한의 왕래가 끝났고, 우리나라와는 관계가 없다고 들었습니다만, 판도(版圖)의 취사는 중대한 일이므로 별지 서류를 첨부하여 다짐삼아 이 문제를 문의합니다. 메이지 10년(1877) 3월 17일 내무

질의한 죽도 외 1도 건은 우리나라와 관계가 없다는 점을 명심할 것. 메이지 10년(1877) 3월 29일

島根縣伺

內務省宛

御省地理僚官員地籍編纂莅檢ノ爲本縣巡廻ノ砌、日本海中ニ在ル竹島調査之儀ニ付、別紙乙第二十八号之通リ照會有之候處、本島ハ永祿中發見之由ニテ故、鳥取藩之時元和四年ヨリ元祿八年マテ凡七十八年間同藩領內伯耆國米子町之商大谷九右衛門、村川市兵衛ナル者舊幕府ノ許可ヲ經テ、毎歲渡海島中ノ動植物ヲ積歸リ內地ニ賣却致シ候ハ已ニ確證有之、今ニ古書舊狀等持傳ヘ候ニ付、別紙原由ノ大畧圖面トモ相副不取敢致上申候。今回全島實檢ノ上、委曲ヲ具ヘ記載可致ノ處、固ヨリ本縣管轄ニ確定致候ニモ無之、且北海百余里ヲ懸隔シ、線路モ不分明尋常帆舞船等ノ能ク往返スヘキ非ラサレハ、右大谷某村川某カ傳記ニ就キ追テ詳細ヲ上申可致候。而シテ其大方ヲ推按スルニ、管內隱岐國ノ乾位ニ當リ、山陰一帶之西部ニ貫付スヘキ哉ニ相見候ニ付テハ、本縣國圖ニ記載シ、地籍ニ編入スル等ノ儀ハ如何取計可然哉。何分ノ御指令上伺候也。 九年十月十六日

시마네현 질의

내무성 앞

귀 성(내무성)의 지리료(地理寮) 관원이 지적 편찬을 점검하기 위하여 본 현[島根縣]을 순회

했을 때, 일본해 안에 있는 죽도 조사의 건으로 별지 을(乙) 제28호와 같은 조회가 있었습니다. 이 섬은 에이로쿠[永祿, 1558~1569] 연간에 발견되었다고 하므로, 구 돗토리번[鳥取藩] 시절인 겐나[元和] 4년(1618)부터 겐로쿠[元祿] 8년(1695)까지 대략 78년 동안 같은 번 영내(領內)인 호키노쿠니[伯耆國] 요나고[米子]의 상인 오야 신키치[大屋甚吉]와 무라카와 이치베[村川市兵衛]라는 자가 구 막부의 허가를 얻어서 매년 도해하여 섬의 동식물을 싣고 돌아와 내지에 매각하였다는 것은 이미 확실한 증거가 있습니다. 현재 고서나 옛 문서 등이 전해 오고 있는데, 별지에 원유의 대략과 도면을 함께 첨부하여 우선 말씀드립니다. 이번에 섬 전체를 실제로 조사한 뒤에 자세한 내력을 갖추어 기재해야 마땅하지만, 예로부터 본 현의 관할로 확정된 것도 아니고, 또한 북해(北海)로 백여 리나 멀리 떨어져 있고, 선로(線路)도 분명하지 않아 보통의 범선으로는 왕복할 수 없기 때문에, 상기 오야·무라카와의 전기(傳記)에 관하여 추가로 자세한 내용을 말씀드립니다. 대략적인 사항을 추측하건대, 관내의 오키노쿠니[隱岐國] 북서쪽에 해당하고, 산인[山陰] 일대의 서부에 부속하는 것으로 보인다면, 본 현의 국도(國圖)에 기재하여 지적에 편입하는 문제를 어떻게 처리해야 하는지, 아무쪼록 지령을 바랍니다.

메이지 9년(1876) 10월 16일

地理大屬杉山榮藏外一名照會

島根縣宛

御管轄內隱岐國某方ニ當テ、從來竹島ト相唱候孤島有之哉ニ相聞、固ヨリ舊鳥取藩商船往復ノ線路モ有之趣、右ハ口演ヲ以テ調査方及御協議置候儀モ有之、加フルニ地籍編製地方官心得書第五條ノ旨モ有之候得トモ、尚爲念及御協議候條、右五條ニ照準而テ舊記古圖等御取調本省ヘ御伺相成度此段及御照會候也。

九年十月五日

지리대속(地理大屬) 스기야마 에이조[杉山榮藏] 외 1명 조회

시마네현 앞

귀 관할인 오키노쿠니 저쪽에 종래 죽도라고 불리는 고도(孤島)가 있다고 들었습니다. 예전부터 구 돗토리번의 상선이 왕복했던 선로도 있다고 하는데, 이에 대해서는 구두로 조사의뢰 및 협의를 해 두었습니다. 덧붙여 말씀드리면, 지적 편제에 관한 지방관 요령서[心得書] 제5조의 취지도 있습니다만, 만약을 위하여 협의를 부탁합니다. 이상의 문제는 위의 5조의 적용을 받습니다. 사정이 이러하니 옛 기록과 고지도 등을 조사하셔서 본 성(내무성)에 문의하시기 바라며, 이에 조회합니다.

메이지 9년(1876) 10월 5일

磯竹島一ニ竹島ト稱ス隱岐國ノ乾位一百二十里許ニ在リ、周回凡十里許、山峻嶮ニシテ平地少シ、川三條アリ、又瀑布アリ、然レトモ深谷幽邃樹竹稠密、其源ヲ知ル能ハス、唯眼ニ觸レ其多キ者植物ニハ五鬣松、紫栴檀、黄蘗、椿、樫、柊、桐、雁皮、梅、竹、マノ竹、胡蘿蔔、蒜、欵冬、蘘荷、獨活、百合、牛房、茱萸、覆盆子、虎杖、アオキバ、動物ニハ海鹿、貓、鼠、山雀、鳩、鴨、鶸、梟、鵜、燕、鷲、鵰、鷹、ナヂコアナ鳥、四十雀ノ類、其他辰砂岩緑青アルヲ見ル、魚貝ハ枚擧ニ暇アラス、就中海鹿鮑ヲ物産ノ最トス、鮑ヲ獲ルニ夕ニ竹ヲ海ニ投シ、朝ニコレヲ上レハ鮑枝葉ニ着クモノ夥シ、其味絶倫ナリト、又海鹿一頭能ク數斗ノ油ヲ得ヘシ、次ニ一島アリ、松島ト呼フ、周回三十町許竹島ト同一線路ニ在リ、隱岐ヲ距ル八十里許樹竹稀ナリ、亦魚獸ヲ産ス、永祿中伯耆國會見郡米子町商大屋 後大谷ト改ム 甚吉航シテ越後ヨリ歸リ、颶風ニ遇フテ此地ニ漂流ス、遂ニ全島ヲ巡視シ頗ル魚貝ニ富ルヲ識リ、歸國ノ日檢使安部四郎五郎 時ニ幕命ニ因リ米子城ニ居ル 彼趣ヲ申出シ、以後渡海セント請フ、安部氏江戸ニ紹介シテ許可ノ書ヲ得タリ、實ニ元和四年五月十六日ナリ。

기죽도(磯竹島)는 일명 죽도(竹島)라고 한다. 오키노쿠니 서북쪽[乾位] 120리에 있다. 둘레

는 대략 10리이며, 산이 험준하고 평지가 적다. 개울물 세 줄기가 흐르고 폭포도 있다. 그러나 깊은 골짜기에는 나무와 대가 빽빽하여 그 근원을 알 수 없다. 다만 눈에 보이는 많은 것들 중 식물은 오엽송(五鬣松), 자전단(紫栴檀), 황벽(黃蘗), 참죽나무[椿], 떡갈나무[樫], 파초[柊], 오동나무[桐], 안피(雁皮),[1] 매화[梅], 대나무, 참대, 호나복(胡蘿蔔),[2] 달래[蒜], 관동(欵冬), 양하(蘘荷),[3] 독활(獨活),[4] 백합(百合), 우방(牛房), 수유(茱萸), 복분자(覆盆子), 호장(虎杖), 아오키바(アオキバ), 동물은 강치[海鹿], 고양이[貓], 쥐[鼠], 곤줄박이[山雀], 비둘기[鳩], 새매[鷂], 검은방울새[鶸], 물오리[鳧], 두견새[鵜], 제비[燕], 독수리[鷲], 수리[鵰], 매[鷹], 나지코(ナヂコ), 아나토리(アナ鳥), 박새[四十雀] 종류, 기타 진사(辰砂) 암록청(岩緑靑)이 눈에 띈다. 어패류는 일일이 열거할 수 없을 만큼 많은데, 특히 강치와 전복이 으뜸가는 물산이다. 전복을 잡기 위해서는 저녁에 대나무를 바다에 던져두고 아침에 이것을 건져 올리면 가지와 잎에 전복이 많이 붙어 있으며 그 맛이 절륜하다고 한다. 또한 강치 1마리에서 여러 말의 기름을 얻을 수 있다.

다음으로 한 섬이 있는데 송도(松島)라고 부른다. 주위가 30정(町)[5] 정도이며, 죽도와 동일한 선로에 있다. 오키[隱岐]와 80리 정도 떨어져 있다. 나무와 대는 드물고, 역시 물고기와 짐승을 잡을 수 있다. 에이로쿠(1558~1569) 연간에 호키노쿠니 아이미군[會見郡] 요나고마치의 상인 오야[大屋, 후일 大谷으로 개명] 신키치가 배를 몰고 에치고[越後]에서 돌아오는 도중 태풍을 만나 이곳에 표류하였다. 그가 섬 전체를 돌아본 후 어패류가 매우 풍부하다는 것을 알았고, 돌아온 날 검사관 아베 시로고로[安倍四郎五郎, 막부의 명령으로 이때 요나고성에 머물고 있었다]에게 그 취지를 알리고, 이후 도해를 신청하였다. 아베 씨가 에도[江戶]에 소개하여 허가서를 얻었다. 이것은 겐나 4년(1618) 5월 16일의 일이다.

---

1) 안피(雁皮) : 삼지닥나무.

2) 호나복(胡蘿蔔) : 당근(산형과의 두해살이풀).

3) 양하(蘘荷) : 생강과에 속하며, 줄기와 잎 모양이 생강과 흡사하게 생겼다. 양애 또는 양애깟 등으로도 부르며, 주로 제주와 남해안 일대에서 많이 자란다. 열대아시아가 원산지이고, 언제 우리나라에 들어왔는지는 알 수 없다.

4) 독활(獨活) : 바람에 움직이지 않는다고 하여 독활이라는 이름이 붙었으며, 땃두릅이라고도 한다.

5) 정(町)은 일본의 길이 단위이며, 1정은 약 109m이고, 30정(町)은 약 3.3Km이다.

從伯耆國米子竹島先年舩相渡ノ由
候。然者如其今度致渡海度ノ段、米子
町人村川市兵衛、大屋甚吉申上付テ
達上聞候ノ處、不可有異儀ノ旨被仰出
間、被得其意渡海ノ儀可被仰付候。

恐々謹言

永井信濃守
五月十六日　尚政
井上主計頭
政就
土井大炊頭
利勝
酒井雅樂頭
忠世

松平新太郎殿

호키노쿠니 요나고에서 죽도로 몇 년 전에 선박이 건너갔다고 합니다. 그리고 이번에도 그렇게 도해하고 싶다는 건에 관하여, 요나고의 조닌[町人] 무라카와 이치베 · 오야 신키치의 신청을 [쇼군께] 올렸는데, 이의(異儀)가 없다는 뜻을 분부하셨으므로, 도해 건은 그 뜻에 따라 도해하도록 지시하셨습니다.

삼가 말씀드립니다.

나가이[永井] 시나노노카미[信濃守]
5월 16일　나오마사[尚政]
이노우에[井上] 가즈에노카미[主計頭]
마사나리[正就]
도이[土井] 오이노카미[大炊頭]
도시카쓰[利勝]

사카이[酒井] 우타노카미[雅樂頭]

다다요[忠世]

마쓰다이라 신타로[松平新太郎]님에게

當時米子同町ニ村川市兵衛ナル者アリ、大屋氏ト同シク安倍氏ノ懇親ヲ得ルカ故ニ兩家ニ命セラル、然レトモ本島ノ發見ハ大屋氏ニ係ル、此ヨリ毎歲間斷ナク渡海漁獵セリ、幕府遠陬ノ地本邦版圖內ニ入ルヲ稱シ、舩旗等ヲ與ヘ、殊ニ登營謁見セシメ屢葵章ノ服ヲ給ス、後甚吉島中ニ沒ス、墳墓今尚存スト云フ 元祿七年甲戌ニ至リ朝鮮人上陸スル者若干ナリ、其情測ル可ラス、且舩中人數ノ寡少ナルヲ以テ歸リ是ヲ訴フ、明年幕命ヲ得武器ヲ載セテ到レハ、其人恐レテ遁レ去ル、殘ル者二人 アヒチャン、トラヱイアリ 卽チ捕縛シテ歸ル命アリ、江戶ニ致シ本土ニ送還ス、同年彼國ヨリ竹島ハ朝鮮ニ接近ナルヲ以テ頻ニ其地ニ屬センコトヲ請フ、幕府議シテ日本管內タルヘキノ證書ヲ上ラハ、以後朝鮮ニ漁獵ノ權ヲ與フ可キノ命アリ、彼國此ヲ奉ス、此ニ因テ同九年丙子正月渡海ヲ禁制セラル。

당시 요나고의 같은 마을에 무라카와 이치베라는 사람이 있었다. 오야 씨와 마찬가지로 아베 씨와 절친했으므로, 두 집안에 [죽도 도해] 허가가 나왔다. 그렇지만 이 섬(죽도)의 발견은 오야 씨와 관계가 있다. [두 집안은] 이때부터 매년 계속해서 죽도로 건너가 고기를 잡았다. 막부는 멀리 떨어진 이곳이 우리나라의 판도에 들어간다고 하며 선박에 다는 깃발[船旗] 등을 내려주었고, 특히 [두 집안을] 막부로 올라오게 하여 알현하도록 하고, 어문(御紋)을 새긴 옷을 여러 차례 하사하였다. 그 후 오야 신키치는 이 섬에서 죽었다. (그 무덤은 지금도 있다고 한다.)

겐로쿠 7 갑술년(1694)에 이르러 섬에 상륙한 조선인이 약간 있었지만 그 상황은 알 수 없다. 게다가 [이쪽의] 승선 인원수가 적었기 때문에 돌아가서 이 사실을 호소하였다. 이듬해에 막부의 허가를 얻어서 무기를 가지고 섬으로 건너가니 조선인들이 겁을 먹고 도망쳤다. 남아 있던 두 사람(아비짱[안용복]과 도라에이[박어둔])을 포박하여 돌아갔다. 명령에 따라 에도 막부에 통지하고 조선으로 송환하였다. 같은 해에 조선으로부터 죽도는 조선에 가까이 있으므로 조선에 속한다는 요청이 자주 있었다. 막부에서 협의하여 일본 관내라고 할 수 있는 증서가 있으면, 이후 조선에 어로의 권리를 주어야 한다는 지시가 있었고, 조선은 이 명령을 받들었다. 이로 인하여 겐로쿠 9 병자년(1696) 정월에 죽도 도해를 금지하였다.

先年松平新太郎因州伯州領知ノ節
相窺之伯州米子ノ町人村川市兵衛
大屋甚吉竹島へ渡海至、于今雖致漁
候、向後竹島へ渡海ノ儀制禁可申付
旨被仰出ノ由可被存、其趣候恐々謹
言

土屋相模守
正月廿八日　戸田山城守
安部豊後守
大久保加賀守

松平伯耆守殿

몇 년 전 마쓰다이라 신타로가 인슈[因州, 因幡]와 하쿠슈[伯州, 伯耆]를 다스렸을 때, 영지(領知)의 상태를 살피러 하쿠슈 요나고의 조닌 무라카와 이치베와 오야 신키치가 죽도에 도해하여 지금에 이르기까지 고기를 잡고 있었지만, 향후 죽도에 도해하는 것은 금지시켜야 한다는 분부가 내렸다고 한다. 그 취지는 마땅히 지켜야 한다.

삼가 말씀드립니다.

쓰치야[土屋] 사가미노카미[相模守]
정월 28일　도다[戸田] 야마시로노카미[山城守]
아베[阿部] 분고노카미[豊後守]
오쿠보[大久保] 가가노카미[加賀守]

마쓰다이라 호키노카미님에게

元和四年丁巳ヨリ元祿八年乙亥ニ至テ凡七十八年ナリ（因ニ云フ隱岐國穩地郡南方村字福浦ノ辨才天女社ハ、當時大谷村川兩家海波平穩祈祀ノ爲メニ建立スル所ナリ、今ニ至テ本社修繕ヲ加フルニ當レハ必す之ヲ兩家ニ告ク）相傳フ當時柳澤氏ノ變アリ、幕府外事ヲ省ルコト能ハス、遂ニ茲ニ至ルト云フ、今大谷氏傳フ所享保年間ノ製圖ヲ縮寫シ是ヲ附ス、尚兩家所藏ノ古文書等ハ他日謄寫ノ成ルヲ俟テ全備セントス。

겐나 4년(1618)부터 겐로쿠 8년(1695)에 이르기까지 대략 78년이 된다. (덧붙여 말하면 오키노쿠니 오치군[穩地郡] 미나미가타무라[南方村] 지후쿠우라[字福浦]의 벤자이텐여사[弁才天女社]는 당시 오야·무라카와 양가의 항해의 안전을 기원하기 위하여 건립된 곳이다. 지금은 이 신사를 수선하려고 할 때는 반드시 이 사실을 양가에 알린다.) 전하는 말에 당시 야나기사와 씨의 변[柳澤氏ノ變]이 있었고, 막부는 외사(外事)를 돌볼 수 없어서 마침내 여기에 이르렀다고 한다. 이제 오야 씨에게 전하는 교호[享保] 시대(1716~1730)에 제작한 지도를 축소하여 첨부한다. 그리고 양가에서 소장하는 고문서 등은 후일 등사(謄寫)되는 것을 기다려서 전부 갖추려 한다.

一号

丙子 元祿九年正月二十八日

天龍院公御登城御暇御拜領被遊候上、於御白書院御老中御四人御列座ニ而、戸田山城守樣竹島ノ儀ニ付、御覺書一通御渡被成、先年以來伯州米子ノ町人兩人竹島ヘ罷越致漁候處、朝鮮人モ彼島ヘ參致漁、日本人入交リ無益ノ事ニ後間、向後米子ノ町人渡海ノ儀被差留候トノ御儀被仰渡候也。

同是ヨリ前、正月九日三澤吉左衛門方ヨリ直右衛門御用ニ付罷出候樣ニトノ儀ニ付參上仕候處、豊後守樣御逢被成御直ニ被仰聞候ハ、竹島ノ儀中間衆出羽守殿右京大夫殿ヘモ遂內談候。竹島元シカト不相知事ニ候、伯耆ヨリ渡リ漁イタシ來リ候由ニ付、松平伯耆守殿ヘ相尋候處、因幡伯耆ヘ附屬ト申ニテモ無之候、米子町人兩人先年ノ通リ船相渡度ノ由願出候故、其時ノ領主松平新太郎殿ヨリ按內有之、如以前渡海仕候様ニ新太郎殿へ以封書申遣候、酒井雅樂頭殿、土井大炊頭殿、井上主計頭殿、永井信濃守殿連判ニ候故、考見候得ハ、大形台德院様御代ニテモ可有之哉ト存候、先年ト有之候ヘトモ年數ハ不相知候、右ノ首尾ニテ罷渡リ漁仕來候マテニテ朝鮮ノ島ヲ日本へ取候ト申ニテモ無之、日本人居住不仕候、道程ノ儀相尋候ヘハ、伯耆ヨリハ百六十里程有之、朝鮮へハ四十里程有之由ニ候、然ハ朝鮮國ノ鬱陵島ニテモ可有之候哉、夫トモニ日本人居住仕候カ、此方へ取候島ニ候ハヽ、今更遣シカタキ事ニ候ヘトモ、左様ノ證據等モ無之候間、此方ヨリ構不申候様ニ被成如何可有之哉、又ハ對馬守殿ヨリ鬱陵島ト書入候儀差除返簡仕候様被仰遣返事無之内對馬殿死去ニ候故、右ノ返簡彼國へ差置タル由ニ候、左候ヘハ、刑部殿ヨリ蔚陵島ノ儀被仰越候ニ及ヒ申間敷カ、又ハ兎角竹島ノ儀ニ付一通リ刑部殿ヨリ書翰ニテモ可被差越ト思召候哉、右三様之御了簡被成思召寄委可被仰聞候蚫取ニ参リ候迄ニテ無益島ニ候處、此儀ムスホヽレ年來ノ通交絶申候モ如何ニ候、御威光或ハ武威ヲ以テ申勝ニイタシ候テモ筋モナキ事申募リ候儀ハ不入事ニ候、竹島ノ儀元シカト不仕事ニ候、例年不忝候異國人罷渡候故、重テ不罷越候様ニ被申渡候様ニト相模守殿ヨリ被申渡候、元バツトイタシタル事ニ候、無益ノ儀ニ事オモ（マヽ）クレ候テモ如何ニ存候、刑部殿ニハ御律儀ニ候間、始如此申置候處、今更ケ様ニハ被申間敷トノ御遠慮モ可有之カト存候、其段ハ少モ不苦候、我等宜敷様ニ了簡可仕候間、思召ノ通リ無遠慮可被仰聞候、其方達モ存寄リ無遠慮可被申候、同シ事ヲ幾度モ申進候段クドキ様ニ存候ヘトモ、異國へ申遣候事ニ候故、度々存寄申遣候間思召寄幾度被仰聞候様ニト存候、御事繁内ニ候故、今少シ筋道ヲモ付候上ニテ達上聞可申ト存候、右申渡候口上ノ趣其方覺ノ爲メニ書付遣候ト之御事ニテ御覺書御直ニ御渡被成候故、受取拝見仕候ト只今ノ御意ノ趣有增落着申候様ニ奉存候、左候ハヽ以來日本人ハ彼島へ御渡被遊間敷トノ思召ニ候哉ト伺申候ヘハ、如何ニモ其通ニ候、重テ日本人不罷渡候様ニト思召候由御意被成候故、竹島之儀返シ被遣候ト申手ニ葉ニテモ無御坐候哉ト申上候ヘハ、其段モ其通リニ候、元取候島ニテ無之候上ハ返し候ト申筋ニテモ無之候、此方ヨリ構不申

以前ニ候 此方ヨリ誤リニテ候共、不被申事ニ候、右被仰遣候趣トハ少シくイ違候ヘトモ、事オモクレ可申ヨリ少シハくヒ違ヒ候トモ、輕ク相濟申候方宜敷候間、此段御了簡被成候様ニトノ御事故、トクト落着申候罷歸リ刑部大輔ヘ可申聞ヨシ申上候テ退坐仕ル。

1호

겐로쿠 9년(1696) 병자년 정월 28일

덴류인공[天龍院公][6]이 에도성[江戶城]에 등성하여 귀국을 허락받은 후, 백서원(白書院)[7]에서는 로주[老中] 4인이 나란히 동석한 가운데 [로주] 도다 야마시로노카미님이 죽도(울릉도)에 관한 각서(覺書) 1통을 건네주셨다. 몇 년 전부터 하쿠슈 요나고의 조닌 두 명이 죽도로 건너가 고기를 잡고 있었는데, 조선인도 그 섬에 와서 고기를 잡고 있으니 일본인과 뒤섞이는 것은 무익한 일이므로 앞으로는 요나고 조닌의 도해를 금지한다고 지시하셨다.

같은 해, 이보다 전인 정월 9일 미자와 요시자에몬[三澤吉左衞門]님이 나오에몬[直右衞門]에게 용건이 있으니까 와 달라고 해서 찾아뵈었는데, [로주] 분고노카미[豊後守]님과 만난 자리에서 직접 말씀하시기를, 죽도 건에 대해서는 주겐슈[中間衆]인 데와노카미[出羽守]님과 우경대부(右京大夫)님과도 은밀히 상의했습니다. 죽도는 원래 확실하게 알지 못했던 곳입니다. 지금까지 호키노구니 사람들이 도해하여 어로를 해 왔다고 하는데, 마쓰다이라[松平] 호키노카미님에게 물었더니, 이나바[因幡]나 호키[伯耆]에 속한 섬도 아니라고 합니다. 요나고의 조닌 두 사람이 예년과 같이 도해하고 싶다고 청원하였기에, 당시의 영주 마쓰다이라 신타로님이 주선한 바, 이전처럼 도해할 수 있도록 신타로님에게 봉서(封書)를 건넸었습니다. 사카이 우타노카미님, 도이 오이노카미님, 이노우에 가즈에노카미님, 나가이 시나노노카미님이 연명으로 도장을 찍었으므로, 생각해 보면 대략 다이토쿠인[台德院][8]님의 시대였던 것으로 보이며

---

6) 덴류인공[天龍院公] : 쓰시마번의 3대 번주 소 요시자네[宗義眞, 1639~1694]. 덴류인[天龍院]은 계명(戒名).

7) 백서원(白書院) : 노송나무의 흰색 그대로 칠을 하지 않고 마무리한 오모테무키[表向き]의 서원. 에도성 내의 백서원이 유명하다. 쇼군가의 권위와 격식의 상징이며, 의식이 개최되는 장소.

8) 다이토쿠인[台德院] : 에도막부의 2대 장군 도쿠가와 히데타다[德川秀忠, 1579~1632].

지난해라고 해도 언제인지 햇수[年數]는 분명하지 않습니다.

이상과 같은 사정으로 섬에 건너가서 어로를 해 왔으며, 조선의 섬을 일본이 취하려 한 것도 아닙니다. 섬에는 일본인이 살고 있지 않습니다. 섬까지의 거리를 물어보니, 호키에서부터는 160리 정도이고, 조선까지는 40리 정도라고 합니다. 그렇다면 조선국의 울릉도이지 않을까요? 아니면 일본인이 거주하고 있다거나 이쪽에서 차지한 섬이라면, 이제 와서 돌려주기는 어렵겠지만 그러한 증거도 없으므로 이쪽에서 지켜보면서 관여하지 않는 것은 어떨지요?

또한, 쓰시마 도주가 울릉도라고 써넣은 것을 삭제한 답서를 작성해 달라고 [울릉도는 조선령 · 죽도는 일본령이라는 표현에서 울릉도를 삭제하라고] 말씀하셨지만, [조선에서] 답장이 오기 전에 쓰시마 도주가 사망했기 때문에 그 답서는 조선에 그대로 보류된 채로 있게 되었다는 것입니다. 그렇다면, 형부대보님이 울릉도 건에 대해 더 이상 이야기하면 안 되는 것이 아닐지요? 또는 어찌됐든 죽도 건에 대해서는 대략 형부대보님이 서한을 보내야 한다고 생각하시는지요? 이상 위의 방안을 잘 생각하여 자세한 의견을 들려주기 바랍니다.

전복을 따러 가는 정도의 무익한 섬인데, 이것이 문제가 되어 지금까지의 통교가 끊어져도 괜찮은 것일지요? [쇼군의] 위광이나 무위(武威)를 내세워 무리하게 주장한다 해도 이치에 어긋나는 것을 우기는 것은 소용없는 일입이다.

죽도 건은 원래 분명하지가 않았었습니다. 예전에는 오지 않던 이국인이 건너왔기 때문에 앞으로는 건너오지 않도록 하라는 사가미노카미[相模守]님의 지시가 있었기에, 단지 금지했던 것입니다. 쓸모없는 일에 계속 관여하는 것도 고려해 볼 문제가 아닌지요? 형부대보님에게는 형률(刑律)이므로 처음에 이와 같이 말씀드려 두었는데, 이제 와서 이렇게 말할 수 없다는 염려도 있을 수 있겠지요. 그것은 조금도 거북한 일이 아닙니다. 우리들이 잘 고려해야 할 일이니, 의견을 기탄없이 들려주시기 바랍니다. 그쪽도 의견을 사양하지 말고 들려주시기 바랍니다. 같은 일을 몇 번이고 말하는 것이 집요하게 생각되겠지만, 다른 나라에 말을 전하는 것인 만큼, 종종 의견을 말씀드릴 테니 고견을 몇 번이고 들려주셨으면 합니다. 복잡한 일이기는 하지만 이제 조금 내용을 정리한 후 (쇼군께) 보고 드리고자 합니다.

앞에서 말한 구술 내용을 그쪽의 이해를 위해 문서로 작성해 주겠다고 하시면서 각서를 곧바로 작성해 주시기에, 받아서 읽어보고, 지금 말씀하신 취지대로 결론이 난 것으로 생각됩니다. 그렇다면 이후 일본인은 그 섬에 건너가서는 안 된다는 말씀입니까?라고 여쭈었더니, 바로 그렇다. 향후 일본인은 도해하지 않도록 하라는 것이 쇼군의 뜻이라 하기에, 죽도를 돌려준다는 말씀은 아닌지요?라고 여쭈어 보았더니, 그것도 역시 그대로이다. 원래부터 우리가 취했던 섬이 아닌 이상 돌려준다고 하는 것도 이치에 맞지 않는 일입이다. 이쪽이 관여하기 이전의 일로서, 우리가 잘못해도 말할 수 없는 일입이다.

이상 위에서 전한 취지와는 조금 차이가 있지만, 일이 심각하게 되는 것보다 약간 차이가 있어도 가볍게 끝내는 것이 좋을 것이니 이 점을 잘 양해해달라는 것이었기에, 잘 납득했다고 말한 후 돌아가서 형부대보님께 보고하겠다고 말하고 퇴석했습니다.

二号

先太守因竹島事遣使於
貴國者兩度使事未了不幸早世由是召還使人不日上
船入
覲之時
問及竹島地狀方向據實具對因以其去
本邦太遠而去
貴國却近恐兩地人殽雜必有潛通私市等弊隨卽下
令永不許人往漁採夫釁隙生於細微禍患興於下賤古
今通病慮寧勿預是以百年之好偏欲彌篤而一島之微
據付不較豈非
兩邦之美事乎慈念
南宮應懇懃修書使本州代傳
盛謝爾譯使俟回掉之日口伸毋遺

2호

전 태수가 죽도 건으로 귀국에 사절을 파견한 것이 두 차례인데, 사절의 일이 마무리되기도 전에 불행하게 서거했으므로 이로 말미암아 사절을 소환했습니다.

[신 태수가] 얼마 지나지 않아 상선한 후 [에도성에서] 쇼군을 만났을 때, 죽도의 지상(地狀)과 방향에 대해 문의가 있었기에 사실에 근거하여 대답했습니다. 그리하여 죽도가 우리나라로부터의 거리는 심히 멀고, 귀국으로부터의 거리는 도리어 가깝습니다. 또한 아마도 두 나라 사람들이 뒤섞이게 되면 잠통(潛通)과 사시(私市) 등의 폐단이 반드시 있을 것입니다. 따라서 곧 명령을 내려 영구히 사람들(일본인)이 [죽도에] 가서 고기 잡는 것을 허락하지 않았습니다. 무릇 틈이 벌어지는 것은 작고 사소한 일에서 생기고, 불행과 근심은 아랫것들[下賤]로부터 비롯되는 것이 고금의 통병(通病)이니, 미리 하지 못하게 막는 것이 오히려 낫다고 생각합니다. 이로써 1백 년의 우호를 더욱 돈독히 하고자 하며, 한 섬의 사소한 일로 다투어 견주지 않으니 어찌 두 나라의 아름다운 일이 아니겠습니까. 생각하건대 남궁(南宮 : 조선의 예조)에서는 정성스럽게 서한을 작성(修書)하여, 본주(本州 : 쓰시마)로 하여금 [조선 측의] 큰 감사를 대신 [에도에] 전하게 해야 할 것이며, 이를 역사(譯使 : 문위행)가 귀국하는 날 구두로 빠짐없이 말하겠습니다.

三号

朝鮮國禮曹參議李　善溥　奉書

日本國對馬州　刑部大輔拾遺平公　閣下

　春日暄和緬惟

　動靜珎毖嚮慰無已頃因譯使回自

　貴州細傳

　左右面托之言備悉委折矣鬱陵島之爲我地輿圖所載文

　跡照然無論彼遠此近疆界自別

　貴州旣知鬱島與竹島爲一島而二名則其名雖異其

　爲我地則一也

貴國下令永不許人往漁採

　辭意丁寧可保久遠無他良幸良幸我

國亦當分付官吏以時檢察俾絶兩地人往來殽雜之弊

矣昨年漂氓事濱海之人率以舟楫爲業飄風焱忽易
及飄盪以至冒越重溟轉入
貴國豈可以此有所致疑於違定約而由他路乎若其呈
書誠有妄作之罪故已施幽極之典以爲爲懲戢之地
另勅沿海申明禁令矣益務誠信以全大體更勿生事
於邊彊庸非彼此之所大願者耶
左右旣有
面言於譯使而然且無一介行李奉
書契以來者似是
左右深
念舊約不欲規外送差之
意故先此修牘展布多少送于萊館使之轉致統希
諒炤不宣
戊寅年三月　日
禮曹參議李　善溥

3호

조선국 예조참의 이선부(李善溥)는 일본국 쓰시마 형부대보 습유 다이라 공 각하께 서계를 올립니다.

봄 날씨가 화창한데 멀리서 동정이 편안하시다는 소식을 듣고 위안됨이 그지없습니다. 근래에 역사가 귀주(쓰시마)로부터 돌아와 각하께서 [역관을] 직접 대면하여 부탁하신 말씀을 자세히 전했기에 곡절을 두루 잘 알게 되었습니다. 울릉도가 우리의 땅임은 여도(輿圖 : 『동국여지승람』)에 실려 있어서 문헌의 증거가 분명하니, 그쪽(일본)으로부터는 멀고 이쪽(조선)에서는 가깝다는 것을 논하지 않더라도 강계(疆界)는 저절로 판별됩니다. 귀주(대마도)는 이미 울릉도와 죽도가 한 섬이면서 두 개의 이름을 갖고 있었다는 것을 알고 있었으니, 그러한즉 그 이름이 비록 다를지라도 그것이 우리나라의 영토임은 매한가지입니다.

귀국이 명령을 내려 사람들(일본인)로 하여금 고기잡이하러 가는 것을 영구히 허락하지 않기로 하였다니, 그 말뜻이 확실하여 오랫동안 보전되지 않을 까닭이 없다고 생각합니다. 실로 다행스럽고 다행스러운 일입니다. 우리나라에서도 또한 마땅히 관리에게 분부하여 때때로 검사하고 시찰하도록 하여 두 나라 사람들이 뒤섞이는 폐단을 끊도록 할 것입니다.

작년에 표류한 백성들의 일을 말하자면, 바닷가에 사는 사람들은 대개 배 타는 일을 업으로 하는데, 큰 바람이 홀연히 일어나면 바람에 배가 쉽게 흔들리기에 경계를 넘어 먼 바다로 나가 귀국까지 흘러 들어가는 데 이르렀던 것이니, 어찌 이 일로써 정해진 규약을 어기고 다른 길을 통했다고 의심할 수 있겠습니까? 만약 그 올린 글처럼 참으로 멋대로 한 죄가 있고, 이미 유극(幽極)의 법도[9]를 시행하였으니 징계할 것이 있다고 생각하면 별도로 연해에 칙령을 내려 금령(禁令)을 분명히 밝히겠습니다. 더욱 성실하게 큰 원칙을 온전하게 하도록 힘써서 다시는 변경에서 사건이 일어나지 않게 하는 것이 어찌 그쪽과 이쪽에서 크게 바라는 바가 아니겠습니까?

각하께서 이미 문위행 역관을 대면하고 말씀하셨으나, 그러나 또 한 사람의 행장에도 서계를 받아 가지고 온 것이 없으니, 아마 이것은 각하께서 깊이 옛 규약을 생각하여 규정 외의 사절을 보내지 않으려는 뜻인 것 같습니다. 그렇기에 우선 이 편지를 써서 대략의 뜻을 펼쳐서 래관(萊館)[10]에 보내 전하도록 했으니 그리 아시기 바랍니다. 이만 그칩니다.

무인년(戊寅年 : 1698) 3월 일

예조참의 이선부

---

9) 유극(幽殛)이란 유폐와 사형을 의미하며, 여기서는 엄한 형벌을 가했다는 비유로 보인다. 『조선왕조실록』 숙종 22년(1696)의 안용복 관련 기사를 중심으로 정리해 보면, 돗토리번에서 강원도 양양현(襄陽縣)으로 귀환한 후 안용복은 강원감사(江原監司) 심평(沈枰)에 의해 체포되었다. 심평의 장계(狀啓)에 따라 비변사(備邊司)에서 안용복을 비롯한 일행 11인을 경옥(京獄)에 나치(拿致)하여 추문(推問)에 들어갔다. 조사결과에 따른 조정의 중론은 '법금(法禁)을 두려워하지 않고 다른 나라에서 일을 일으켰으므로 죄를 용서할 수 없다. 또 저 나라에서 표해인(漂海人)을 보내는 것은 반드시 대마도에서 하는 것이 규례인데 곧바로 그곳에서 내보냈으니, 이것을 명백히 언급하지 않을 수 없다.'는 이유로 처벌해야 한다는 의견이 강했고, 사형을 주장하는 중신도 있었다. 그러나 최종적으로는 사형에 반대하는 의견이 채택되어 안용복은 1697년 유배형에 처해졌다. 본문의 서계는 1698년 3월부로 작성되었기 때문에 안용복이 이미 1697년 유배형에 처해진 사실을 "이미 유극(幽殛)의 법도를 시행하였으니"라고 표현한 것으로 추정된다.

10) 동래의 초량왜관을 말함.

四号

日本國對馬州刑部大輔拾遺平　義眞　奉復
朝鮮國禮曹大人　閣下
　向領
　華械憑審
貴國穆清嘔喩倍恒承
　諭前年
　象官超溟之舊面陳竹島之一件繇是
　左右克諒情由
　示以
兩國永通交誼益懋誠信矣至幸至幸
　示意卽已啓達
東武了故今修牘略布餘蘊附在館司舌頭時維
　春寒更希
　加愛總惟
　鑒察不宣
　元祿十二年己卯正月　日
　　對馬州刑部大輔拾遺平　義眞

4호

일본국 쓰시마 형부대보 습유 다이라노 요시자네[平義眞]는 조선국 예조 대인 각하께 받들어 답합니다.

지난번 서신을 받고 귀국이 화평하시다는 것을 알게 되어 기쁜 마음이 배가 되었습니다. 깨우침을 받들고 지난해 상관(象官)11)이 바다를 건너온 날에 면대하여 죽도에 관한 일을 개진하였고, 이로 말미암아 위에서 사정을 잘 양해함으로써 두 나라가 영원히 우호를 통할 뜻을 더욱 성실하게 보이게 되었습니다. 지극히 다행하고 다행한 일입니다. 보여주신 뜻은 이미 에도에 계달(啓達)하였습니다. 그러므로 지금 쓰는 편지에는 나머지 내용을 대강 펼쳐서 관사(舘司)[12]의 혀끝에 붙여 두도록 하겠습니다. 지금 쌀쌀한 봄날에 더욱 몸을 아끼시기를 바라며 생각하여 살펴주시기를 바랍니다. 이만 줄입니다.

겐로쿠 12년(1699) 기묘 정월 일
쓰시마 형부대보 습유 다이라노 요시자네

口上ノ覺

一 竹島ノ儀ニ付、數年來何角ト被申通候處、存ノ外公儀ヘ能被聞召分候テ、宜被仰付候故、其段譯官ニ被申渡候處、御聞居候ニテ御書翰被差渡候、御書面不宜候ヘトモ、刑部大輔殿御心ヲ被盡候テ首尾好相濟、今度返翰被差渡候、竹島ノ一款此度ニテ無残所相濟、朝鮮國ノ御望ノ通ニ相濟、兩國ノ大幸此事ニ候、元來竹島ノ儀貴國ヨリ數年被捨置、其上段々不念成儀有之故、八十四年日本人渡リ來リ候故、先年因州ノ者貴國ノ漁民ヲ召捕罷歸東武ヘ申上候ニ付、貴國之漁民重テ不罷渡様ニ可申遣ノ旨被仰出候、依之先對馬守殿ヨリ以使者申達候、其御返翰ニ被得其意候、竹島ヘ罷越候段不屆ニ候故、則罪科ニ申付候、以來ノ儀迄堅申付候トノ御返翰ニ候ヘトモ、紛敷御文章有之故、其儘差置候テハ以來又出入可有之吏ノ端ト存候故、再使者差渡候處、其後ハ右ノ御書面ト振替リ日本人犯越侵涉仕候間、不被渡候様ニ可申付ノ旨御認被差下候上、對州ヘモ不申越候テ使者存寄ノ趣申達候テ御返翰受取不申ノ内不幸ニ而對馬守殿被相果候故、使者其儘歸國仕候、乍然竹島之儀貴國之鬱陵島ニ紛無之様ニ承及候通具ニ申聞候付、幸刑部大輔殿參府被仕候時節故、於東武被申上候ハ竹島之儀朝鮮國ヨリ數

---

11) 역관.

12) 왜관(倭館)의 관수(館守).

年捨置、其後御居可申時分モ度々不念仕候故、オノツト日本ノ屬島ノ様ニ成來リ候故、被仰越候段ハ御尤千万ニ奉存候ヘトモ、元來朝鮮國ノ地ニ紛無之輿地圖ニモ慥ニ有之候、誠信ヲ以テ通交仕事ニ候間、此段御聞分被遊日本人渡海被差止被下候ハヽ、御誠信ノ至ト別テ忝可奉存由、內々私マテ願被申候通リ禮義正シク誠を以テ御老中迄被申上候ヘハ、則達上聞被聞召分候テ夫程ニ被申事ニ候ハヽ隣交ノ好ニ候間、向後日本人渡海ヲ可被差留由被仰出候、幸譯官招可申由申上置候故、譯官罷渡候節右ノ趣面談ニテ委細可申渡候旨御差圖故、先年譯官ヘ口上ニテ申達候、然ル上ハ今度ハ厚ク御禮モ可有之ト存候處、可保久遠無他良幸良幸々々ト迄ニテ御禮ノ心モ無之、御文章不宜候テ御不誠信成御仕形ト存候、貴國被欠檢點候上御不念多候處、手前ヲ被顧候心ハ曾テ無之、剩非ヲモ飾殊被仰越候趣モ前後ノ主意モ違ヒ一々首尾不都合ニ候、此段眞直ニ被申上候ハヽ不首尾成ノミナラス、事モ調不申、其上以來マテ東武ノ思召モ悪シク朝鮮國ノ御爲行ニ宜間敷候ヘ共、刑部大輔殿役目ノ事ニ候故、東武ヘハ禮ヲ盡シ、誠ヲ以テ朝鮮國ヨリノ被申分尤ト被思召候様ニ色々御心ヲ被盡候テ被仰上候故首尾能相濟、貴國ニハ御心遣モ無之竹島國籍ニ歸シ申候段、偏ニ刑部大輔殿隣交ノ間ニ御心ヲ被盡候故ニテ候、今度ノ儀朝鮮國ノ被成掛又ハ被仰越様理ニ當リ候ニ付相濟候ト思召候テハ、以來マテ之御了簡違ニ可罷成候、一々ニハ不申候ヘトモ、御存ノ事ニ候間跡先得ト御思慮被成候ハヽ、御得心可被成候、

구상각서

一. 죽도에 대하여 수년간 이런저런 말씀을 해 오셨는데 의외로 쇼군께서 그 말씀을 나쁘게 듣지 않으시고 좋게 처리하라고 지시하셨으므로 그 점을 조선 역관에게 전달하였습니다. 그래서 역관이 조정에 말씀드리고 조정에서 서신을 보내주셨습니다. 그 서신의 내용이 좋지 않았지만 형부대보님이 애써 처리하셔서 일이 잘 마무리되었으므로 이번에 회신을 보냅니다.

죽도 건[竹島一款]은 이것으로 모두 끝났고 조선국의 희망대로 되었으니 두 나라 모두에게 큰 다행입니다. 원래 죽도는 귀국이 여러 해 동안 버려두었고, 게다가 점점 잊혀지고 있던 섬이었으므로 84년간 일본인이 건너오게 되었습니다. 그래서 몇 년 전에 인슈[因州] 사람이 귀국의 어민을 잡아 와서 에도에 보고했는데, [에도에서는] 귀국 어민이 거듭해서 도해하는 일이 없도록 사람을 보내 조선에 알리라는 명령을 내리셨습니다. 이에 따라 전 쓰시마노카미님이 사자를 보내 그 말을 전했습니다. 이에 대한 회신에 "그 뜻은 잘 알겠습니다. 죽도에 건너가는 것은 나쁜 짓이므로 그들을 벌하겠습니다. 앞으로도 죽도에 도해하면 벌을 받는다고 엄하게 지시하겠습니다"라는 내용이 있었습니다. 그런데 [그 내용 중에] 애매모호한 의미의 문장이 들어 있어서 그대로 두면 장래에 또 다시 [양국 간에] 분쟁이 일어날 소지가 있다고 생각하여 다시 사자를 보냈습니다. 그 뒤에는 위의 서신으로 내용을 바꾸어 "일본인이 국경을 범하고 있으니 도해하지 않도록 지시하라"는 취지로 꾸며서 내려 보냈고, 사자는 쓰시마로 알리지도 않고 자신이 생각하는 바를 말씀드렸습니다. 그런데 이에 대한 회신을 받기 전에 불행히도 전 쓰시마노카미님이 돌아가셨기 때문에 그냥 귀국하고 말았습니다. 그러나 들은 대로 죽도가 귀국의 울릉도임에 틀림없다는 말을 남김없이 전달하였고, 다행히 형부대보님이 에도 참부[江戶參府]를 하셔야 할 때였으므로 에도에서 그 말을 보고하였습니다. 즉, "죽도는 조선이 수년간 버려두었고, 그 후 종종 보고가 있어야 함에도 마음을 쓰지 않고 있었으므로 자연히 일본에 속한 섬처럼 되어 왔습니다. 따라서 귀국의 말씀은 지극히 당연하다고 생각하지만, 원래 죽도는 조선국의 땅임에 틀림없고, 여지도(輿地圖)에도 분명히 그렇게 나와 있습니다. [귀국과는] 성신(誠信)으로 통교를 해 왔으므로 이 점을 이해하셔서 일본인의 도해를 금지시켜 주면 귀국의 성신으로 생각하여 매우 감사하겠다는 말을 나에게 은밀히 하였습니다. 그래서 이 말을 성심 성의껏 예의바르게 로주[老中]님에게 말씀드렸더니 로주님이 다시 막부에 전달하였는데 이를 쇼군께서 좋게 여겨, "조선에서 그렇게 말했다면 이웃 나라로서의 친분도 있으니 향후 일본인의 도해를 금지시키라"고 하명하셨습니다. 마침 "조선의 역관을 초대하라고 일러두었으니 역관이 오면 위의 취지에 대하여 면담하고 상세히 일러주도록 하라"는 지시가 있었습니다. 그래서 지난 번 역관이 왔을 때 그 취지를 말해주었습니다. 그러므로 이번에는 조선에서 두텁게 사례를 해 올 것으로 생각하였습니다. 그러나 "앞으로 영원히 그런 일이 없도록 해 주십시오"라는 말만 했을 뿐, 사례를 해 오지도 않았고 문장의 내용도 좋지 않아 불성신(不誠信)한 태도라고 생각했습니다.

귀국은 그 섬에 대해 조사해 보려는 마음이 없었을 뿐만 아니라 알지도 못하고 있었습니다. 그런데도 지금껏 자신의 그러한 점에 대해 반성해 보려는 마음이 전혀 없이 자신의 잘못을 숨기고만 있으며, 보내 온 서신의 취지에도 내용에도 일관성이 없습니다. 이에 대해 직접적으로 말씀드리면 일이 잘 마무리되지 않을 뿐 아니라 조선국과의 사이도 나빠질 것입니다. 더욱이 에도에서도 좋지 않게 생각하게 될 것입니다. 조선국의 장래를 생각한다면 좋지 않은 일이기에 이 일의 담당이신 형부대보님이 에도에 갔은 예를 다하여 조선이 말하고 있는 바를 들어주시도록 성심성의껏 말씀드렸기 때문에 일이 잘 마무리된 것입니다. 귀국이 거들떠보지 않던 죽도를 귀국에게 돌려준 사람이 바로 형부대보님입니다. 그가 이웃나라로서의 친분을 지키기 위하여 정성을 기울였기 때문입니다. 이번 일을 조선이 이룬 일이라거나 혹은 조선이 도리에 맞는 말을 하였기 때문에 이루어진 일이라고 생각하시면 앞으로도 계속 잘못 생각하시는 것이 될 것입니다. 이미 알고 계실 터이니 일일이 말하지는 않겠지만 일의 전후를 잘 살펴보시면 깨닫게 될 것입니다.

一 御書翰ノ內ニ竹島ノ儀首尾好被仰出候段、以使者可申遣儀ニ候處、譯官へ申含遣候段約定ノ外ニ使者遣間敷トノ了簡ニテ可有之ヨシ被仰聞候、公儀ヨリ被爲仰出事ニ候故、以使者可申越事ト思召段御尤ニ存候、被仰聞候通リ公儀ヨリ被仰出儀ハ何トテモ態使者ヲ以參判へ申達候例ニテ候ヘトモ、右ノ通リ兼テ譯官相招可申ノ由被申上置候故、幸譯官招可申ノ由ニ候、左候ハヽ其節譯官へ面談ニテ申含候ヘハ、以使者申渡候同前ニ聢ト仕タル事ト
東武ニハ被思召候テ其通リ被仰付候、依之任御差圖譯官ヘ口上ニテ申含候歲條之外ニ使者遣間敷トノ心入ニテハ無之候、用事有之節ハ使者遣不申候テ不叶事ニ候、此段モ御了簡トハ相違仕候間、以來ノ爲ト存是マタ申入置候、左樣御心得可被成候、

一. 죽도 건이 잘 마무리되었다고 쓴 서신을 사자를 보내 전달해야 하지만, 조선 역관에게 그냥 말로만 전한 것은, 약조에서 규정한 일 이외에 사자를 보내서는 안 된다고 생각했기 때문입니다. 막부에서 지시하는 일이므로 사자를 보낼 것이라고 생각하셨다는데 지당하십니다. 역관에게 들으신 대로 막부로부터 나온 말씀은 어쨌든 사자를 시켜 참판에게 전달하는 것이 관례이나, 앞서 말씀드린 바와 같이 이미 역관을 초대하라는 말씀을 해두었기 때문에 다행히 사자를 불러들일 수 있었다고 합니다. 그리고 에도에서는 역관이 왔을 때 역관을 만나 말하면 그것이 사신을 불러 전달한 것과 똑같다고 생각하고 있었기 때문에 그렇게 하라고 명령하신 것입니다. 이에 지시에 따라 역관에게 말했던 것입니다. 약조 외의 규정에 사신을 파견해서는 안 된다는 생각은 없습니다. 용무가 있을 때는 사신을 파견하지 않으면 안 됩니다. 이러한 생각도 귀국의 생각과는 다르니 장래를 위하여 이에 대한 것도 역시 말씀드려 두는 바이니 명심해 주시길 바랍니다.

右之條々最早首尾好事濟申タル上ニ又々申達候段不入事ノ樣ニ候ヘトモ、我等役目ニ付最初ヨリ兩國思召入ノ樣子具ニ見聞仕候處、貴國之御心入ト對州ノ心入トクヒ違ヒ有之候故、以來共ニ御了簡違等候テハ幾久敷不申通候テハ不叶事候處、左候テハ大切ニ被存候、以後ノ爲ニ候間、我等存候通ノ譯能々東萊マテ申居朝廷方ヘモ慥ニ轉達仕候樣ニト被申越候故、如此ニ候、以上、

위 건(죽도 건)은 이미 잘 마무리되었으므로 다시 말할 필요는 없지만, 우리의 임무였으므로 처음부터 두 나라가 어떤 방식으로 생각하는지 자세히 살피고 있던 바, 귀국과 쓰시마가 생각하는 방식이 서로 달랐습니다. 이래서는 앞으로도 계속 서로 소통이 이루어지지 않을 것이며, 그렇게 되어서는 큰일이라고 생각합니다. 앞으로의 일을 생각해서 하는 말이니 우리들이 생각하는 바를 그대로 동래부에 잘 보고해 주시길 바라며 조정에도 확실하게 전달될 수 있도록 하라는 말씀이 있었습니다. 이상입니다.

本局議按

別紙內務省伺日本海內竹島外一島地籍編纂ノ件、右ハ元祿五年朝鮮人入島以來舊政府該國ト往復ノ末、遂ニ本邦關係無之相聞候段申立候上ハ、伺ノ趣御聞置左ノ通り

御指令相成可然哉、此段相伺候也。 三月二十日 內務

본국 의안

별지 내무성 질의의 일본해 내 죽도 외 1도 지적 편찬에 관한 건은, 겐로쿠 5년(1692) 조선인이 섬에 들어온 이래 구(舊) 정부가 해당국(조선)과 교섭한 결과, 결국 우리나라(本邦, 일본)와 관계가 없다고 [내무성이] 보고한 것입니다. [내무성이] 질의한 취지를 바탕으로 다음과 같이 지령을 작성해도 되는지, 이에 문의합니다. 3월 20일 내무

| 참고문헌 |

堀和生, 「一九〇五年日本の竹島領土編入」, 『朝鮮史研究会論文集』 24, 朝鮮史研究会, 1987.

漆崎英之, 「「태정관지령」 부속 지도 「기죽도약도(磯竹島略圖)」 발견 경위와 그 의의」, 『독도연구』 제14호, 영남대학교 독도연구소, 2013.6.

유미림 · 박지영 · 심경민, 『1877년 태정관 지령에 관한 연구』, 한국해양수산개발원, 2014.

이성환 · 송휘영 · 오카다 다카시, 『일본 태정관과 독도』, 도서출판 지성인, 2016.

정태만, 「『조선국교제시말내탐서』 및 『태정관지령』과 독도」, 『독도연구』 제17호, 영남대학교 독도연구소, 2014.12.

정태만, 『태정관 지령이 밝혀주는 독도의 진실』, 조선뉴스프레스, 2012.

「日本海内竹島外一島ヲ版圖外ト定ム」, 『太政類典』, 明治10年(1877).

「日本海内竹島外一島地籍編纂方伺」, 『公文録』 内務省之部, 明治10年(1877.3.17.).

「日本海内竹島外一島地籍編纂方伺」, 『公文録』 付属地図, 明治10年(1877.3.17.).

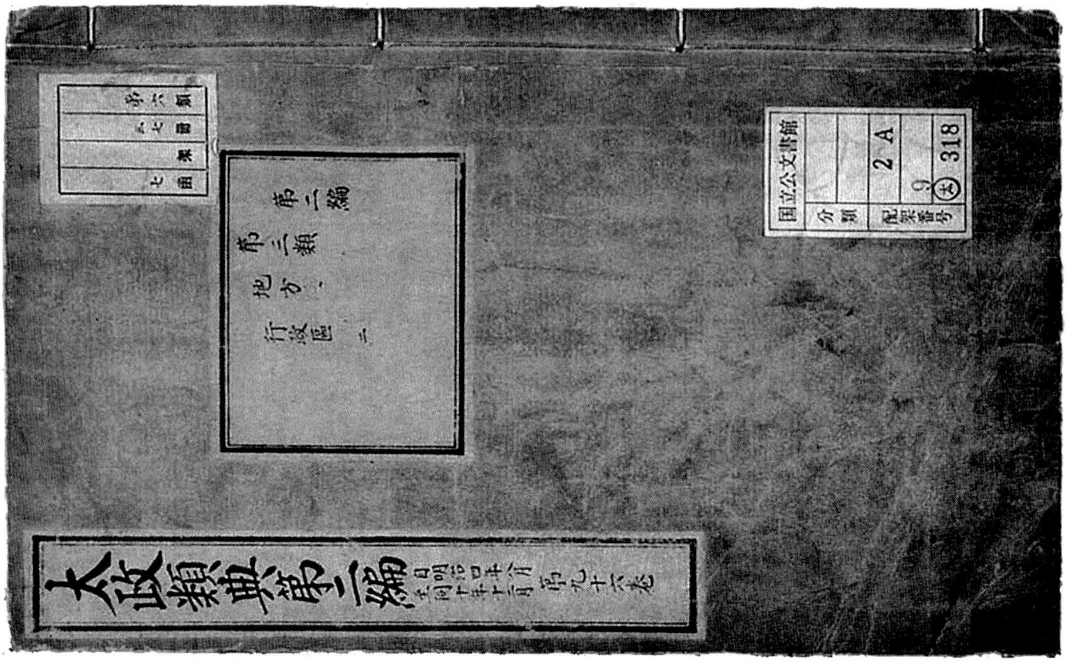
太政類典第二編
国立公文書館
分類 2 A
配架番号 318

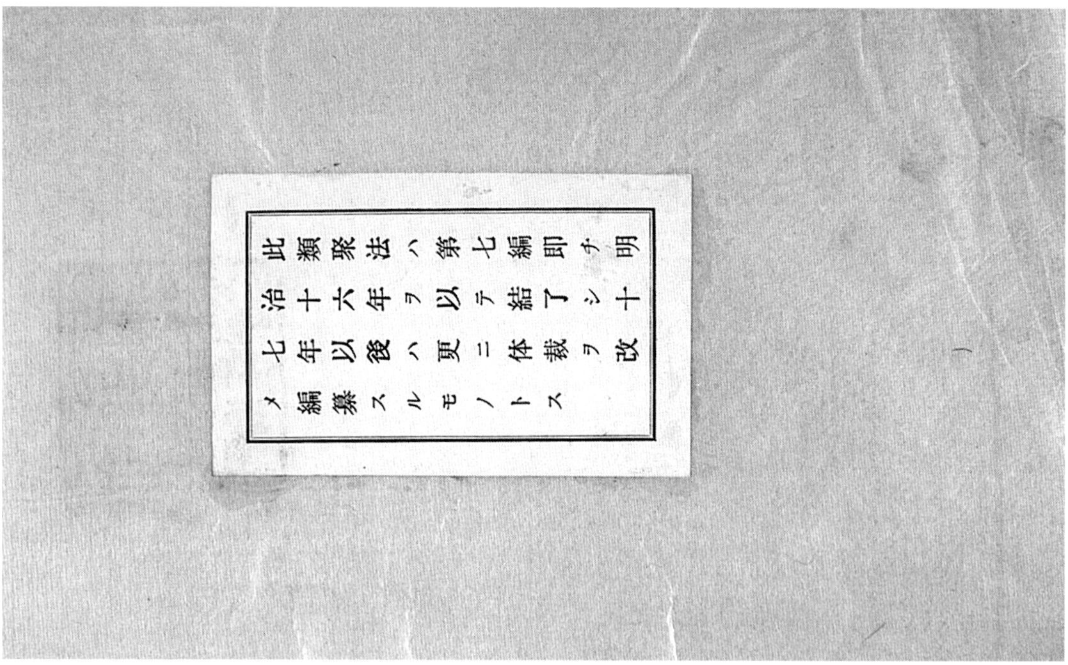
此類聚法ハ第七編即チ明
治十六年ヲ以テ結了シ十
七年以後ハ更ニ体裁ヲ改
メ編纂スルモノトス

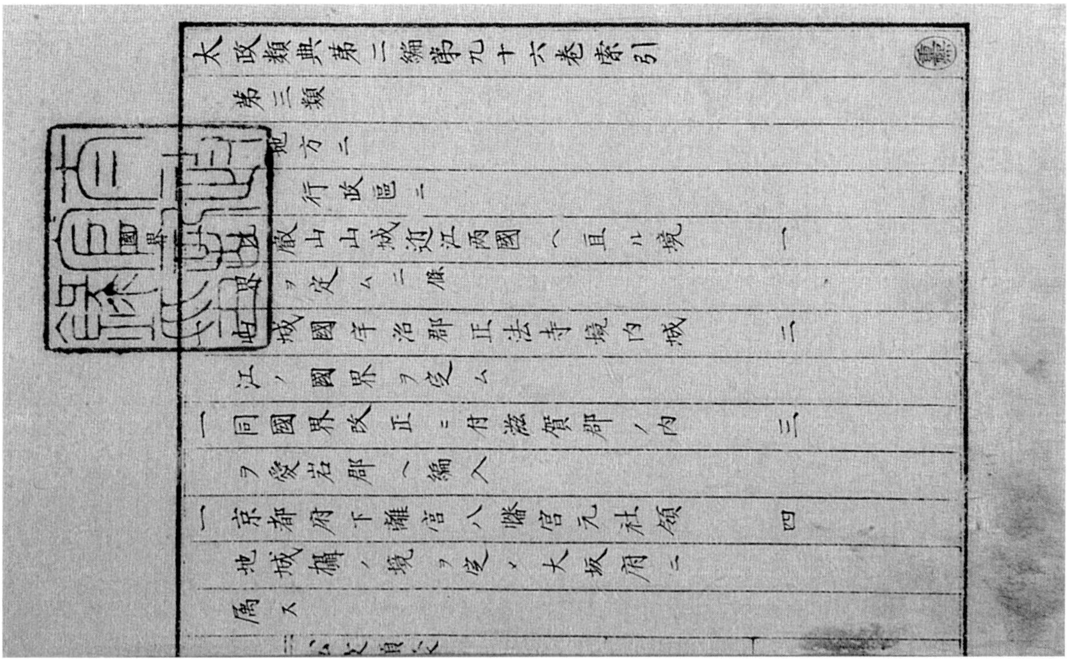

太政類典第二編第九十六巻索引

第三類

地方二

行政區二

一 叡山山城近江両國ノ互ニ境 一
界ヲ定ム二條

一 山城國宇治郡正法寺境内ヲ近 二
江ノ國界ヲ定ム

一 同國界改正ニ付滋賀郡ノ内 三
ヲ愛宕郡ヘ編入

一 京都府下離宮八幡宮元社領 四
地域攝ノ境ヲ定メ大坂府ニ
屬ス

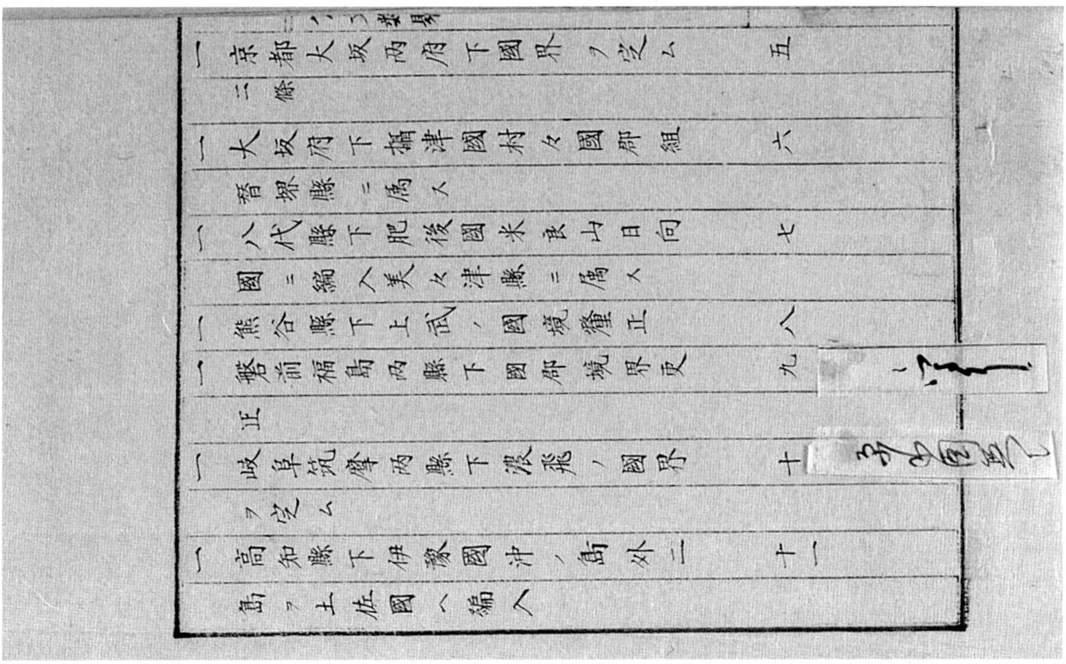

一 京都大坂両府下國界ヲ定ム 五
二條

一 大坂府下攝津國村々國郡組 六
替堺縣ニ屬ス

一 八代縣下肥後國米良山日向 七
國ニ編入美々津縣ニ屬ス

一 熊谷縣下上武ノ國境變正 八

一 磐前福島両縣下國郡境界更 九
正

一 岐阜筑摩両縣下濃飛ノ國界 十
ヲ定ム

一 高知縣下伊豫國沖ノ島外二 十一
島ヲ土佐國ヘ編入

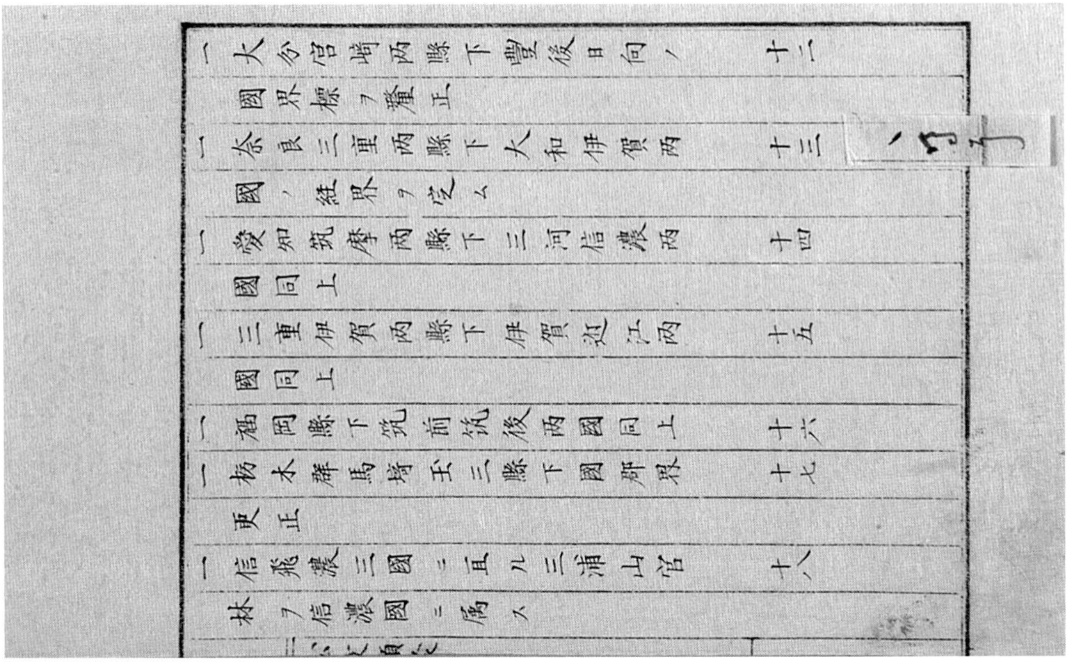

一 大分宮崎両縣下豊後日向ノ国界標ヲ釐正 十二
一 奈良三重両縣下大和伊賀両国ノ経界ヲ定ム 十三
一 愛知筑摩両縣下三河信濃両国同上 十四
一 三重伊賀両縣下伊賀近江両国同上 十五
一 福岡縣下筑前筑後両国同上 十六
一 栃木群馬埼玉三縣下国郡界更正 十七
一 信飛濃三国ニ亘ル三浦山官林ヲ信濃国ニ属ス 十八

○一 日本海内竹島外一島ヲ版図外トス 十九

紙端 綱

太政類典第二編第九十六巻 自明治四年八月 至同十年十二月

第三類

地方二

行政區二

六年七月七日

京都府ヘ達

比叡山山城近江両國ニ亘ル境界ノ儀ハ山脈連續自然ノ分界ニ據リ北ハ八瀬道釋迦多賢ヨリ中央相輪樘南ハ四明嶽ノ東大比叡ヲ中断シ檀木嶋山中村重子石迄ノ塲所東ハ近江國西ハ山城國ト被定候條此旨相達候事

但國界新定ニ付テハ延暦寺坊舎府縣分管相成不都合候條従前ノ通滋賀縣管轄被　仰付候間此段可相心得且分界標示等ノ儀ハ同縣打合ノ上適宜ヲ以テ

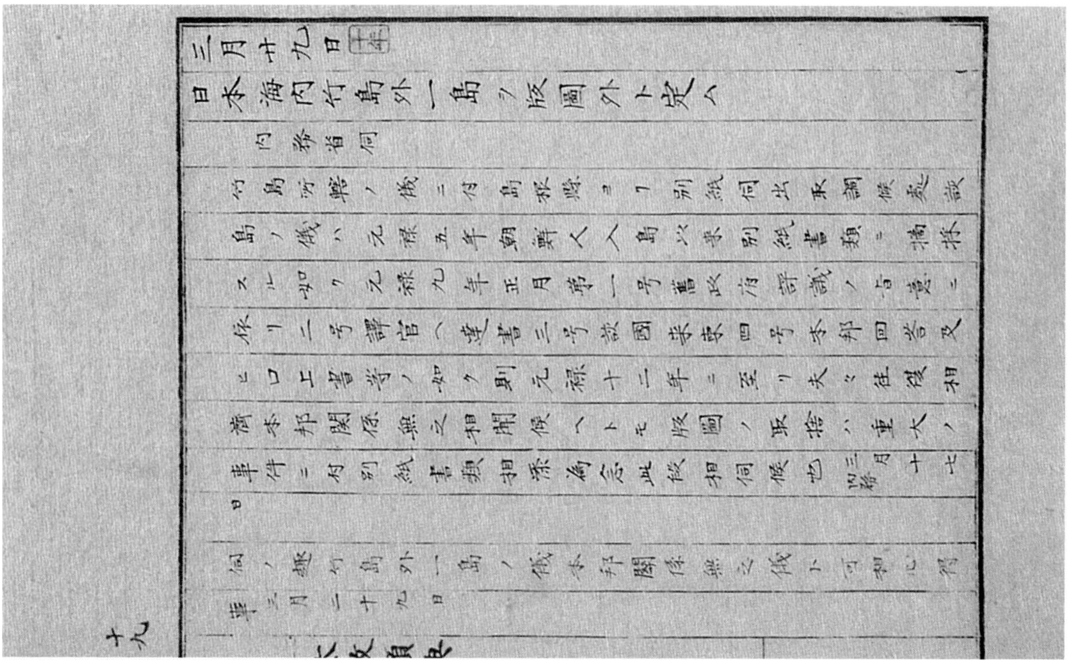

三月廿九日

日本海内竹島外一島ヲ版圖外ト定ム

内務省伺

竹島所轄之儀ニ付島根縣ヨリ別紙伺出取調候處該島ノ儀ハ元禄五年朝鮮人入島以来別紙書類ニ摘採スル如ク元禄九年正月第一号旧政府評議ノ旨意ニ依リ二号譯官ヘ達書三号該國来柬四号本邦回答及ヒ口上書等ノ如ク則元禄十二年ニ至リ夫々往復相済本邦關係無之相聞候得共版圖ノ取捨ハ重大ノ事件ニ付別紙書類相添為念此段相伺候也

三月十七日

伺ノ趣竹島外一島ノ儀本邦關係無之儀ト可相心得事

三月二十九日

十九

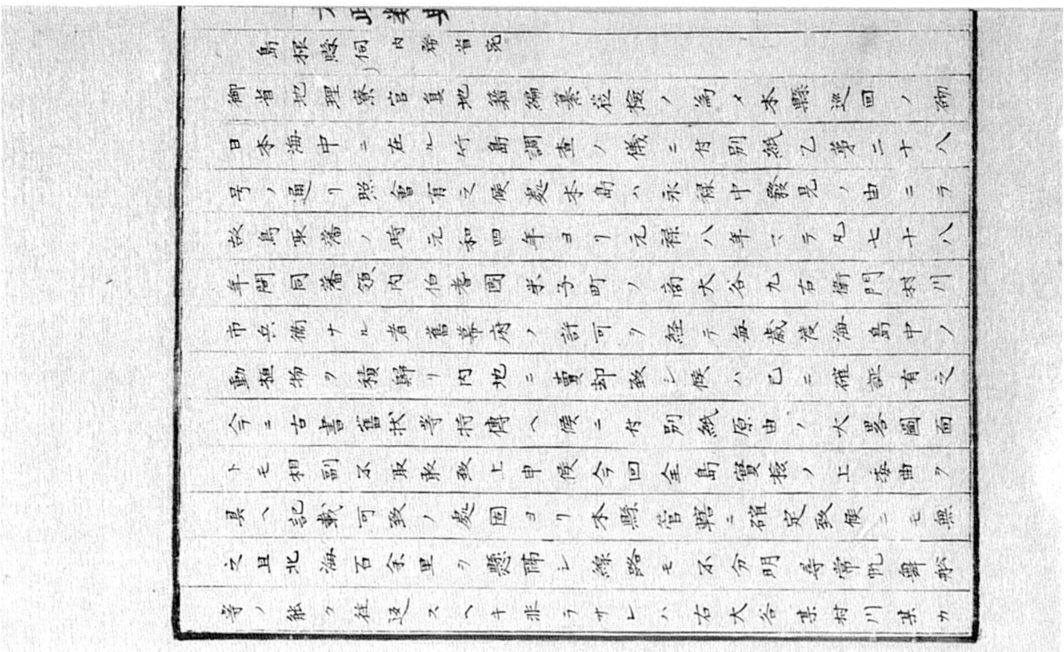

島根縣伺

御省地理寮官員地籍編纂莅検ノ為メ本縣巡回ノ砌日本海中ニ在ル竹島調査ノ儀ニ付別紙乙第二十八号ノ通リ照會有之候處本島ハ永禄中發見ノ由ニテ故鳥取藩ノ時元和四年ヨリ元禄八年マテ凡七十八年間同藩領内伯耆國米子町ノ商大谷九右衛門村川市兵衛ナル者旧幕府ノ許可ヲ經テ毎歳渡海島中ノ動植物ヲ積歸リ内地ニ賣却致シ候ハ已ニ確證有之今ニ古書旧状等持傳ヘ候ニ付別紙原由ノ大略圖面トモ相副不取敢致上申候今回全島實檢ノ上委曲ヲ具ヘ記載可致ノ處固ヨリ本縣管轄ニ確定致候ニモ無之且北海百余里ヲ懸隔シ線路モ不分明ナル常帆ノ能ク往返スヘキニ非ラサレハ右大谷某村川某カ

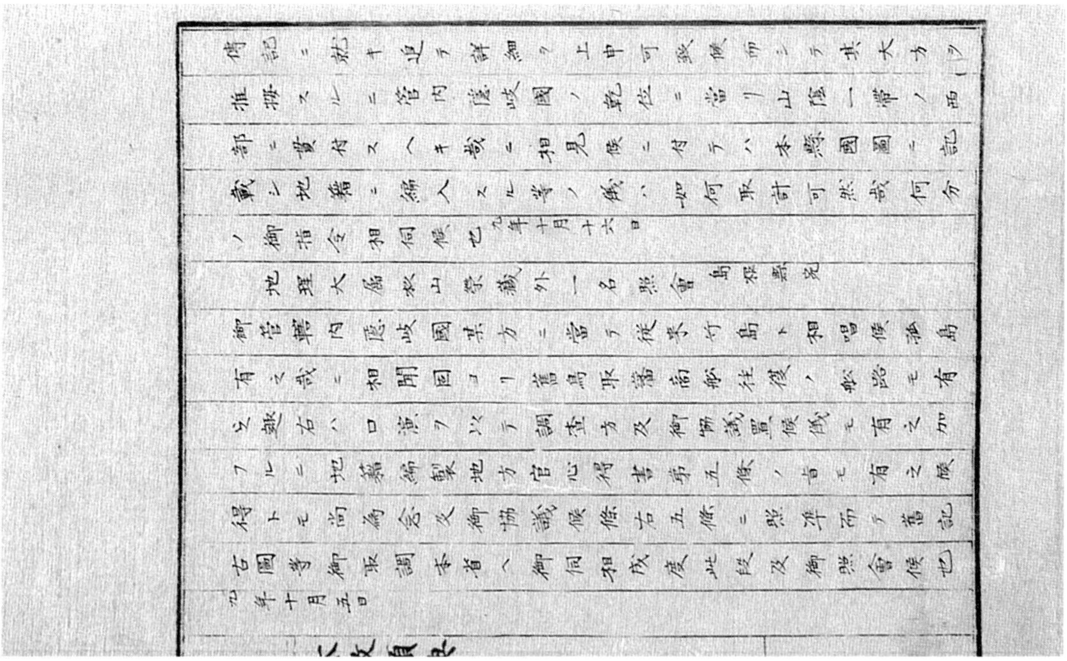
傳記ニ就キ追テ詳細ヲ上申可致候而シテ其大方ヲ
推按スルニ管内隱岐國ノ乾位ニ當リ山陰一帶ノ西
部ニ貫付スヘキ歟ニ相見候ニ付テハ本縣國圖ニ記
載シ地籍ニ編入スル等ノ儀ハ如何取計可然哉何分
ノ御指令相伺候也 九年十月十六日
地理大屬杉山榮藏 外一名 照會 島根縣宛
御管轄内隱岐國某方ニ當テ從來竹島ト相唱候孤島
有之哉ニ相聞固ヨリ舊鳥取藩商船往復ノ船路モ有
之趣右ハ口演ヲ以テ調査方及御協議置候儀モ有之加
フルニ地籍編製地方官心得書第五條ノ旨モ有之候
得トモ尚爲念及御協議候條右五條ニ照準而テ舊記
古圖等御取調本省ヘ御伺相成度此段及御照會候也
九年十月五日
太政類典

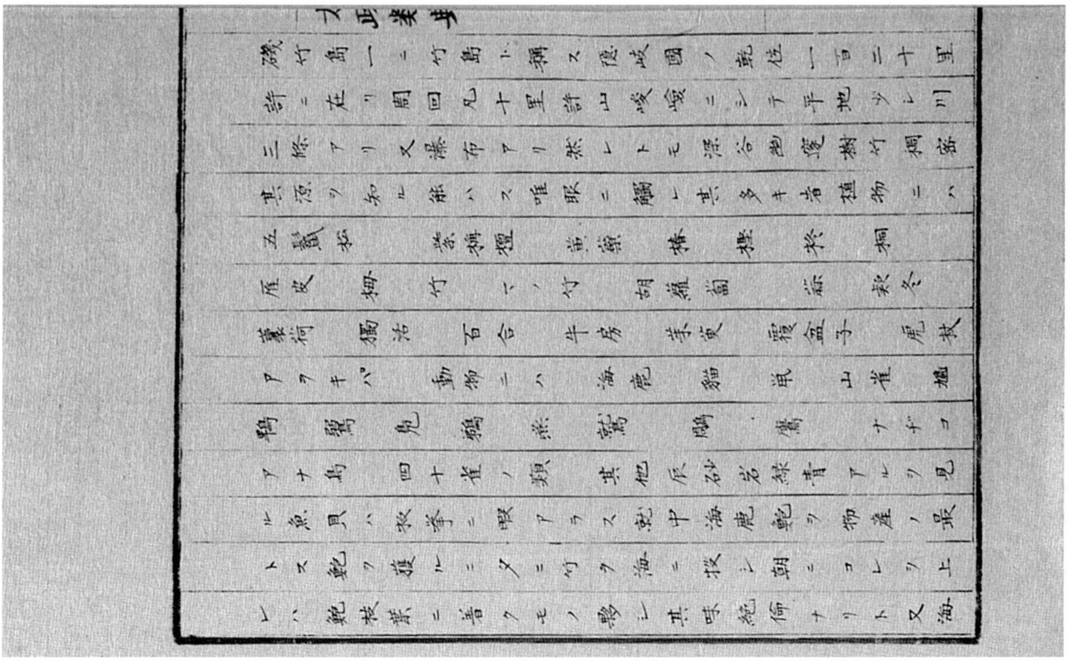
太政類典
磯竹島一ニ竹島ト稱ス隱岐國ノ乾位一百二十里
許ニ在リ周回凡十里許山峻嶮ニシテ平地少レ川
三條アリ又瀑布アリ然レトモ深谷幽邃樹竹稠密
其源ヲ知ル能ハス唯眼ニ觸レ其多キ者植物ニハ
五鬣松　紫檀　黃蘗　椿　欅　栓　桐
厂皮　栂　竹　マノ竹　胡蘿蔔　蒜　款冬
蘘荷　獨活　百合　牛房　茱萸　覆盆子　虎杖
アラキパ　動物ニハ　海鹿　猫　鼠　山雀　鳩
鴨　鸊　鳬　鵜　燕　鷲　鵰　鷹　ナヂコ
アナ鳥　四十雀ノ類　其他辰砂岩緑青アルヲ見
ル魚貝ハ枚挙ニ暇アラス就中海鹿鮑ヲ物産ノ最
トス鮑ヲ獲ルニ夕ニ竹ヲ海ニ投シ朝ニコレヲ上
レハ鮑枝葉ニ着クモノ夥シ其味絶倫ナリト又海

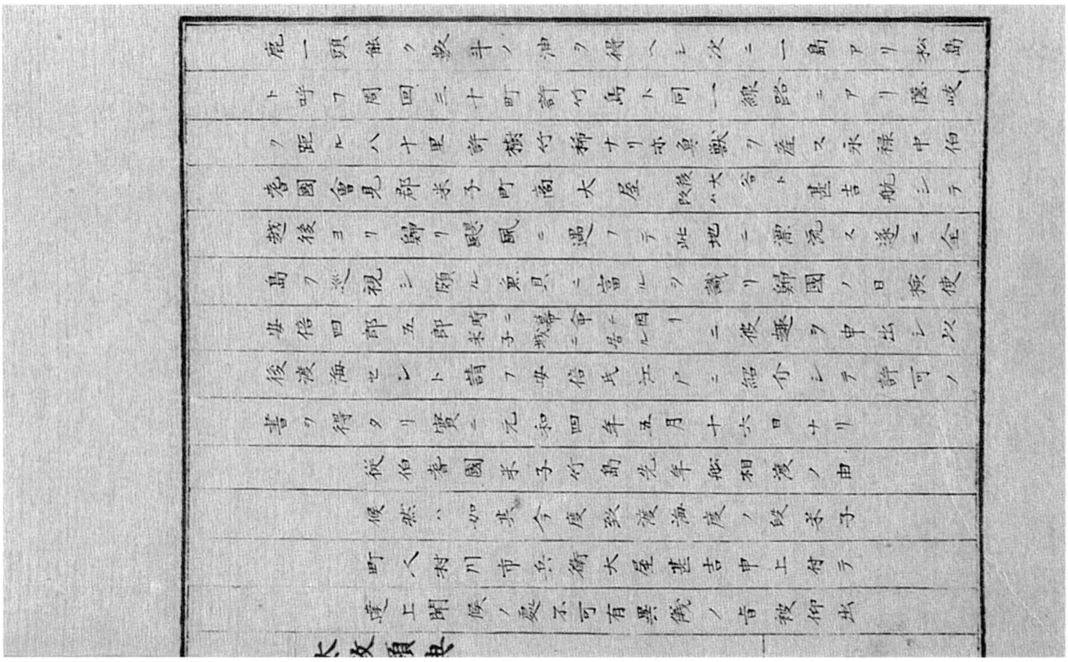

太政類典

鹿一頭能ク數斗ノ油ヲ得ヘシ次ニ一島アリ松島
ト呼フ周回三十町許竹島ト同一線路ニアリ隱岐
ノ距ル八十里許樹竹稀ナリ亦魚獸ヲ産ス永禄中伯
耆國會見郡米子町商大屋（後改ハ大谷ト）甚吉航シテ
越後ヨリ歸リ颶風ニ遇ヒテ此地ニ漂流ス遂ニ全
島ヲ巡視シ頗ル魚貝ニ富ルヲ識リ歸國ノ日撿使
安倍四郎五郎（時ニ幕命ニ因リ米子城ニ居ル）ニ依テ趣ヲ申出シ以
後渡海セントシ請フ安倍氏江戸ニ紹介シテ許可ノ
書ヲ得タリ實ニ元和四年五月十六日ナリ
從伯耆國米子竹島先年船相渡ノ由
候然ハ如其今度致渡海度ノ段米子
町人村川市兵衛大屋甚吉申上付テ
達上聞候ノ處不可有異儀ノ旨被仰出

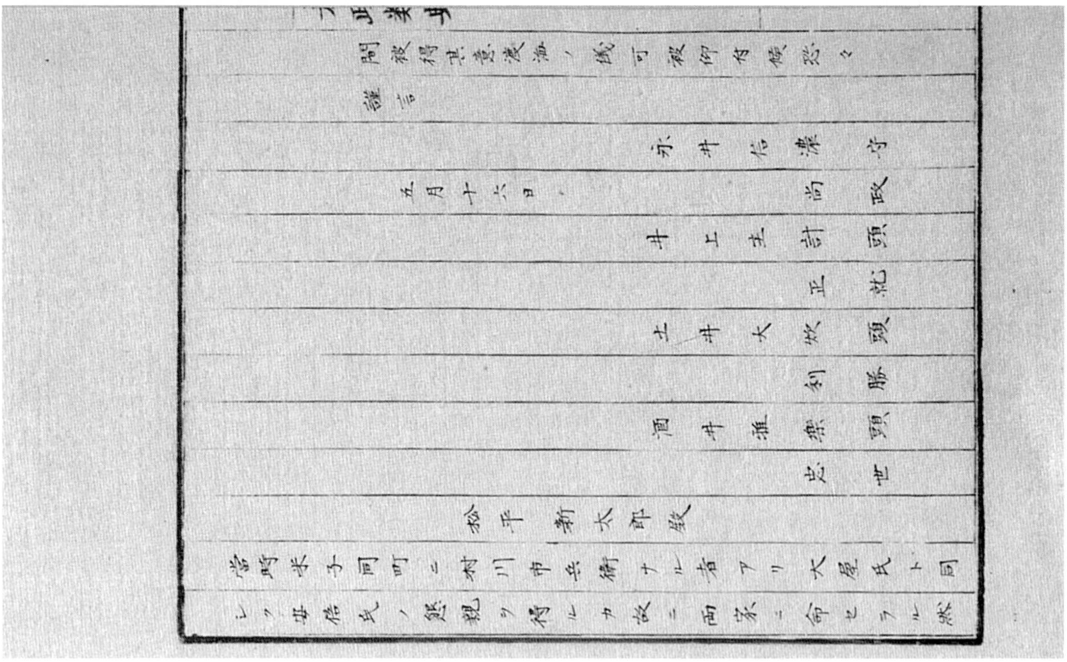

太政類典

間被得其意渡海ノ儀可被仰付候恐々
謹言
五月十六日
永井信濃守 尚政
井上主計頭 正就
土井大炊頭 利勝
酒井雅樂頭 忠世
松平新太郎殿
當時米子同町ニ村川市兵衛ナル者アリ大屋氏ト同
シク安倍氏ノ懇親ヲ得ルカ故ニ両家ニ命セラル然

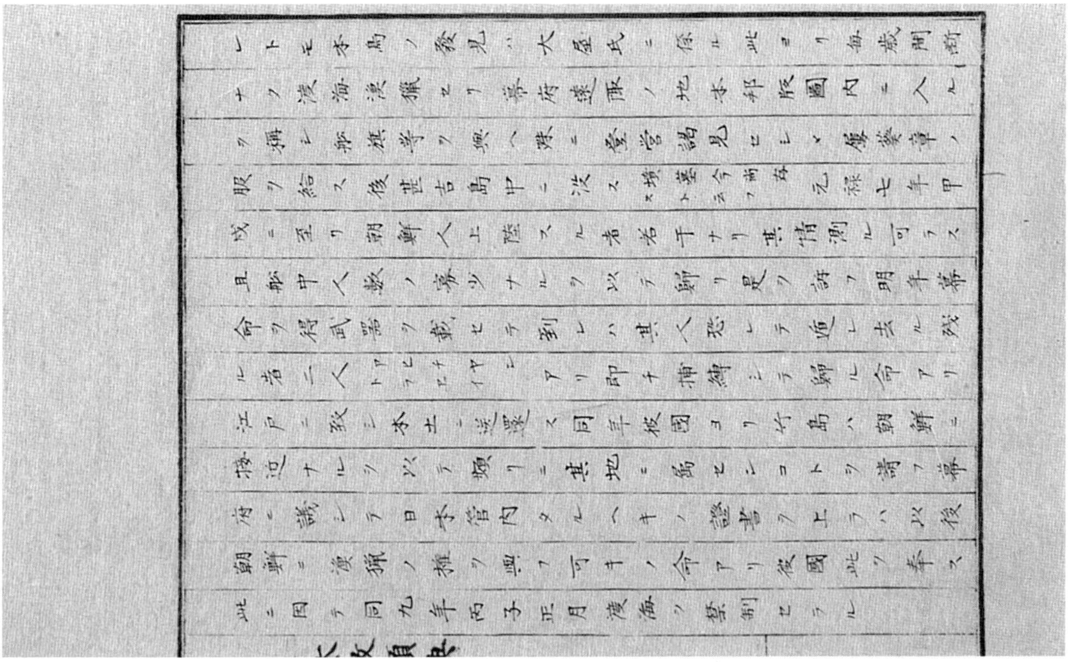

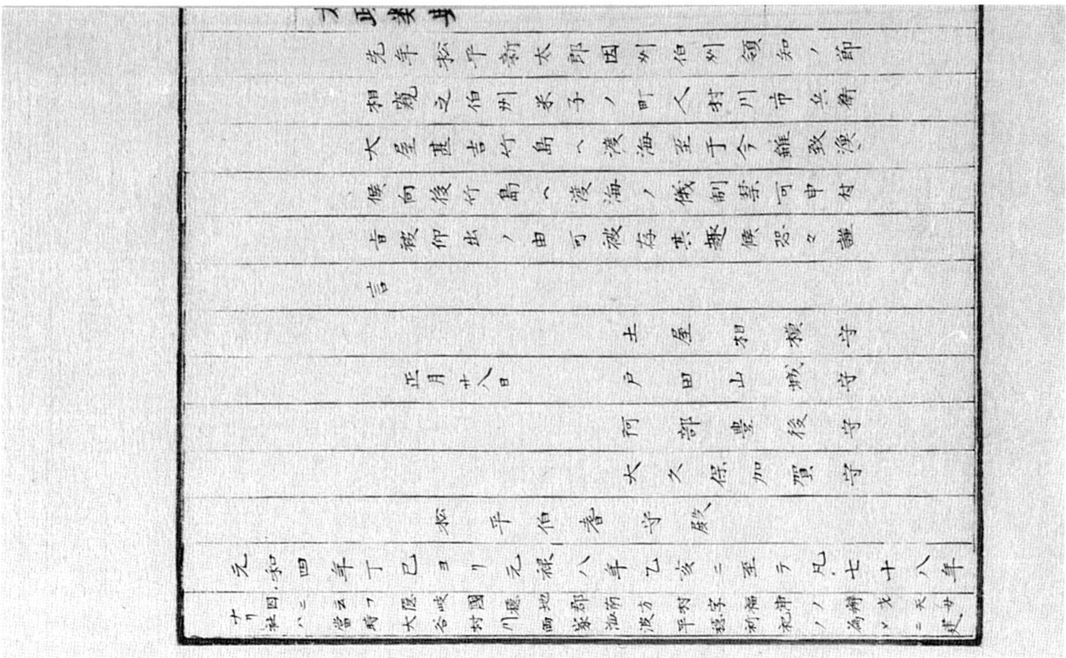

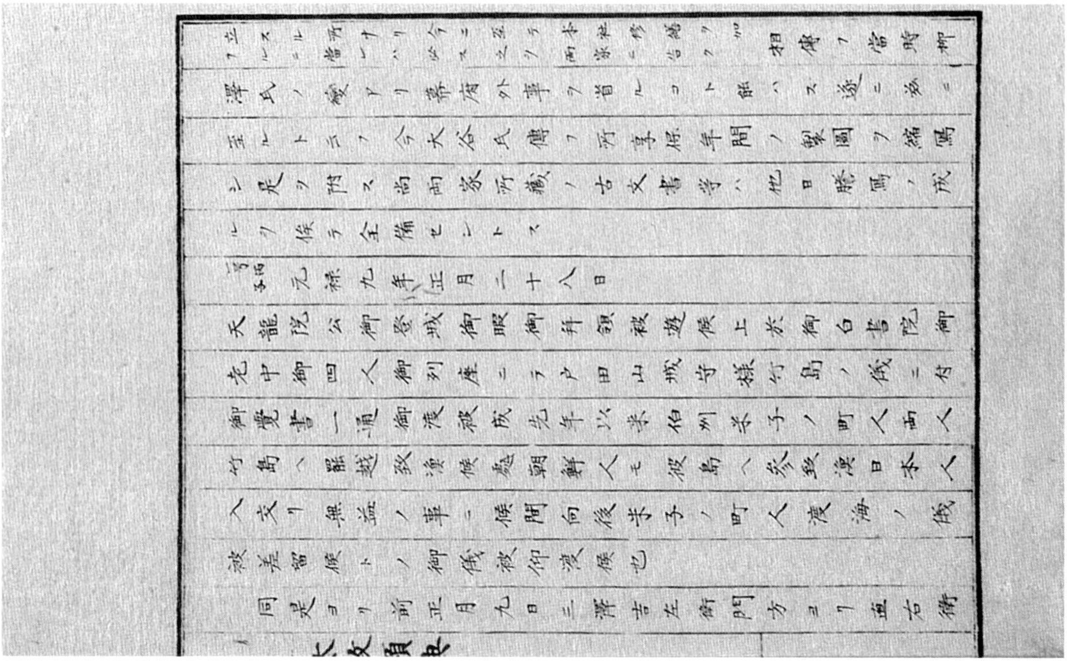

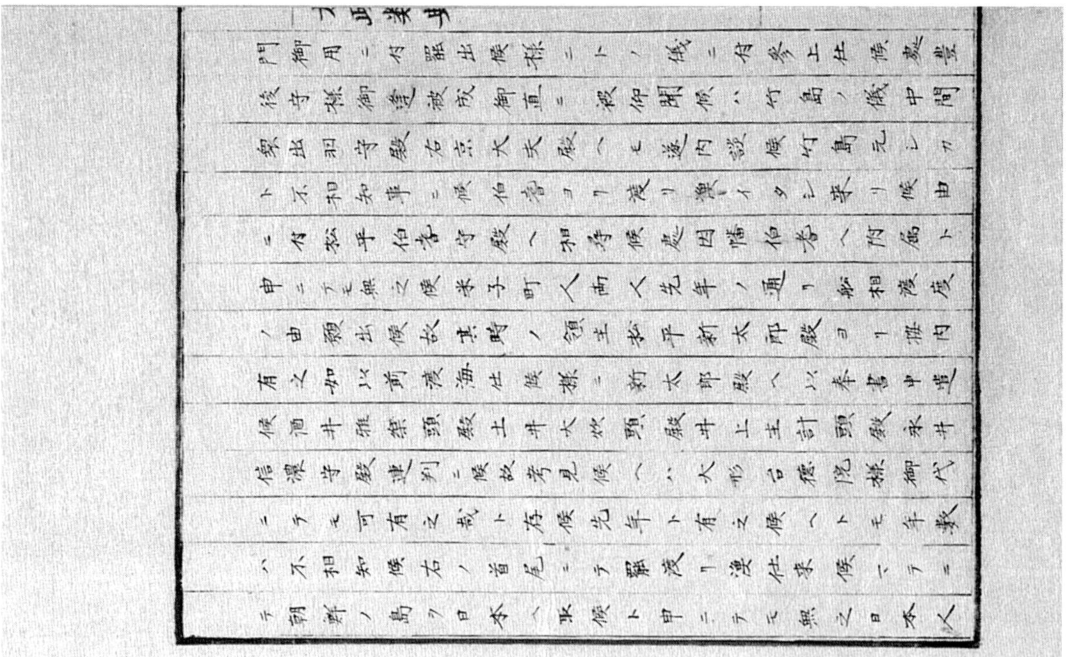

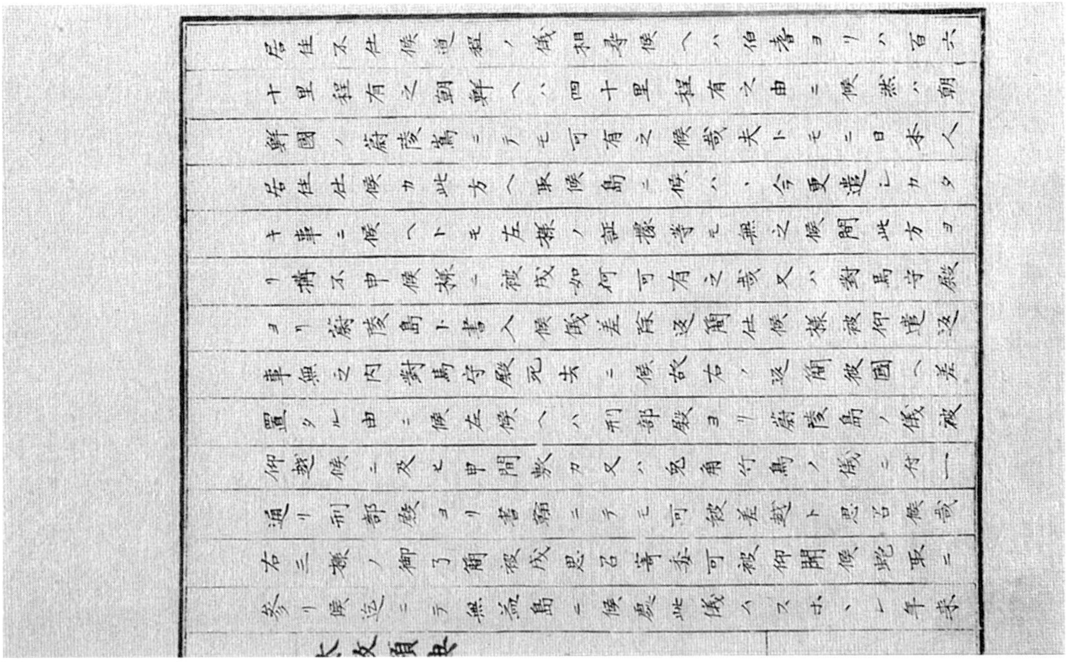
居住不仕候道程ノ儀相尋候ヘハ伯耆ヨリハ百六
十里程有之朝鮮ヘハ四十里程有之由ニ候然ハ朝
鮮国ノ蔚陵嶋ニテモ可有之候歟夫トモニ日本人
居住仕候カ此方ヘ取候嶋ニ候ハヽ今更遣シカタ
キ事ニ候ヘトモ左様ノ証據等モ無之候間此方ヨ
リ構不申候様ニ被成如何可有之哉又ハ対馬守殿
ヨリ蔚陵嶋ト書入候儀差図迄ニ而仕候様被仰遣迄
事無之内対馬守殿兄共ニ候故右ノ返簡彼国ヘ差
置シ由ニ候左候ヘハ刑部殿ヨリ蔚陵嶋ノ儀被
仰越候ニ付モ申間敷カ又ハ兎角竹嶋ノ儀ニ付一
通リ刑部殿ヨリ書簡ニテモ可被差越ト思召候哉
右三様ノ御了簡被成思召寄モ可被仰聞候此要ニ
参リ候迄ニテ無益嶋ニ候處此儀ハスミヽレ年来

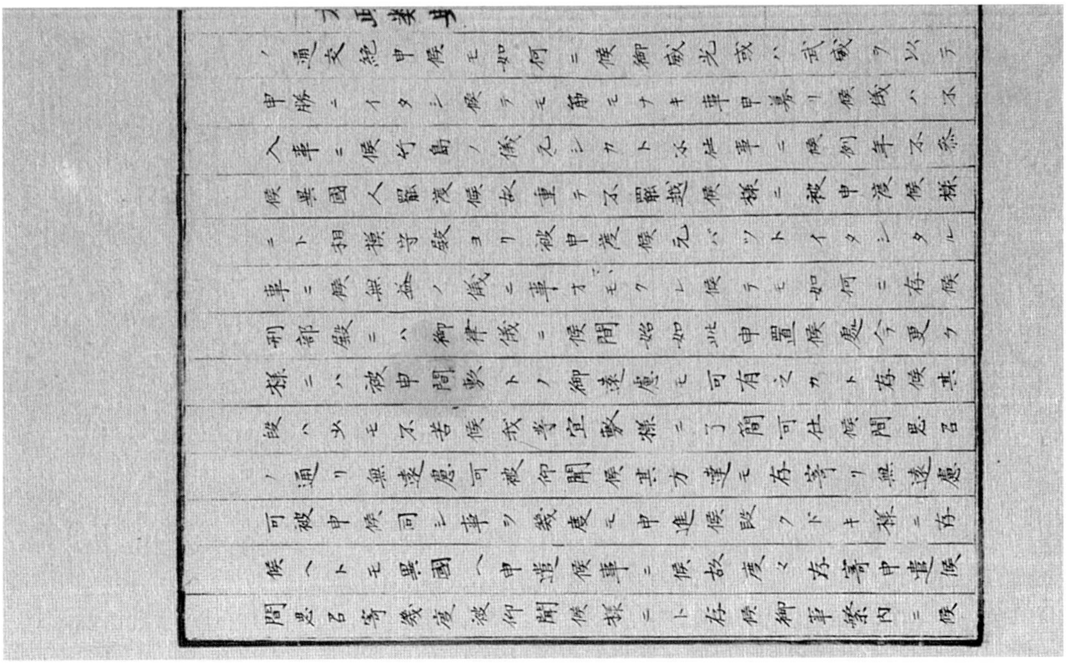
ノ通交絶申候モ如何ニ候御威光或ハ武威ヲ以テ
申勝ニイタシ候テモ筋モナキ事申募リ候儀ハ不
入事ニ候竹嶋ノ儀元シカト不仕事ニ候間年々参
候異国人罷渡候由重テ不罷越候様ニ被申渡候様
ニト刑部少殿ヨリ被申渡候元ハツトイタシタル
事ニ候無益ノ儀ニ事ヲ才モアレ候テモ如何ニ存候
刑部殿ニハ御律儀ニ候間如此申置候處今更ケ
様ニハ被申間敷トノ御遠慮モ可有之カト存候共
彼ハ此モ不苦候哉其寄宜敷様ニ了簡可仕候間思召
ノ通リ無遠慮可被仰聞候其方達モ存寄リ無遠慮
可被申候同シ事ヲ幾度モ申進候段アトキ様ニ存
候ヘトモ異国ヘ申遣候事ニ候故度々存寄申進候
間思召寄無遠慮被仰聞候様ニト存候御事案内ニ候

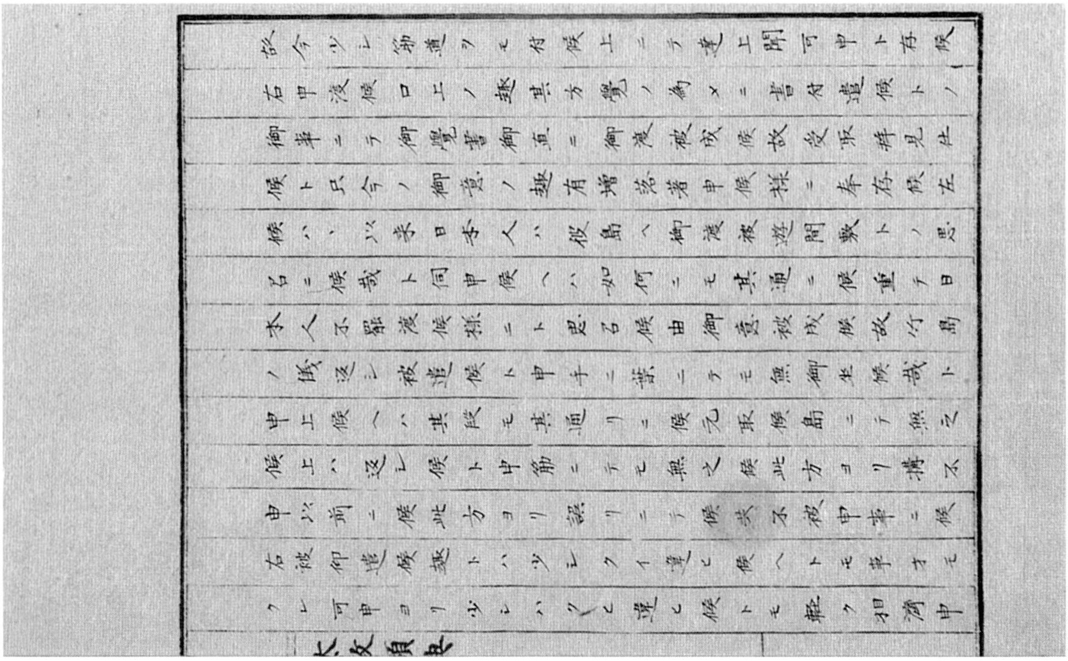
故今少シ節道ヲモ付候上ニテ達上聞可申ト存候
右申渡候口上ノ趣其方覚ノ為メニ書付遣候トノ
御事ニテ御覚書御直ニ御渡被成候故受取拝見仕
候ト只今ノ御意ノ趣有増落着申候様ニ奉存候左
候ハヽ以来日本人ハ彼島ヘ御渡被遊間敷トノ思
召ニ候哉ト伺申候ヘハ如何ニモ其通ニ候重テ日
本人不罷渡候様ニト思召候由御意被成候故竹島
ノ儀返シ被遣候ト申手ニ葉ニテモ無御坐候哉ト
申上候ヘハ其段モ其通リニ候元来取候島ニテ無之
候上ハ返シ候ト申筋ニテモ無之候此方ヨリ構不
申以前ニ候此方ヨリ誤リニテ候共不被申事ニ候
右被仰遣候趣トハ少シクイ違ヒ候ヘトモ事オモ
クレ可申ヨリ少シハクヒ違ヒ候トモ軽ク相済申
太政類典

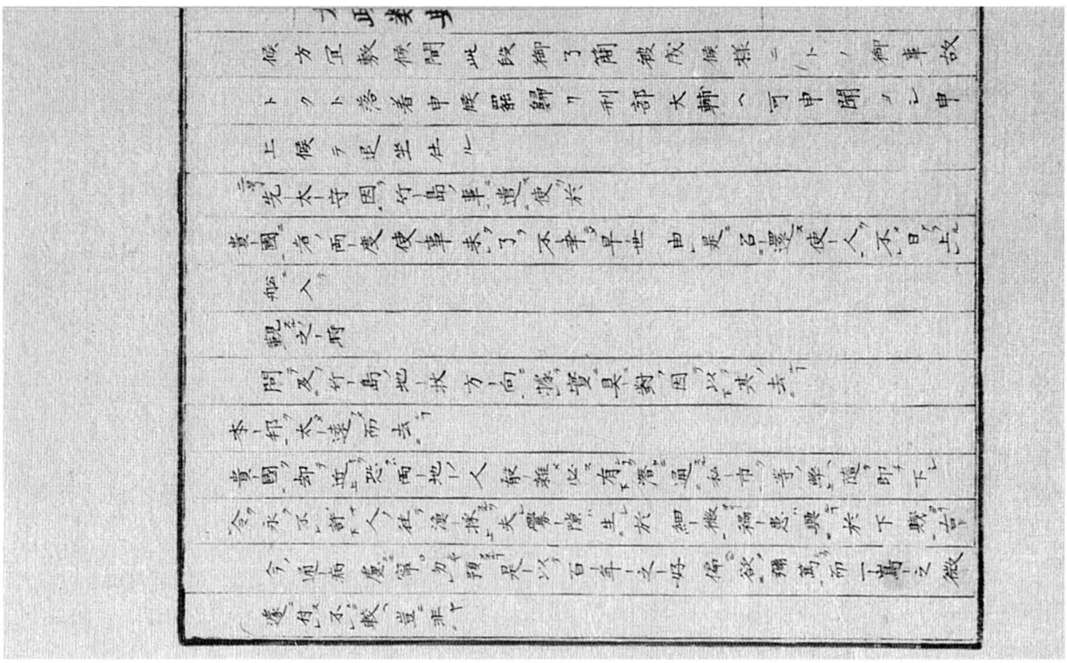
太政類典
候方宜敷候間此段御了簡被成候様ニトノ御事故
トクト落着申候罷帰リ刑部大輔ヘ可申聞ヨシ申
上候テ退坐仕ル
三 先太守因竹島事遣使於
貴國者両度使事未了不幸早世由是召還使人不日上
船入
覲之時
問及竹島地状方向據實具對因以其去
本邦太達而去
貴國部近恐両地之人或雑必有潜通私市等弊随即下
令永不許人往漁採夫釁隙生於細微禍患興於下賎古
今通病慮寧勿預是以百年之好倍欲彌篤而一島之微
遂付不較豈非ヤ

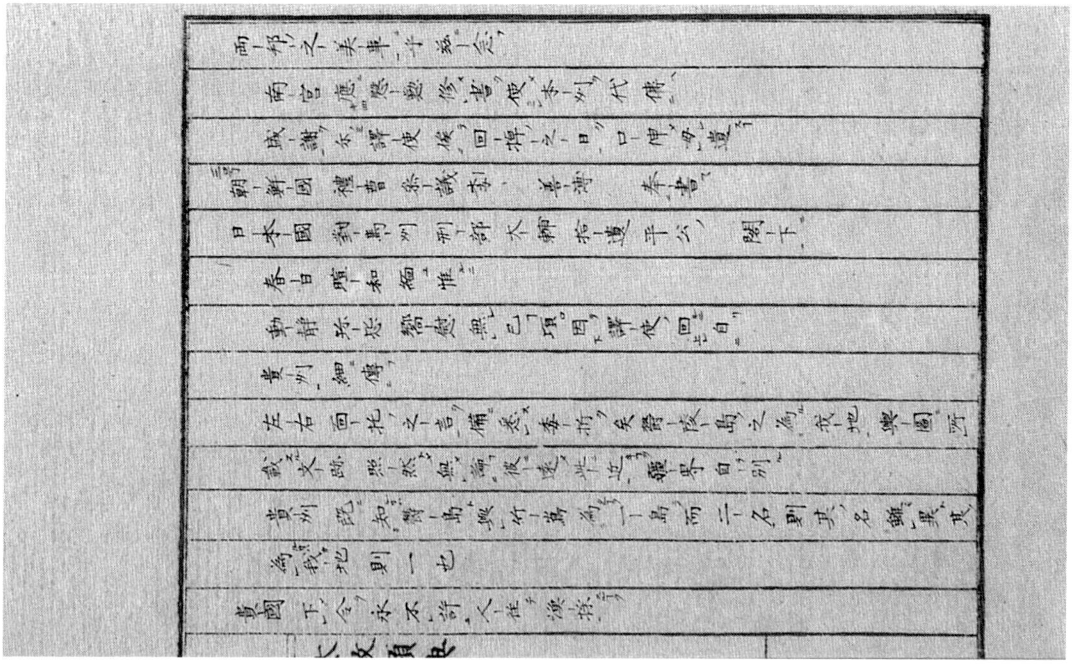

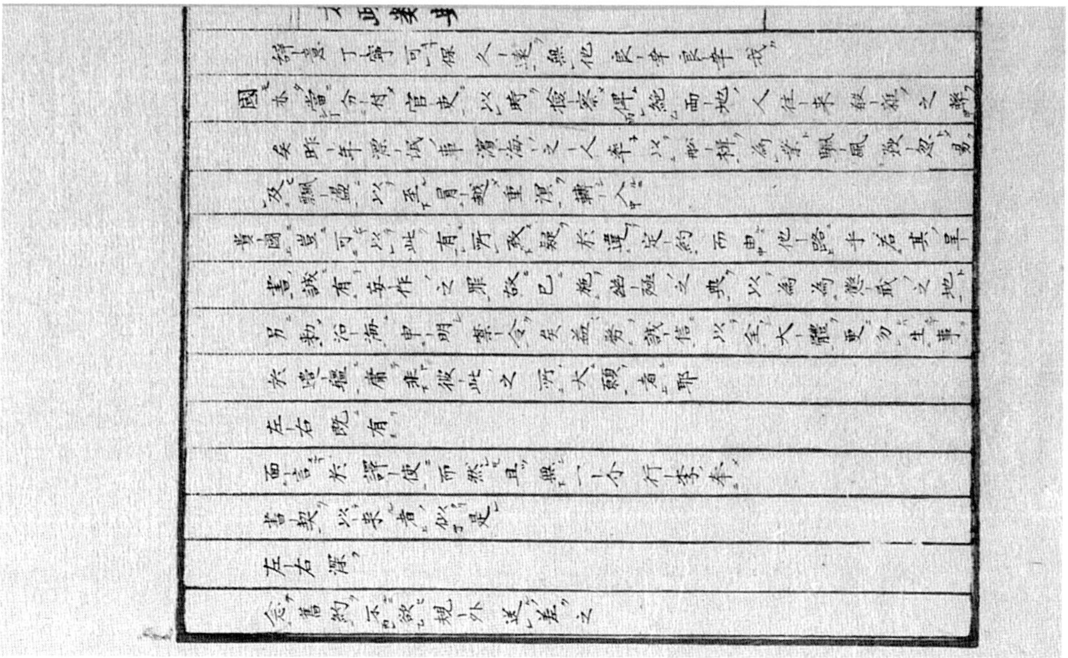

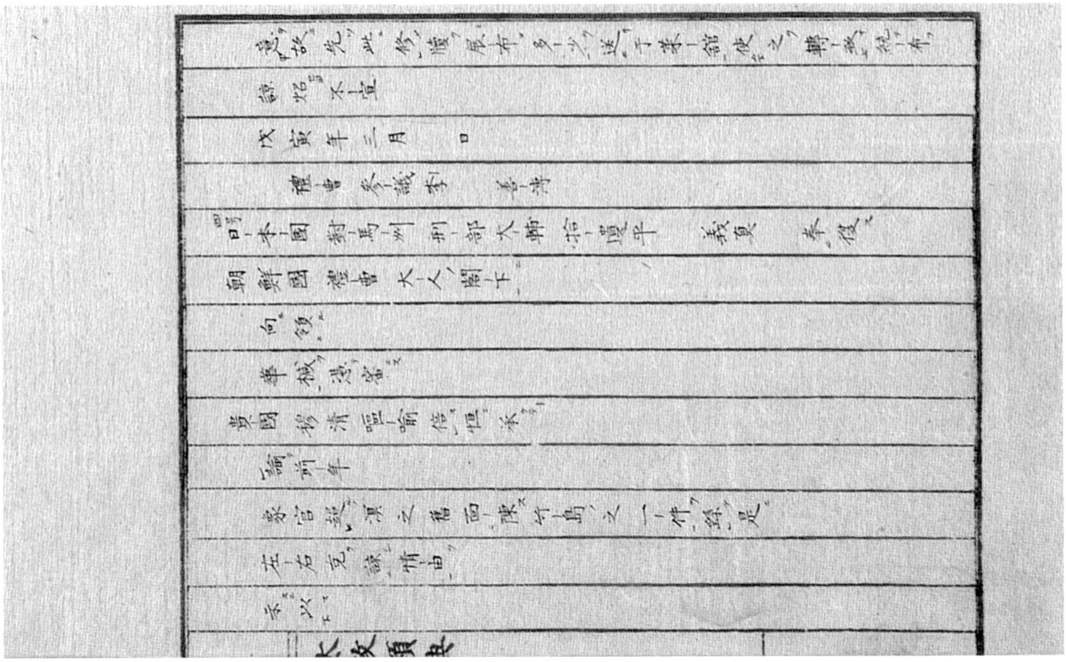

意、故先此修尺布、多少送于業舘、使之轉致、統希
諒照、不宣
戊寅年三月 日
禮曹參議李 善溥
日本國對馬州刑部大輔拾遺平 義眞 奉復
朝鮮國禮曹大人閣下
向復
華緘、謹審
貴國協清寧嘉、偕恒承
諭、前年
客官入貴之時、面陳竹島之一件、幸是
左右克諒情由、
示以

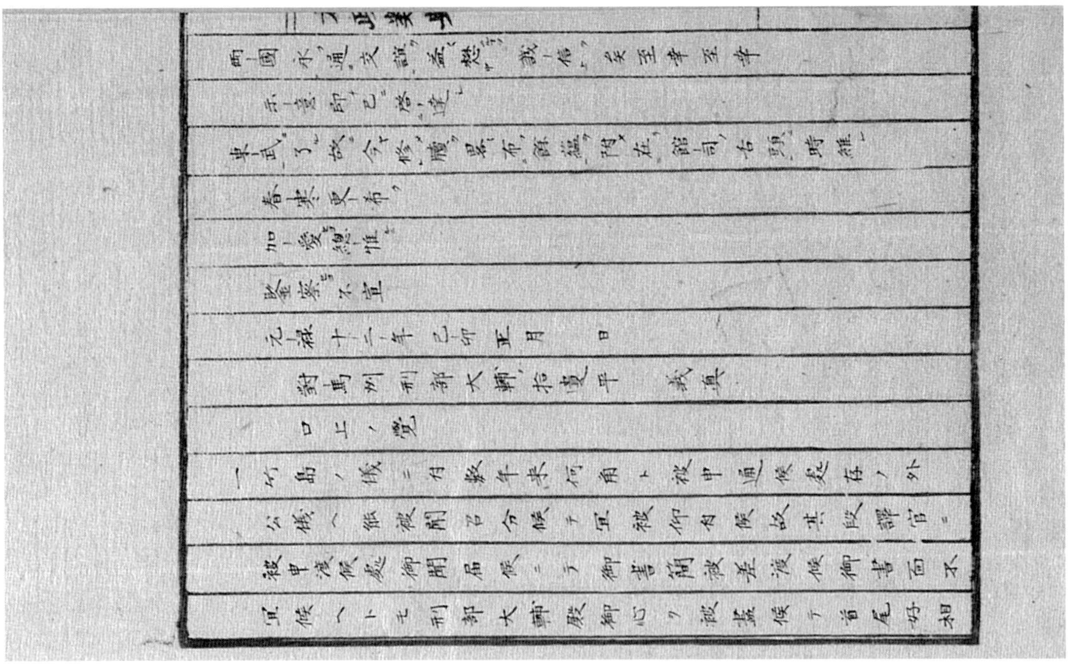

兩國永通交誼、益懋誠信、矣至矣至矣
示意即已啓達
東武了、故今修膚畧布謝悃、附在館司右照、時維
春寒、更希
加愛、總惟
鑒察、不宣
元禄十二年己卯正月 日
對馬州刑部大輔拾遺平 義眞
口上ノ覚
一 竹島ノ儀ニ付數年来何角ト被申通候處、存ノ外
公儀ヘ能被聞召分候テ宜被仰付候故、其段譯官ニ
被申渡候處、御聞届候ニテ御書簡被差渡候、御書面不
宜候ヘトモ刑部大輔殿御心ヲ被盡候テ首尾好相

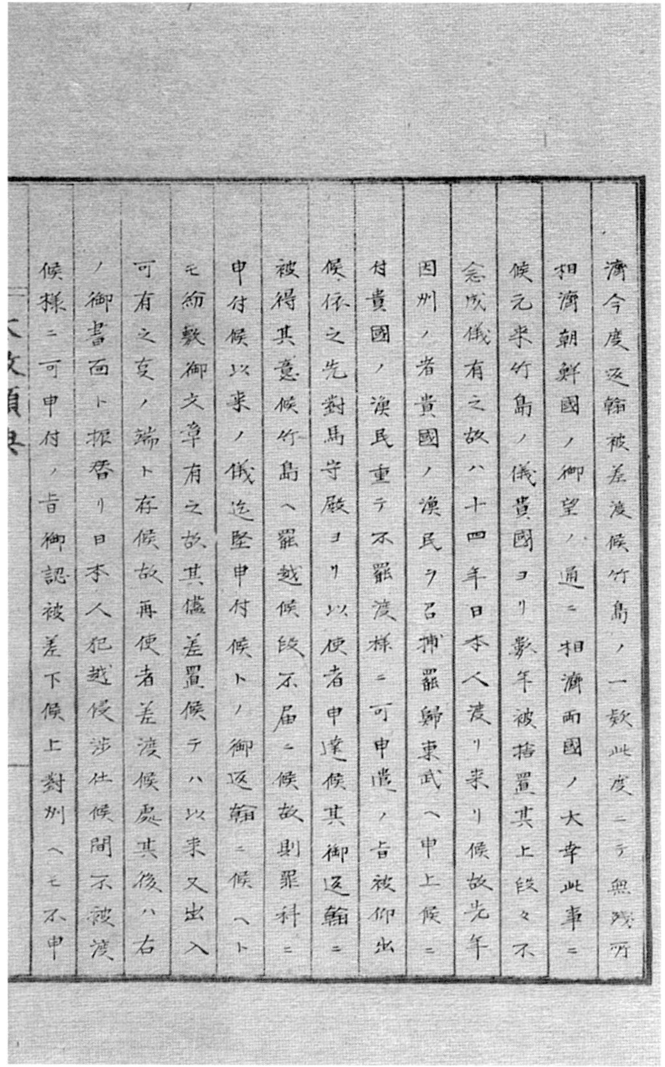

濟今度返翰被差渡候竹島ノ一款此度ニテ無残所
相濟朝鮮國ノ御望ノ通ニ相濟両國ノ大幸此事ニ
候元来竹島ノ儀貴國ヨリ數年被措置其上段々不
念成儀有之故ハ十四年日本人渡リ来リ候故先年
因州ノ者貴國ノ漁民ヲ召捕罷歸東武ヘ申上候ニ
付貴國ノ漁民重テ不罷渡様ニ可申遣ノ旨被仰出
候依之先對馬守殿ヨリ以使者申達候其御返翰ニ
被得其意候竹島ヘ罷越候段不届ニ候故則罪科ニ
申付候以来ノ儀迄堅申付候トノ御返翰ニ候ヘト
モ紛敷御文章有之故其儘差置候テハ以来又出入
可有之支ノ端ト存候故再使者差渡候處其後ハ右
ノ御書面ト振替リ日本人犯越候渉仕候間不被渡
候様ニ可申付ノ旨御認被差下候上對州ヘモ不申

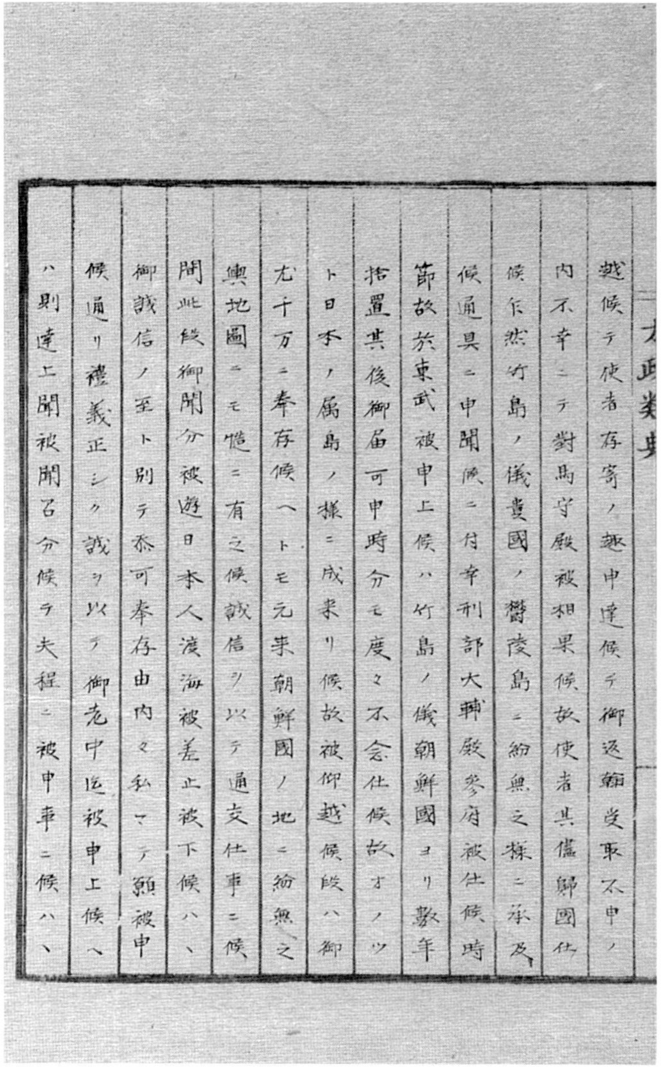

越候テ使者存寄ノ趣申達候テ御返翰受取不申ノ
内不幸ニテ對馬守殿被相果候故使者其儘歸國仕
候乍然竹島ノ儀貴國ノ欝陵島ニ紛無之様ニ承及
候通具ニ申聞候ニ付辛刑部大輔殿参府被仕候時
節故於東武被申上候ハ竹島ノ儀朝鮮國ヨリ數年
措置其後御届可申時分モ度々不念仕候故オノツ
ト日本ノ属島ノ様ニ成来リ候故被仰越候段ハ御
尤千万ニ奉存候ヘトモ元来朝鮮國ノ地ニ紛無之
輿地圖ニモ慥ニ有之候誠信ヲ以テ通交仕事ニ候
間此段御聞分被遊日本人渡海被差止被下候ハヽ
御誠信ノ至ト別テ忝可奉存由内々私マテ頼被申
候通リ禮義正シク誠ヲ以テ御克中迄被申上候ヘ
ハ則達上聞被聞召分候テ大程ニ被申事ニ候ハヽ

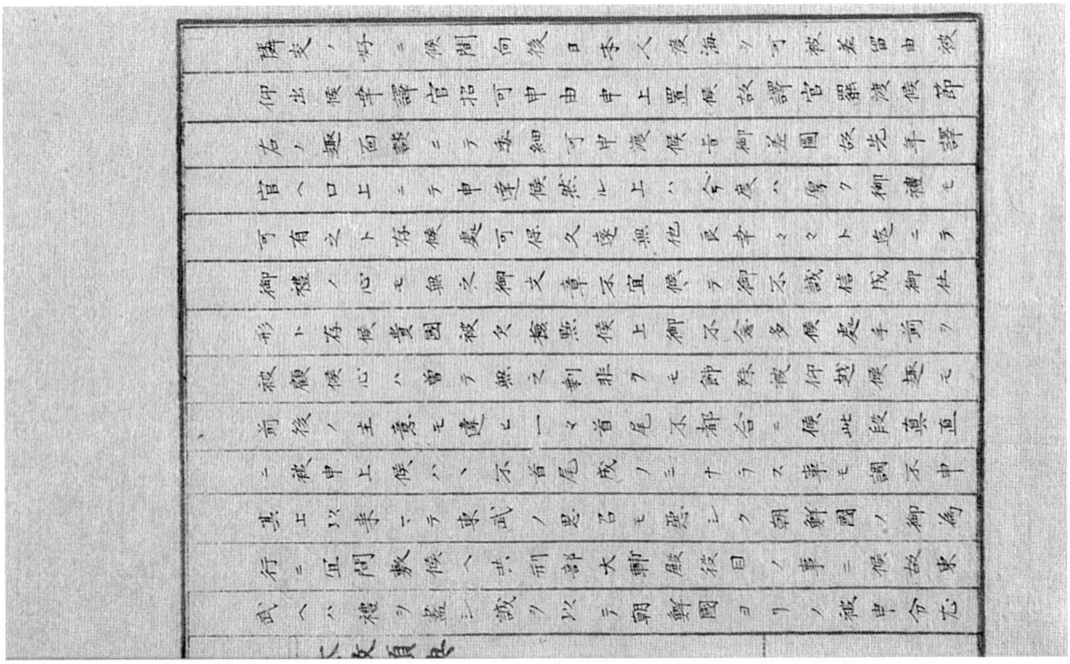

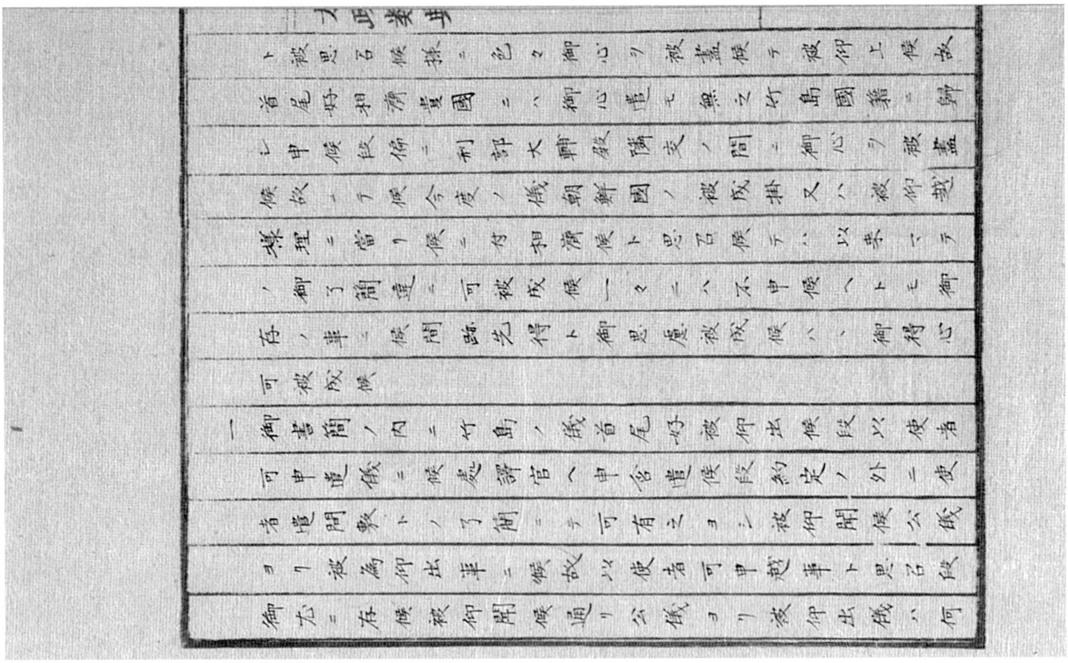

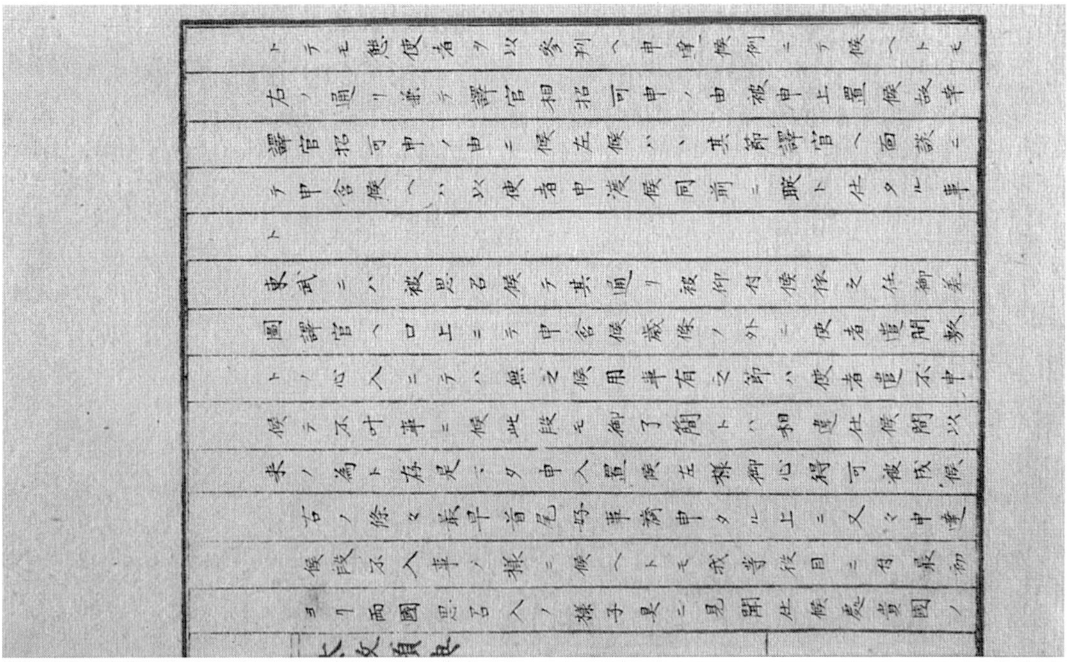

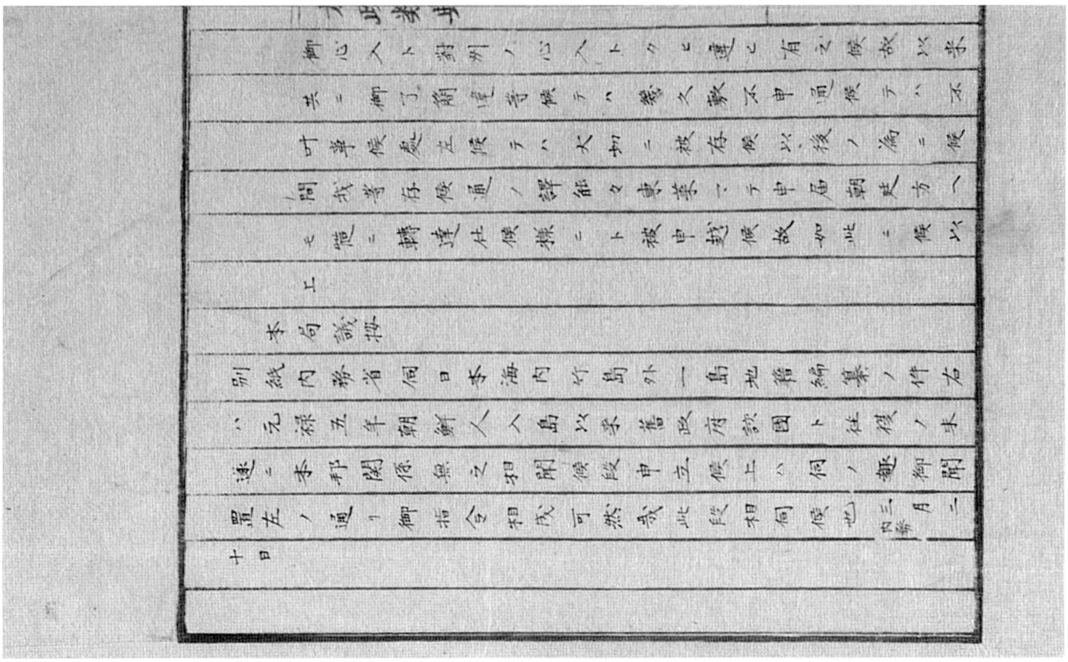

❖ 색 인 ❖

【ㄱ】

【ㄷ】

【ㅁ】

【ㅂ】

【ㅅ】

【ㅇ】

【ㅈ】

【ㅎ】

동북아역사 자료총서 42

울릉도·독도 일본 사료집 Ⅲ

- 朝鮮国交際始末内探書·礒竹嶋覺書·公文錄·太政類典 -

초판 제1쇄 인쇄 2020년 7월 20일
초판 제1쇄 발행 2020년 7월 30일

엮은이 | 김관원
펴낸이 | 김도형
펴낸곳 | 동북아역사재단

등록 | 제312-2004-050호(2004년 10월 18일)
주소 | 03739 서울시 서대문구 통일로 81 NH농협생명빌딩
전화 | 02-2012-6065
팩스 | 02-2012-6189
홈페이지 | www.nahf.or.kr
제작·인쇄 | 도서출판 선인

ISBN 978-89-6187-550-9 94910
ISBN 978-89-6187-297-3 (세트)

* 이 도서의 국립중앙도서관 출판예정도서목록(CIP)은 서지정보유통지원시스템 홈페이지(http://seoji.nl.go.kr)와 국가자료종합목록 구축시스템(http://kolis-net.nl.go.kr)에서 이용하실 수 있습니다. (CIP제어번호 : CIP2020030885)